高等职业教育土木建筑大类专业系列新形态教材

钢筋混凝土结构

娄 冬 ◙ 主 编

闫纲丽 李涛峰 ◙ 副主编

清华大学出版社
北 京

内 容 简 介

本书在体现职业教育特色的基础上,充分考虑了中高职课程衔接、高等职业教育与本科教育衔接的需要。本书内容以培养技术应用型人才为主线,严格按照最新国家规范、行业标准编写,根据职业院校土木建筑工程专业的培养目标和教学大纲编写而成,在讲解基本概念的基础上,注重课程的系统性、完整性。本书主要内容包括绪论、钢筋混凝土材料的力学性能、钢筋混凝土结构的基本设计原则、钢筋混凝土受弯构件、钢筋混凝土受压构件、钢筋混凝土受扭构件和受拉构件、预应力混凝土构件、钢筋混凝土梁板结构、单层厂房排架结构和多高层房屋结构。本书适合职业院校土木建筑工程专业教师教学使用,适用于工程造价、建筑工程管理等专业的"建筑结构""建筑力学与结构(结构部分)""混凝土结构设计原理"等课程教学,也适用于建筑工程技术等专业相关课程的学习。此外,也可作为工程技术人员的参考用书。

图书在版编目(CIP)数据

钢筋混凝土结构/娄冬主编.—北京:清华大学出版社,2021.8
高等职业教育土木建筑大类专业系列新形态教材
ISBN 978-7-302-56235-1

Ⅰ.①钢… Ⅱ.①娄… Ⅲ.①钢筋混凝土结构-高等职业教育-教材 Ⅳ.①TU375

中国版本图书馆 CIP 数据核字(2020)第 151606 号

责任编辑:杜 晓
封面设计:曹 来
责任校对:袁 芳
责任印制:丛怀宇

出版发行:清华大学出版社

  网　　址:http://www.tup.com.cn,http://www.wqbook.com
  地　　址:北京清华大学学研大厦 A 座　　　　　　邮　　编:100084
  社 总 机:010-62770175　　　　　　　　　　　　邮　　购:010-62786544
  投稿与读者服务:010-62776969,c-service@tup.tsinghua.edu.cn
  质量反馈:010-62772015,zhiliang@tup.tsinghua.edu.cn
  课件下载:http://www.tup.com.cn,010-83470410
印 装 者:三河市金元印装有限公司
经　　销:全国新华书店
开　　本:185mm×260mm　　　印　　张:18.75　　　字　　数:451 千字
版　　次:2021 年 9 月第 1 版　　　　　　　　　　　印　　次:2021 年 9 月第 1 次印刷
定　　价:55.00 元

产品编号:088214-01

丛书编写指导委员会名单

前　言

建筑类高等职业教育以培养面向建设行业一线的高技能专业人才为己任。《国家职业教育改革实施方案》提出了"三教"(教师、教材、教法)改革的任务。职业教育要求在人才培养目标和课程体系改革上能体现职业服务与对接的要求,因此,应及时将行业的新技术、新工艺、新规范作为教学内容,融入教材中去,才能更好地满足课程教学,满足职业教育的需求。

近年来,我国建设类高等职业教育院校教育事业迅猛发展,土建类学科高等职业教育的教学改革工作也不断深化,传统专科教育与高等职业教育、高等职业教育与普通本科教育区别逐渐明显。职业教育必须以行业、企业为依托,走校企合作之路,形成工学结合的教学模式,这也对教材改革提出新的要求。本书以"项目引导、任务驱动"为特色,书中穿插知识链接、提示等栏目,体例活泼,趣味性强。理论知识以"必需、够用"为度,融入建筑领域"四新"(新技术、新材料、新工艺、新方法)内容,将行业的新理念融入教材,并秉承"轻松教、轻松学"的理念,体现能力本位的职业教育思想,融入职业教育最新教改成果及理念,着重培养学生的实践能力。

钢筋混凝土结构是土建类相关专业必修内容,通过学习要求,学生掌握建筑结构的组成及建筑材料的力学性质;掌握结构设计基本原理,能够运用规范对基本构件进行设计计算;掌握钢筋混凝土结构的构造要求,能够进行简单的梁板结构设计并绘制施工图;了解单层厂房的组成和设计原理;了解多高层结构设计原理。为方便教师的教学和学生的学习,本书各项目前均设置"教学目标"和"教学要求",并在"教学要求"中明确了本项目的"能力目标""知识目标"及"权重",为学生学习和掌握项目的主要点给予指导。

本书由黄河水利职业技术学院娄冬主编,并参与编写了项目1、项目3及附录等内容;闫纲丽任副主编,并参与编写了项目7等内容;李涛峰任副主编,并参与编写了项目2、项目5、项目8等内容;牛贺洋参与编写项目4等内容;程格格参与编写绪论、项目6等内容;郑州大学综合设计研究院李佳参与编写了项目9等内容,并为教材编写提供了专业技术指导。

本书在编写过程中参考了相关现行国家规范与行业标准,并参阅了大量文献,在此向这些文献的作者致以诚挚的谢意!由于编者的经验和水平有限,书中难免有不妥之处,恳请专家和读者批评、指正。

编 者

2021 年 1 月

目　录

绪　论

0.1　建筑结构的一般概念

建筑结构是指在建筑物中用来承受和传递各种作用的受力体系,通常被称为建筑物的骨架。组成结构的每一个部件称为构件。在房屋建筑中,组成结构的构件有板、梁、屋架、柱、墙、基础等。

结构上的作用是指能使结构产生效应(内力、变形)的各种原因的总称。作用可分为直接作用和间接作用两类。直接作用是指作用在结构上的各种荷载,如土压力、构件自重、楼面和屋面活荷载、风荷载等,它们能直接使结构产生内力和变形效应。间接作用是指引起结构外加变形或约束变形,如地基不均匀沉降、混凝土收缩、温度变化和地震等。它们在结构中引起外加变形或约束变形,从而产生内力效应。

结构按所用材料分类,可分为混凝土结构、砌体结构、钢结构、木结构等。由于木材具有强度低、耐久性差等缺点,现已极少使用木结构,因此本书仅介绍前三类结构与设计有关的内容。

建筑结构设计的任务是选择适用、经济的结构方案,并通过计算和构造处理,使结构能可靠地承受各种作用。为使设计人员在一般情况下能有章可循,各国均根据自身的科技发展情况和经济状况不断地制定出符合当时国情的各种设计标准和规范。我国现行的建筑结构设计标准和规范有:《建筑结构可靠度设计统一标准》(GB 50068—2001)、《建筑结构荷载规范》(GB 50009—2012)、《混凝土结构设计规范(2015版)》(GB 50010—2010)、《建筑地基基础设计规范》(GB 50007—2011)、《建筑抗震设计规范》(GB 50011—2016)、《钢结构设计标准》(GB 50017—2017)等。这些标准和规范是新中国成立以来在建筑结构方面的科研成果和工程实践经验的结晶,是我国目前建筑结构设计的重要依据,也是本书编写的主要依据。

0.2　砌体结构、钢结构和混凝土结构的概念及优缺点

1. 砌体结构的概念及优缺点

用砂浆把块体连接而成的整体材料称为砌体,以砌体为材料的结构称为砌体结构。它是砖砌体、砌块砌体和石砌体结构的统称。根据需要,有时在砖砌体或砌块砌体中加入少量

钢筋,这种砌体称为配筋砌体结构。

与其他结构相比,砌体结构具有以下几项主要的优点。

(1) 容易就地取材,造价低廉。

(2) 耐火性良好,耐久性较好。

(3) 隔热、保温性能较好。

除上述优点外,砌体结构也存在下述缺点。

(1) 承载能力低。由于砌体的组成材料——块体和砂浆的强度都不高,导致砌体结构的承载能力较低,特别是受拉、受弯、受剪承载能力很低。

(2) 自重大。由于砌体的强度较低,构件所需的截面一般较大,因此导致自重较大。

(3) 抗震性能差。由于结构的受拉、受弯、受剪承载能力很低,在房屋遭受地震时,结构容易开裂和破坏。

2. 钢结构的概念及优缺点

钢结构是用钢材制作而成的结构。与其他结构相比,它具有以下优点。

(1) 承载能力高。由于钢材的抗拉和抗压强度都很高,因此钢结构的受拉、受压等承载能力都很高。

(2) 自重小。由于钢材的强度高,构件所需的截面一般较小,因此自重较小。

(3) 抗震性能好。由于钢材的抗拉强度高,并有较好的塑性和韧性,因此能很好地承受动力荷载;另外,由于钢结构的自重较小,地震作用也就较小,因而钢结构的抗震性能很好。

(4) 工厂化生产,工业化程度高,施工速度快,工期短。钢结构构件可在工厂预制,在现场拼装成结构,因此施工速度快。

钢结构存在以上优点的同时,也存在以下缺点。

(1) 钢材需求量大,造价高。

(2) 耐久性和耐火性均较差。一般钢材在湿度大和有侵蚀性介质的环境中容易锈蚀,因此需经常用油漆维护,费用较高。当温度超过 250℃ 时,其材质变化较大;当温度达到 500℃ 以上时,结构会完全丧失承载能力,因此钢结构的耐火性较差。

3. 混凝土结构的基本概念及优缺点

混凝土是由水泥、砂、碎石等加水拌和,经水化结硬的人工组合材料,其抗压强度高,而抗拉强度却很低。混凝土结构是以混凝土为主要材料制成的结构,包括素混凝土结构、钢筋混凝土结构、预应力混凝土结构及配置各种纤维筋的混凝土结构。混凝土结构广泛应用于房屋建筑、桥梁、隧道、矿井以及水利、港口等工程中(见图 0-1)。

素混凝土是不放钢筋的混凝土。由于混凝土材料的抗拉强度很低,所以素混凝土结构的应用受到很大限制。如图 0-1(a)所示,承受集中荷载的素混凝土梁随着荷载的逐渐增大,梁中拉应力及压应力不断增大。当荷载达到一定值时,弯矩最大截面受拉边缘的混凝土首先被拉裂,而后由于该截面高度减小致使开裂截面受拉区的拉应力进一步增大,于是裂缝迅速向上伸展并立即引起梁的断裂破坏。这种梁的破坏很突然,其受压区混凝土的抗压强度未充分利用,且由于混凝土抗拉强度很低,因此其极限承载力也很低。所以,尽管它的抗压强度比砌体高,但其抗拉强度很低。素混凝土构件只适用于受压构件,且破坏比较突然,因此在工程中极少采用。

与混凝土材料相比,钢筋的抗拉强度高。如果将混凝土和钢筋这两种材料结合在一起,

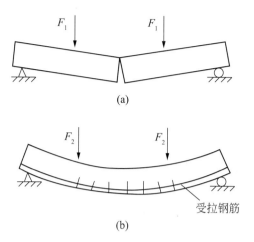

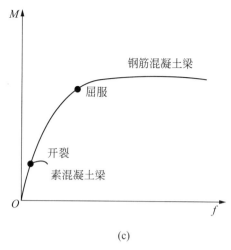

图 0-1　素混凝土与钢筋混凝土梁

使混凝土主要承受压力,而钢筋主要承受拉力,这就形成钢筋混凝土结构。与素混凝土构件相比,钢筋混凝土构件的受力性能大为改善。如图 0-1(b)所示,条件相同的钢筋混凝土梁在截面受拉区配有适量的钢筋。当荷载达到一定值时,梁受拉区仍然开裂,但开裂截面的变形性能与素混凝土梁大不相同。因为钢筋与混凝土牢固地黏结在一起,因此在裂缝截面原由混凝土承受的拉力现转由钢筋承受。由于钢筋强度和弹性模量均很高,所以此时裂缝截面的钢筋拉应力和受拉变形均很小,有效地约束了裂缝的扩展,使其不至于无限制地向上延伸而使梁产生断裂破坏。这样钢筋混凝土梁上的荷载可继续加大,直至其受拉钢筋应力达到屈服强度,随后截面受压区混凝土被压坏,这时梁才达到破坏状态。由此可见,在钢筋混凝土梁中钢筋与混凝土两种材料的强度都得到了较为充分的利用,破坏过程较为缓和,从而使这种梁的极限承载力和变形能力远超过同样条件的素混凝土梁,如图 0-1(c)所示。

混凝土的抗压强度高,常用于受压构件。钢筋的抗压强度也很高,所以在轴心受压构件中,通常也配置一定数量的钢筋来协助混凝土分担一部分压力以提高构件的承载能力和变形能力,从而可以减小构件的截面尺寸。此外,钢筋还可以改善构件受压破坏的脆性性质。钢筋与混凝土这两种力学性能不同的材料能够有效地结合在一起而共同工作,主要基于下述三个条件。

(1) 钢筋与混凝土之间存在着黏结力,使两者能结合在一起。在外荷载作用下,结构中的钢筋与混凝土协调变形、共同工作。因此,黏结力是这两种不同性质的材料能够共同工作的基础。

(2) 钢筋与混凝土的温度线膨胀系数接近[钢筋为 $1.2 \times 10^{-5}/℃$,混凝土为$(1.0 \sim 1.5) \times 10^{-5}/℃$],当温度变化时,不致产生较大的温度应力而使两者之间的黏结力遭到破坏。

(3) 钢筋埋置于混凝土中,混凝土对钢筋起到了保护和固定作用,使钢筋不容易发生锈蚀,且使其受压时不易失稳,在遭受火灾时不致因钢筋很快软化而导致结构整体破坏。因此,在混凝土结构中,钢筋表面必须留有一定厚度的混凝土作保护层,这是保持两者共同工作的必要措施。

与其他材料的结构相比,混凝土结构的主要优点如下。

(1) 就地取材。砂、石是混凝土的主要成分,均可就地取材。在工业废料比较多的地方,可利用工业废料制成人造骨料用于混凝土结构中;也可使用建筑垃圾制作骨料,配置再生混凝土。

(2)耐久性和耐火性均比钢结构好。在混凝土结构中,钢筋因受到保护不易锈蚀,所以混凝土结构具有良好的耐久性。混凝土为不良导热体,埋置在混凝土中的钢筋受高温影响远较暴露的钢结构小。只要钢筋表面的混凝土保护层具有一定厚度,当发生火灾时钢筋不会很快软化,可一定程度上避免结构倒塌。

(3)整体性好。现浇或装配整体式的混凝土结构具有良好的整体性,从而使结构的刚度及稳定性都比较好。这有利于抗震、抵抗振动和爆炸冲击。

(4)具有可模性。新拌和的混凝土为可塑的,可根据需要制成任意形状和尺寸的结构,有利于建筑造型。

(5)比钢结构节约钢材。钢筋混凝土结构合理地利用了材料的性能,发挥了钢筋与混凝土各自的优势,与钢结构相比能节约钢材、降低造价。

混凝土结构有较多的优点,但也有下列缺点。

(1)比钢结构自重大。与钢结构相比,混凝土结构自身重力较大,因此它所能承担的有效荷载相对较小。这对大跨度结构、高层建筑结构及抗震都是不利的,以及会给运输和施工吊装带来困难。

(2)抗裂性差。钢筋混凝土结构在正常使用情况下,构件截面受拉区通常存在裂缝。如果裂缝过宽,则会影响结构的耐久性和应用范围;尤其对要求防渗漏的结构,如容器、管道等,它的使用会受到一定的限制。

(3)比砌体结构造价高。因为混凝土结构的制作需要用模板予以成型。如果采用木模板,模板不能重复利用,进而会增加工程的造价。

(4)现场浇筑施工工序复杂,需要养护,工期较长,并受施工环境和气候条件影响。

(5)隔热、隔声性能也比较差。

此外,对于现浇混凝土结构,如遇损伤则比较困难。随着科学技术的不断发展,混凝土结构的缺点正在被逐渐克服或其性能有所改进。如采用轻质高强混凝土及预应力混凝土,可减小结构自身重力并提高其抗裂性;采用可重复使用的钢模板会降低工程造价;采用预制装配式结构,可以改善混凝土结构的制作条件,少受或不受施工环境和气候条件的影响,还能提高工程质量、加快施工进度等。

0.3 建筑结构的应用及主要形式

1. 建筑结构的应用

石结构、砖结构和钢结构已有悠久的历史,并且我国是世界上最早应用这三种结构的国家。

早在五千年前,我国就建造了石砌祭坛和石砌围墙(先于埃及金字塔)。我国隋朝在公元 595—605 年由李春建造的河北赵县安济桥(赵州桥)是世界上现存最早、跨度最大的空腹式单孔圆弧石拱桥。该桥净跨 37.37m,拱高 7.2m,宽 9m;外形美观,受力合理,建造水平较高。

我国生产和使用烧结砖也有三千年以上的历史。早在西周时期(公元前1134—前771年)已有烧制的砖瓦。在战国时期(公元前403—前221年)便有烧制的大尺寸空心砖。至秦朝和汉朝,砖瓦已广泛应用于房屋结构。

我国早在汉明帝(公元60年前后)时便用铁索建桥,比欧洲早70多年。用铁造房的历史也比较悠久。例如现存的湖北荆州玉泉寺的13层铁塔便建于宋代,已有1500多年历史。

与前面三种结构相比,砌块结构出现较晚。其中应用较早的混凝土砌块问世于1882年,仅百余年历史。而利用工业废料的炉渣混凝土砌块和蒸压粉煤灰砌块在我国仅有30多年的历史。

混凝土结构最早问世于18世纪40年代的欧洲,仅有280多年的历史,在这280多年里,混凝土结构广泛应用于土木工程的各个领域。

混凝土强度随生产的发展不断提高,目前C50~C80级混凝土,甚至更高强度混凝土的应用已较普遍。我国已制成C100的混凝土,美国已制成C200的混凝土。这为混凝土在超高层建筑、大跨度桥梁等方面的应用创造了条件。各种特殊用途的混凝土不断研制成功并获得应用,例如超耐久性混凝土的耐久年限可达500年;耐热混凝土可耐1800℃的高温;钢纤维混凝土和聚合物混凝土以及防射线、耐磨、耐腐蚀、防渗透、保温等有特殊要求的混凝土也应用于实际工程中。

2. 建筑结构的主要形式

1) 砖混结构

砖混结构选材方便、施工简单、工期短、造价低,是我国在多层建筑中使用较多的建筑形式。砖混结构的住宅承重结构是楼板和墙体。"砖"是指竖向承重的砌体,"混"是指楼板、楼梯、圈梁、阳台、挑檐采用钢筋混凝土构件。

2) 排架结构

排架结构(见图0-2)多用于单层工业厂房,主要结构构件有基础、柱子、吊车梁、屋架或屋面梁。排架结构的柱与基础为刚接,屋架与柱顶为铰接。柱子是厂房中的主要承重构件,屋架和吊车梁分别将屋面荷载和吊车荷载传给柱子,基础承担柱子和基础梁传来的荷载,然后传至地基。

3) 框架结构

框架结构是由梁、柱构件组成的刚架结构,又称纯框架。它的优点是:平面布置灵活,能提供较大的室内空间,使用比较方便。缺点是:构件截面尺寸都不能太大,否则影响使用面积。因此,框架结构的侧向刚度较小,水平荷载作用下侧移大,承受水平荷载能力较差。办公楼、高层住宅、教学楼、宾馆、写字楼、多层厂房等建筑常采用框架结构的结构形式。纽约帝国大厦(见图0-3)高381m,共102层,为全钢框架结构,1931年建成,曾雄踞世界最高建筑宝座达40年之久。它在建筑史上创造了每周修建4层半、410天建成的施工纪录。

4) 剪力墙结构

剪力墙结构体系是利用在纵、横方向设置的钢筋混凝土墙体组成抗侧力结构体系。现浇剪力墙结构整体性好,刚度大,在水平荷载作用下侧移小,一般震害程度轻,非结构构件损坏程度轻。例如,1997年罗马尼亚地震时,布加勒斯特的几百幢高层剪力墙结构仅有一幢的一个单元倒塌。因此,住宅、旅馆等建筑广泛采用剪力墙结构。剪力墙结构体系自重较大、基础处理要求较高,不容易布置大房间。如图0-4所示的广州白云宾馆地上33层、地下

图 0-2　排架结构

图 0-3　纽约帝国大厦

1 层,高 112.4m,采用钢筋混凝土剪力墙结构,是我国第一座超过 100m 的高层建筑。

图 0-4 广州白云宾馆

5）框架-剪力墙结构

框架结构侧向刚度差,抵抗水平能力较低,但具有空间大、平面布置灵活、使用方便等优点,而剪力墙的侧向刚度和承载力均高,但平面布置不灵活。因此,在框架结构中设置部分剪力墙,框架与剪力墙协同受力,剪力墙承担绝大部分水平力,框架承担竖向荷载,这样既有较大侧向刚度和承载力,又有较大空间。其中,钢筋混凝土框架-剪力墙结构高度一般为80～130m,框架-剪力墙结构一般为200～260m。1997年建成的广州中信大厦(见图 0-5),高 391m,为框架-剪力墙结构,它是由一幢 80 层的商业大楼和两幢 38 层的酒店式公寓组成,集写字楼、公寓、商场、会所于一体的甲级综合智能型大厦。

6）筒体结构

随着房屋层数的进一步增加,结构需要具有更大的侧向刚度,以抵抗风荷载和地震作用,因而出现了筒体结构。筒体结构利用房屋四周墙体组成一个或多个封闭筒体,主要用来抵抗水平荷载,具有很好的抗弯和抗扭刚度,适用于超高层建筑。

图 0-6 所示为上海金茂大厦,于 1998 年建成,是典型的框筒结构。该建筑地上 88 层、地下 4 层,高 420m,利用钢筋混凝土作核心筒,外框架则为钢筋混凝土柱和钢柱、钢梁组合的混合结构。如图 0-7 所示,于 1990 年建成的广东国际大厦高 200.18m,地上 63 层、地下 4 层,外筒为 31.1m×37m 的矩形平面,典型的钢筋混凝土筒中筒结构,6 层以上楼板采用无黏结预应力平板。如图 0-8 所示,建成于 1973 年的美国世界贸易中心由两座方柱形塔楼组成,边长均为 63.5m。北楼高 417m,南楼高 415m,均为地上 110 层、地下 6 层,全钢结构,也

图 0-5　广州中信大厦

是典型的筒中筒结构。1974 年建于美国芝加哥的西尔斯大厦高 443m,共 110 层,建筑面积 41.38 万平方米,它的底部是正方形,边长 68.8m,为 9 个 23m×23m 的方形框筒组成,在 50 层、66 层和 90 层各改变一次断面,最后只有两个筒井至顶层,如图 0-9 所示。

图 0-6　上海金茂大厦

图 0-7　广东国际大厦

图 0-8　美国世界贸易中心

图 0-9　美国西尔斯大厦

7）网架结构

网架结构是由多根杆件按照一定的网格形式通过节点连接而成的空间结构。具有空间受力合理、重量轻、用料省、刚度大、跨度大、抗震性能好等优点。其杆件多采用钢管或型钢，现场安装。网架可按外形分为平面网架、双曲网架和单曲网架，如图 0-10 所示。

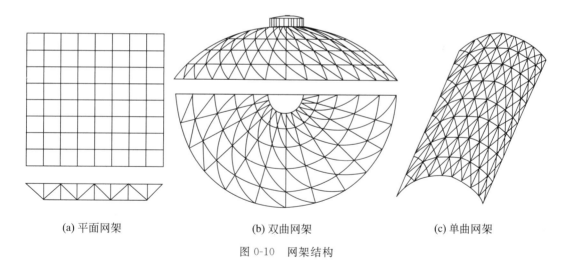

(a) 平面网架　　　　　(b) 双曲网架　　　　　(c) 单曲网架

图 0-10　网架结构

8）薄壳结构

薄壳结构是由曲面形板与边缘构件（梁、拱或桁架）组成的空间结构体系。它能以较薄的板面形成承载能力高、刚度大的承重结构。如广州星海音乐厅（见图 0-11）建筑面积11296m²，其交响乐演奏大厅采用 48m×48m 双曲抛物面钢筋混凝土薄壳结构，是亚洲最大的钢筋混凝土壳体工程。

图 0-11　广州星海音乐厅

9）悬索结构

悬索结构是以受拉钢索作为主要承重构件的结构体系,这些钢索按一定规律组成各种不同形式的结构。它是充分发挥高效能钢材的受拉作用的一种大跨度结构。这种结构自重轻、材料省、施工方便,但结构刚度及稳定性较差,必须采取措施以防止结构在风力、地震力及其他动荷载作用下因产生很大变形、波动及共振等而遭到破坏。悬索结构一般用于 60m 以上的大跨度建筑。悬索结构按其曲面形式可分为单曲面和双曲面。1958 年建成的美国耶鲁大学溜冰馆(见图 0-12)就是典型的组合悬索结构,它的中央大拱跨度近 100m,两片索网的承重索锚挂在钢筋混凝土大拱上,另一端索锚挂在墙顶端的钢筋混凝土曲梁上,索网施加预应力后使索网形成极为美观的造型。1999 年建成的江阴长江大桥(见图 0-13)是我国首座跨度超千米(跨度 1385m)的特大型钢箱梁悬索桥,也是 20 世纪"中国第一、世界第四"跨度的钢筋混凝土桥塔和钢悬索组成的大型钢箱梁悬索桥。

图 0-12　美国耶鲁大学溜冰馆

图 0-13　江阴长江大桥

0.4　课程内容及特点

1. 主要内容

在钢筋混凝土结构设计中,首先应根据结构使用功能要求,并考虑经济、施工等条件,选择合理的结构方案,进行结构布置以及确定构件类型等。然后根据结构上所作用的荷载及其他作用,对结构进行内力分析,求出构件截面内力(包括弯矩、剪力、轴力、扭矩等)。在此基础上,对组成结构的各类构件分别进行构件截面设计,即确定构件截面所需的钢筋数量、配筋方式并采取必要的构造措施。本课程讲述的主要内容是混凝土结构基本构件的受力性能、承载力、变形计算以及配筋构造等。这些内容是土木工程混凝土结构中的共性问题,即混凝土结构的基本理论。因此,本课程为土木工程专业的学科基础课。

混凝土结构构件可分为以下几类。

1）受弯构件

受弯构件如梁、板等,因构件的截面上有弯矩作用,因此称为受弯构件。但与此同时,构件截面上也有剪力存在。对于板,剪力对设计计算一般不起控制作用。而在梁中,除应考虑弯矩外,尚需考虑剪力的作用。

2）受压构件

受压构件如柱、墙等,主要受到压力作用。当压力沿构件纵轴作用在构件截面上时,则为轴心受压构件;如果压力在截面上不是沿纵轴作用或截面上同时有压力和弯矩作用时,则为偏心受压构件。柱、墙、拱等构件一般为偏心受压且还有剪力作用。所以,受压构件中通常有弯矩、轴力和剪力同时作用,当剪力较大时在计算中应考虑其影响。

3）受拉构件

受拉构件如屋架下弦杆、拉杆拱中的拉杆等,通常按轴心受拉构件(忽略构件自身重力)考虑。又如层数较多的框架结构,在竖向荷载和水平荷载共同作用下,有的柱截面上除产生剪力和弯矩外,还可能出现拉力,则为偏心受拉构件。

4）受扭构件

受扭构件如曲梁、框架结构的边梁等,构件的截面上除产生弯矩和剪力外,还会产生扭矩。因此,对这类结构构件应考虑扭矩的作用。

2. 课程特点与学习方法

本课程主要讲述混凝土结构构件的基本理论,其内容相当于匀质线弹性材料的材料力学。但是钢筋混凝土是由非线性的且拉压强度相差悬殊的混凝土和钢筋组合而成,受力性能复杂,因而本课程有不同于一般材料力学的一些特点,在课程的学习过程中应注意以下几点。

(1) 与材料力学既有联系又有区别,学习时应予注意。钢筋混凝土构件是由钢筋和混凝土两种材料组成的构件,且混凝土是非均匀、非连续和非弹性材料。因此,一般不能直接用材料力学的公式来计算钢筋混凝土构件的承载力和变形。材料力学解决问题的基本方法,即通过平衡条件、物理条件和几何条件建立基本方程的方法,对于钢筋混凝土构件也是适用的,但在具体应用时应注意钢筋混凝土性能上的特点。

（2）钢筋混凝土构件中的两种材料在强度和数量上存在一个合理的配比范围。如果钢筋和混凝土在面积上的比例及材料强度的搭配超过了这个范围，就会引起构件受力性能的改变，从而引起构件截面设计方法的改变，这是学习时必须注意的。

（3）钢筋混凝土构件的计算方法是建立在试验研究基础上的。钢筋和混凝土材料的力学性能指标通过试验确定：根据一定数量的构件受力性能试验，研究其破坏机理和受力性能，建立物理和数学模型，并根据试验数据拟合出半理论半经验公式。因此，学习时一定要深刻理解构件的破坏机理和受力性能，特别要注意构件计算方法的适用条件和应用范围。

（4）本课程所要解决的不仅是构件的承载力和变形计算等问题，还包括构件的截面形式、材料选用及配筋构造等。

（5）本课程的实践性很强，其基本原理和设计方法必须通过构件设计来掌握，并在设计过程中逐步熟悉和正确运用我国有关的设计规范和标准。

思 考 题

1. 什么是建筑结构？什么是构件？

2. 结构上的作用指的是什么？哪些是直接作用？哪些是间接作用？

3. 建筑结构设计的任务是什么？

4. 什么是砌体结构？它有哪些优缺点？

5. 什么是钢结构？它有哪些优缺点？

6. 什么是混凝土结构？混凝土结构包括哪三种？

7. 钢筋和混凝土共同工作的原因是什么？

8. 混凝土结构有哪些优缺点？如何克服混凝土结构的缺点？

9. 本课程主要包括哪些内容？学习时应注意哪些问题？

10. 举例说明我国在建筑结构的实践和研究方面取得的成就。

项目 1 钢筋混凝土材料的力学性能

教学目标

通过本项目的学习,掌握钢筋和混凝土两种建筑材料的主要力学性能,掌握钢筋和混凝土的强度等级划分,理解并会查找钢筋和混凝土的强度值,熟悉钢筋和混凝土的变形,掌握钢筋和混凝土之间黏结作用的组成,掌握黏结强度的概念,了解影响黏结强度的因素。

教学要求

能力目标	知识目标	权重/%
钢筋的力学性能	钢筋的分类;钢筋的强度和变形;钢筋混凝土结构对钢筋性能的要求;钢筋的选用	40
混凝土的力学性能	混凝土的立方体强度及强度等级;混凝土的轴心抗压强度;轴心抗拉强度;混凝土的变形	40
钢筋与混凝土之间的黏结作用	黏结作用的组成;黏结强度;影响黏结强度的因素	20

任务 1.1 钢筋的力学性能

1.1.1 钢筋的分类

钢筋的种类很多,通常按化学成分、外形、加工方法、供应形式和力学性能进行分类。

1. 按化学成分分类

钢筋按照化学成分的不同,分为碳素钢筋和合金钢筋。碳素钢筋按含碳量不同,分为低碳钢筋(含碳量低于 0.25%)、中碳钢筋(含碳量为 0.25%～0.7%)和高碳钢筋(含碳量为 0.7%～1.4%)。合金钢筋是在钢的冶炼过程中加入少量合金元素(如硅、锰、钒、钛等),形成强度高和综合性能好的钢筋。合金钢筋按合金元素的含量不同也有低、中、高之分。

2. 按外形分类

钢筋按照外形的不同分为光圆钢筋、带肋钢筋、刻痕钢筋和钢绞线。

表面光滑的钢筋为光圆钢筋,而表面带有凸起肋纹的钢筋为带肋钢筋。带肋钢筋按照凸起肋纹的不同又有月牙纹肋钢筋、螺旋纹肋钢筋和人字纹肋钢筋等,月牙纹肋钢筋是目前常用的带肋钢筋,如图 1-1 所示。

　　钢绞线是采用高碳钢盘条,经过表面处理后冷拔成钢丝,然后按钢绞线结构将一定数量的钢丝绞合成股,再经过消除应力的稳定化处理过程而成。钢绞线强度较高,多用于预应力混凝土结构中。

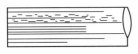			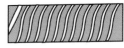
(a) 光圆钢筋	(b) 人字纹肋钢筋	(c) 螺旋纹肋钢筋	(d) 月牙纹肋钢筋

图 1-1　钢筋按外形分类

3. 按加工方法分类

　　钢筋按照生产工艺的不同可分为热轧钢筋、冷轧钢筋、冷拉钢筋、冷拔钢筋、热处理钢筋、消除应力钢丝等。其中,热轧钢筋为普通钢筋,用于钢筋混凝土结构中的钢筋和预应力混凝土结构中的非预应力钢筋;热处理钢筋、消除应力钢丝为预应力钢筋,多用于预应力混凝土结构中。

　　热轧钢筋由低碳钢或普通低合金钢在高温状态下热轧而成。热轧钢筋分为 300、335、400、500 四个级别。热轧钢筋在外形上也有光圆与带肋之分,300 级钢筋用普通低碳钢或低碳的合金钢制成,表面光滑;335、400、500 级钢筋用低、中碳的低合金钢制成,多为带肋钢筋。钢筋级别越高,其强度越高,但塑性越差。

 提示

　　热轧钢筋是土木建筑工程中使用量最大的钢材品种之一,共分为 8 个牌号,分别为 HPB300、HRB335、HRBF335、HRB400、HRBF400、RRB400、HRB500、HRBF500。

　　冷轧是在常温条件下,将热轧光圆低碳钢筋或普通低合金钢筋经过多道冷轧,使其直径减小,形成的一种带有两面或三面月牙纹肋的钢筋。

　　冷拉钢筋是在常温条件下,将热轧钢筋强行拉伸至超过其原屈服强度所得到的钢筋。在对钢筋冷拉的过程中,通过对热轧钢筋进行强力拉伸,使钢筋内部组织发生变化,产生塑性变形,从而达到调直钢筋、提高强度、节约钢材的目的,但钢筋的塑性有所下降,弹性模量也降低。由于冷拉钢筋塑性降低,钢筋受力后容易发生突然断裂,所以不宜推广使用。

　　冷拔钢筋是用直径在 8mm 以下的热轧钢筋通过钨合金的拔丝模进行强力冷拔而成的钢筋,如图 1-2 所示。钢筋通过拔丝模时,受到轴向拉伸与径向压缩的作用,使钢筋内部晶格变形而产生塑性变形,因而抗拉强度提高,塑性降低,呈硬钢性质。直径小于 6mm 的光圆钢筋经冷拔后称冷拔低碳钢丝。冷拔低碳钢丝都用普通低碳热轧光圆钢筋拔制而成,拉拔次数越多,直径越小,强度越高。与冷拉钢筋一样,虽然冷拔钢筋强度高,但塑性降低,且与混凝土间的黏结力较差,现已很少采用。

　　热处理钢筋是将热轧的带肋钢筋经加热、淬火和高温回火调制处理而成的钢筋。热处理钢筋强度高,用材省,锚固性好,预应力稳定,主要用于大型预应力钢筋混凝土构件中,如

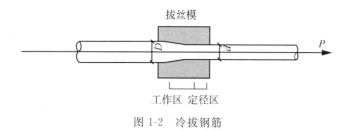

图 1-2 冷拔钢筋

预应力钢筋混凝土板、吊车梁等。近年来,整根钢筋轧制线上进行热处理,形成"精轧钢筋",可用于大型预应力混凝土构件。

消除应力钢丝是用高碳圆钢经过加热、淬火、冷拔和回火等工艺制作而成,多用于预应力钢筋混凝土结构中。

4. 按供应形式分类

钢筋按照供应形式可分为盘圆钢筋和直条钢筋两种。直径小于 12mm 的钢筋常以圆盘形式供应,直径为 10~50mm 的钢筋常以直条形式供应,钢筋长度一般为 6~12m。

5. 按力学性能分类

钢筋按照力学性能分为有明显屈服点的钢筋(也称软钢)和无明显屈服点的钢筋(也称硬钢)。

热轧钢筋和冷拉钢筋属于有明显屈服点的钢筋,冷轧钢筋、冷拔钢筋、热处理钢筋、消除应力钢丝和钢绞线属于无明显屈服点的钢筋。

1.1.2 钢筋的力学性能

钢筋的强度和变形的性能主要是通过钢筋拉伸试验所得应力-应变曲线来体现的。拉伸不同种类和级别的钢筋,所得到的应力-应变曲线也不同。

1. 钢筋的强度

钢筋按照应力-应变曲线所体现的力学性能可分为有明显屈服点的钢筋(也称软钢)和无明显屈服点的钢筋(也称硬钢),下面我们来分别看一下软钢和硬钢的应力-应变曲线。

1) 有明显屈服点的钢筋

图 1-3 所示为有明显屈服点的钢筋试件通过拉伸试验所得的典型应力-应变曲线。从图中可以看出,软钢从开始受力到被拉断的过程中,明显分为以下几个阶段。

(1) 弹性阶段(Oa 段)。Oa 段应力-应变曲线为直线,在该阶段的受力过程中,钢筋随着应力的增加,应变也增加,钢筋具有理想的弹性性质,若在此阶段卸载,则钢筋的应变完全恢复。a 点所对应的应力称为钢筋的比例极限。直线 Oa 的斜率即为钢筋的弹性模量 E_s。

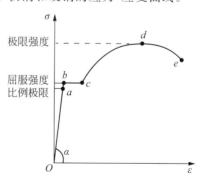

图 1-3 软钢应力-应变曲线

(2) 超过比例极限(即 a 点应力)后,应变的增长速度比应力的增长速度略快,在应力达到 b 点之前卸载,应变基本上仍能完全恢复。b 点所对应的应力称为钢筋的弹性极限。

（3）屈服阶段（*bc* 段）。应力超过 *b* 点以后，钢筋的应力-应变曲线发生明显变化，应力不再增加或略有波动的情况下应变却不断增加，直到 *c* 点，钢筋表现出明显的塑性性质。这种应力变化不大而应变明显增加的现象称为钢筋的屈服。*bc* 段称为流幅或屈服阶段。屈服阶段的最低应力称为钢筋的屈服强度或屈服点。屈服强度是钢筋强度的一个重要指标。

（4）强化阶段（*cd* 段）。应力超过 *c* 点以后，钢筋受力进入强化阶段，在该阶段，钢筋的应力重新开始增加，应力与应变呈曲线关系，应力的增长越来越小，直到 *d* 点。*d* 点所对应的应力称为钢筋的极限强度。

（5）颈缩阶段（*de* 段）。当钢筋的应力超过极限强度以后，在钢筋某个较薄弱的部位，截面直径迅速变细，直至被拉断，这种现象称为颈缩现象，该阶段称为颈缩阶段。

2）无明显屈服点的钢筋

图 1-4 所示为无明显屈服点的钢筋试件通过拉伸试验所得的典型应力-应变曲线。从图中可以看出，从开始受力到最终断裂，钢筋变形都不显著，应力-应变曲线上没有明显直线部分，也没有屈服和颈缩阶段，只有一个强度值，即断裂时的应力，称为极限强度，用 σ_b 表示。

对于无明显屈服点的钢筋，规定以产生 0.2% 的塑性变形时所对应的应力作为屈服强度，称为条件屈服强度，用 $\sigma_{0.2}$ 表示。该应力一般为极限强度的 0.8～0.9 倍，《混凝土结构设计规范（2015 版）》（GB 50010—2010）（以下简称《混凝土规范》）中取 $\sigma_{0.2}=0.85\sigma_b$。

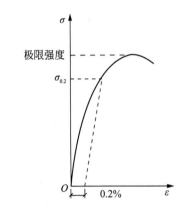

图 1-4　硬钢应力-应变曲线图

钢筋混凝土结构计算时，软钢和硬钢设计强度的取值依据不同。软钢取屈服强度作为设计强度的依据，这是因为该种钢筋屈服后有较大的塑性变形，此时即使荷载不变，构件也会产生很大的裂缝和变形，导致构件不能使用。而硬钢无明显的屈服点，为了防止构件突然破坏并防止产生太大的裂缝和变形，不能取抗拉极限强度作为设计依据，而是取条件屈服强度作为设计依据。

2. 钢筋的强度等级与取值

1）钢筋的强度等级

施工中，普通钢筋多采用热轧钢筋，属于有明显屈服点的软钢。按照强度标准值的大小不同，热轧钢筋分为 300、335、400、500 四个级别，其牌号、符号、直径和强度列于表 1-1 中。

表 1-1　普通钢筋强度标准值

牌　　号	符号	公称直径 d/mm	屈服强度标准值 $f_{yk}/(\text{N}/\text{mm}^2)$	极限屈服强度标准值 $f_{stk}/(\text{N}/\text{mm}^2)$
HPB300	φ	6～14	300	420
HRB335	Φ	6～14	335	455
HRB400 HRBF400 RRB400	Φ Φ^F Φ^R	6～50	400	540

续表

牌　号	符号	公称直径 d/mm	屈服强度标准值 $f_{yk}/(\mathrm{N/mm^2})$	极限屈服强度标准值 $f_{stk}/(\mathrm{N/mm^2})$
HRB500 HRBF500	Φ Φ^F	6～50	500	630

注:钢筋的强度标准值应具有不小于 95％ 的保证率。

　　2) 钢筋的强度取值

　　钢筋混凝土结构所采用的建筑材料主要是钢筋和混凝土。不论是钢筋的强度还是混凝土的强度,都包括强度标准值和强度设计值两种取值。同一种材料,不同的试样,试验结果并不完全相同。为了安全起见,用统计方法确定材料强度值时必须具有较高的保证率。强度标准值就是具有不小于 95％ 的保证率的强度取值,它是材料强度的基本代表值。强度设计值是强度标准值除以材料分项系数所得的数值,它是结构设计计算不可或缺的重要强度取值。

　　钢筋的强度包括抗拉强度标准值、抗拉强度设计值、抗压强度标准值、抗压强度设计值,分别用符号 f_{yk}、f_y、f'_{yk}、f'_y 表示。《混凝土规范》规定,钢筋的强度通过查表取值,如表 1-1和表 1-2 所示。

表 1-2　普通钢筋强度设计值

牌　　号	抗拉强度设计值 $f_y/(\mathrm{N/mm^2})$	抗压强度设计值 $f'_y/(\mathrm{N/mm^2})$
HPB300	270	270
HRB335	300	300
HRB400、HRBF400、RRB400	360	360
HRB500、HRBF500	435	435

　　说明:热轧钢筋的牌号由“字母符号＋钢筋强度”的形式表达,牌号中的钢筋强度是钢筋的标准强度值。其中,字母 H、P、R、B 分别为热轧(hotrolled)、光圆(plain)、带肋(ribbed)、钢筋(bars)四个词的英文首字母。

　　HPB 是指热轧光面钢筋,HRB 是指热轧带肋钢筋,RRB 是指余热处理钢筋,由轧制的钢筋经高温淬水,余热处理后提高强度,HRBF 是指细晶粒热轧钢筋,细晶粒热轧钢筋在热轧过程中通过控轧和控冷工艺形成的细晶粒钢筋,以提高强度和韧性。

1.1.3　钢筋的变形

　　伸长率和冷弯性能是衡量钢筋塑性变形的两个指标。

　　伸长率是试件拉断后的标距长度 l 与原标距长度 l_0 之差,再除以 l_0 形成的百分比,用 δ 表示,如图 1-5 所示,即

$$\delta = \frac{l - l_0}{l_0} \times 100\% \tag{1-1}$$

　　钢筋强度等级越高,强度越高,塑性越差,伸长率越低。

　　为使钢筋在使用或加工时不会发生脆断,要求钢筋应具有一定的冷弯性能。如

图 1-6 所示,冷弯是将钢筋围绕着某一规定直径 D 的辊轴进行弯转,要求达到冷弯角度 α 时,在弯曲处钢筋无裂纹、鳞落或断裂。按钢筋技术标准,不同种类钢筋的 D 和 α 的取值不同,例如 335 级月牙纹肋钢筋的 $\alpha = 180°$。当钢筋直径不大于 25mm 时,弯心直径 $D = 3d$;当钢筋直径 d 大于 25mm 时,弯心直径 $D = 3d$。冷弯性能是检验钢筋韧性和内部均匀性的有效方法。

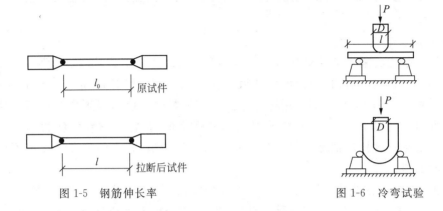

图 1-5　钢筋伸长率　　　　　　　　　　图 1-6　冷弯试验

1.1.4　钢筋混凝土结构对钢筋性能的要求及钢筋的选用

钢筋混凝土结构主要有强度、塑性、可焊性与混凝土的黏结力四个性能的要求。极限强度与屈服强度的比值称为强屈比,强屈比可以反映结构的可靠程度,在结构设计中要求钢筋具有较高的强度和适宜的强屈比。塑性是反映钢筋在断裂之前的变形能力,钢筋应具有较好的塑性。热轧钢筋的冷弯性能很好,而脆性的冷加工钢筋较差,预应力钢丝、钢绞线不能弯折,只能以直条形式应用。在一定的工艺条件下要求钢筋焊接后不产生裂缝和过大变形,以保证焊接后的接头性能良好,因此,钢筋应具有较好的可焊性。为了保证钢筋与混凝土共同工作,两者之间必须有足够的黏结力,为此对钢筋表面的形状、锚固长度、弯钩以及接头都有一定的要求。

在实际工程中,钢筋的选用方式很多。一般情况下,钢筋混凝土结构的钢筋应按以下规定选用:纵向受力普通钢筋宜采用 HRB400、HRB500、HRBF400、HRBF500、HRB335、RR400、HPB300 钢筋;梁、柱和斜撑构件的纵向受力普通钢筋宜采用 HRB400、HRB500、HRBF400、HRBF500 钢筋;箍筋宜采用 HRB400、HRBF400、HRB335、HPB300、HRB500、HRBF500 钢筋;预应力钢筋宜采用预应力钢绞线、钢丝和预应力螺纹钢筋。

任务 1.2　混凝土的力学性能

1.2.1　混凝土的强度

混凝土是用水泥、砂、石子、水和外加剂等材料按一定比例配合,经搅拌、浇筑、振捣、养护,逐渐凝固硬化形成的人造石材。混凝土作为建筑材料广泛应用于土木工程中。

混凝土强度是混凝土受力性能的一个基本标志。在工程中常用的混凝土强度有立方体抗压强度、轴心抗压强度、轴心抗拉强度三种。

1. 混凝土立方体抗压强度

将混凝土拌合物制成边长为 150mm 的立方体试件,在标准养护条件下养护 28 天或设计规定龄期,按照标准试验方法测得的具有 95% 保证率的抗压强度值,称为混凝土的立方体抗压强度标准值,用符号 $f_{cu,k}$ 表示。标准养护条件是指:温度(20±3)℃,相对湿度不小于 95%。试件的承压面不涂润滑剂,加荷速度每秒 0.3～1N/mm²(C30 以下混凝土为 0.3N/mm²,等级低时取低速,等级高时取高速)。混凝土立方体抗压强度设计值用符号 f_{cu} 表示。混凝土立方体抗压强度是衡量混凝土强度大小的基本指标,用混凝土基本强度值。

《混凝土规范》规定,根据混凝土立方体抗压强度标准值的大小,混凝土强度等级分为 C15、C20、C25、C30、C35、C40、C45、C50、C55、C60、C65、C70、C75、C80 共 14 级。字母 C 后的数值表示单位为 N/mm² 的立方体抗压强度标准值。

2. 混凝土轴心抗压强度

在实际工程中,受压构件并非立方体而是棱柱体,工作条件与立方体试件的工作条件也有很大差别,所以采用棱柱体试件更能反映混凝土的实际抗压能力。将采用 150mm×150mm×300mm 棱柱体试件测得的强度称为混凝土轴心抗压强度,又称为棱柱体抗压强度,用符号 f_c 表示。混凝土轴心抗压强度标准值用符号 $f_{c,k}$ 表示。

大量试验资料表明混凝土轴心抗压强度的标准值 $f_{c,k}$ 与立方体混凝土轴心抗压强度标准值 $f_{cu,k}$ 之间的关系为 $f_{c,k}=(0.7～0.8)f_{cu,k}$。结构设计中,规范对 C50 及以下混凝土取 $f_{c,k}=0.67f_{cu,k}$,对 C80 取系数 0.72,中间按线性变化取值,对于 C40～C80 混凝土再考虑乘以脆性折减系数 0.87～1.0。因此,只要混凝土强度等级确定,便可以求出轴心抗压强度,工程中一般不再进行轴心抗压强度的试验。

 注意

由于棱柱体试件比立方体试件大得多,使得棱柱体试件中间部分的混凝土受到试验机上下钢板的约束减小,因此混凝土轴心抗压强度低于混凝土立方体抗压强度。

3. 混凝土轴心抗拉强度

混凝土为脆性材料,由于其内部孔缝的存在使混凝土的抗拉强度远小于抗压强度,只有抗压强度的 1/10 左右,而且比值随混凝土强度的提高而降低。

混凝土抗拉强度是采用圆柱体或立方体的劈裂抗拉强度试验测定的。混凝土的轴心抗拉强度用符号 f_t 表示,其标准值用符号 $f_{t,k}$ 表示。根据试验结果,也可以得出混凝土轴心抗拉强度与混凝土立方体抗压强度的关系。在钢筋混凝土结构设计中,混凝土轴心抗拉强度也是构件承载力计算的强度指标之一。

为方便使用,对于各种强度等级混凝土的轴心抗压强度、轴心抗拉强度,在《混凝土规范》中均已给出具体数值,在进行结构设计计算时可以直接查用,如表 1-3 和表 1-4 所示。

表 1-3   混凝土强度标准值   单位：N/mm²

强度	混凝土强度等级													
	C15	C20	C25	C30	C35	C40	C45	C50	C55	C60	C65	C70	C75	C80
$f_{c,k}$	10.0	13.4	16.7	20.1	23.4	26.8	29.6	32.4	35.5	38.5	41.5	44.5	47.4	50.2
$f_{t,k}$	1.27	1.54	1.78	2.01	1.20	2.40	2.51	2.64	2.74	2.85	2.99	3.00	3.05	3.11

表 1-4   混凝土强度设计值   单位：N/mm²

强度	混凝土强度等级													
	C15	C20	C25	C30	C35	C40	C45	C50	C55	C60	C65	C70	C75	C80
f_c	7.2	9.6	11.9	14.3	16.7	19.1	21.2	23.1	25.3	27.5	29.7	31.8	33.8	35.9
f_t	0.91	1.1	1.27	1.43	1.57	1.71	1.80	1.89	1.96	2.04	2.09	2.14	2.18	2.22

4. 侧向应力对混凝土轴心抗压强度的影响

如图 1-7 所示，通过圆柱体三向受压试验可知，侧向压应力的存在会提高轴心抗压强度。这是因为侧向压力约束了混凝土的横向变形，从而延迟和限制了混凝土内部裂缝的产生和发展，使构件不易破坏。反之，如果试件纵向受压的同时侧向受到拉应力，则混凝土轴心抗压强度会降低，其原因是拉应力会助长混凝土内部裂缝的产生和发展。

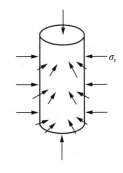

$$f_{cc} = f_c + 4\sigma_r \tag{1-2}$$

式中，f_c——无侧向压力时的混凝土轴心抗压强度；

σ_r——侧向压应力。

图 1-7   混凝土三向受压

1.2.2   混凝土的变形

混凝土的变形有两种：一是荷载作用下的变形；二是体积变形。荷载作用下的变形包括短期荷载作用下的变形、多次重复荷载作用下的变形和长期荷载作用下的变形；体积变形包括收缩、膨胀和温度变形。

1. 混凝土在短期荷载作用下的变形

混凝土是一种由水泥、砂、石子、孔隙等组成的不匀质的三相复合材料。它既不是一个完全弹性体，也不是一个完全塑性体，而是一个弹塑性体。受力时既产生弹性变形，又产生塑性变形，其应力-应变的关系不是直线，而是曲线，如图 1-8 所示。

2. 混凝土在多次重复加载作用下的变形

混凝土经过一次加卸荷载循环后将有一部分塑性变形无法恢复。在多次加载、卸载的循环过程中塑性变形将逐渐积累，但每次循环产生的塑性变形会随着循环次数的增加不断减少。

如果每次加载时由荷载产生的压应力较小，则经过多次的加载、卸载循环过程，塑性变形积累到一定程度后不再增长，混凝土将按弹性工作性质工作，只要荷载大小不变，即使加载循环百万次，混凝土也不会破坏。若每次加载时由荷载产生的最大应力都低于混凝土的抗压强度,但超过某一限制,则经过多次循环后,混凝土将破坏。混凝土在重复荷载作用下产生破坏的现象称为疲劳破坏。混凝土多次重复加载作用应力-应变曲线如图1-9所示。在实际工程中,吊车梁、汽锤基础等属于承受重复荷载的构件,应对混凝土的强度进行疲劳验算。

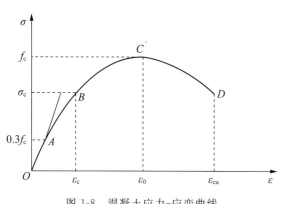

图1-8　混凝土应力-应变曲线　　　　图1-9　混凝土多次重复加载作用应力-应变曲线

3. 混凝土在长期荷载作用下的变形

混凝土在长期荷载作用下,即使荷载大小保持不变,其变形也会随时间增长,这种现象称为徐变。

徐变开始时增长速度很快,6个月就可达到最终徐变量的70%～80%,之后增长速度逐渐缓慢,一年以后趋于稳定,三年以后基本终止。产生徐变现象的一方面是因为混凝土受力后,水泥石中的胶凝体产生的黏性流动(颗粒间的相对滑动)会延续一段很长的时间;另一方面骨料和水泥石的结合面会产生微裂缝,而这些微裂缝会在长期荷载作用下持续发展。

影响徐变的因素有很多种,主要因素如下。

(1) 水胶比和胶凝材料用量:水胶比越小,胶凝材料用量越少,则徐变越小。

(2) 骨料的级配与刚度:骨料的级配越好、刚度越大,则徐变越小。

(3) 混凝土密实性:混凝土密实性越好,则徐变越大。

(4) 构件养护条件:养护时温度升高,湿度增大,水泥水化作用越充分,则徐变越小。

(5) 构件持续应力:应力越大,则徐变越大。

(6) 构件单位体积的表面积:表面积越大,则徐变越小。

(7) 构件使用时的温湿度:构件使用时的温度越低,湿度越大,则徐变越小。

(8) 构件加载龄期:龄期越短,则徐变越大。

混凝土的徐变会显著影响结构或构件的受力性能。如局部应力集中可因徐变得到缓和,支座沉陷引起的应力也可由于徐变得到松弛,这对混凝土结构是有利的。但徐变使结构变形增大对结构不利的方面也不可忽视,如徐变可使受弯构件的挠度增大2～3倍,使长柱的附加偏心距增大,还会导致预应力构件产生预应力损失。

4. 收缩、膨胀和温度变形

混凝土在空气中结硬时体积会缩小,在水中结硬时体积会膨胀。

混凝土收缩是指混凝土在空气中凝结成块的过程中体积会缩小的现象。混凝土的收缩包括凝缩与干缩。凝缩是指混凝土在硬化过程中由于水化反应凝胶体本身引起的体积收缩;干缩是指混凝土因失水产生的体积收缩。一般情况下,混凝土的收缩发展的速度早期较快,之后逐渐缓慢。混凝土收缩完成时间可延续到两年甚至更长时间,但主要发生在初期,2 周可完成全部收缩量的 25%,1 个月约完成 50%,最后趋于稳定,其应变值为 $2 \times 10^{-4} \sim 5 \times 10^{-4}$。无论收缩还是膨胀,都是混凝土在不受力的情况下因体积变化而产生的变形。

影响混凝土收缩的主要因素有:水灰比越大,收缩越大;泌水量越大,表面含水量越高,表面早期收缩越大;混凝土含水量越高,表现为水泥浆量越大,坍落度越大,收缩越大;水泥活性越高,颗粒越细,比表面积越大,收缩越大。此外,骨料粒径的大小及养护环境也会影响混凝土的收缩变形。

混凝土随着温度的变化产生热胀冷缩的变形称为温度变形。混凝土的温度线膨胀系数为$(0.6 \sim 1.3) \times 10^{-5}/℃$,即温度每升高 1℃,每米膨胀 0.006~0.013mm。温度变形对大体积混凝土及大面积混凝土工程极为不利,易使这些混凝土造成温度裂缝。在混凝土硬化初期,水泥水化放出较多热量,而混凝土又是热的不良导体,散热很慢,因此造成混凝土内外温差很大,有时可达 50~70℃,这将使混凝土产生内胀外缩,结果在外表混凝土中将产生很大的拉应力,严重时使混凝土产生裂缝。

1.2.3 混凝土的选用

素混凝土结构的混凝土强度等级不应低于 C15;钢筋混凝土结构的混凝土强度等级不应低于 C20;当采用强度等级 400MPa 及以上的钢筋时,混凝土强度等级不应低于 C25。预应力混凝土结构的混凝土强度等级不宜低于 C40,且不应低于 C30。承受重复荷载的钢筋混凝土构件,混凝土强度等级不应低于 C30。

任务 1.3 钢筋与混凝土之间的黏结作用

1.3.1 黏结作用的组成

在钢筋混凝土结构中,钢筋与混凝土之间的黏结是这两种材料共同工作的重要保证,黏结作用的存在能够使钢筋与混凝土之间共同承受外力、共同变形并抵抗相互间的滑移。一般而言,钢筋与混凝土的黏结作用由胶合作用、摩擦作用和咬合作用三部分组成。

混凝土凝结时,水泥胶的化学作用使钢筋和混凝土在接触面上产生的胶结力称为胶合作用;由于混凝土凝结时收缩,握裹住钢筋,在发生相互滑动时产生的摩擦阻力称为摩擦作用;钢筋凸起的肋纹与混凝土的咬合力称为咬合作用。其中胶合力较小,对于光圆钢筋以摩擦作用为主,对于带肋钢筋以咬合作用为主。

1.3.2 黏结强度

钢筋与混凝土的黏结面上所能承受的平均剪应力的最大值称为黏结强度。

通过钢筋的拔出试验,可以测定出黏结力的分布情况并确定黏结强度。如图 1-10 所示,将钢筋的一端埋置在混凝土试件中,在伸出的一端施加拉拔力即为拔出试验。经测定,黏结应力的分布呈曲线形,从拉拔力一边的混凝土端面开始迅速增长,在靠近端面的一定距离处达到峰值,其后逐渐衰减。而且,钢筋埋入混凝土中的长度 l 越长,则将钢筋拔出混凝土试件所需的拉拔力就越大。但是 l 过长,则过长部分的黏结力很小,甚至为零,说明过长部分的钢筋不起作用。所以,受拉钢筋在支座或节点中应有足够的长度,称为"锚固长度"。钢筋的黏结强度是设计钢筋锚固长度的基础。

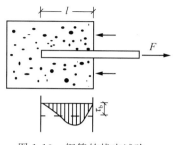

图 1-10　钢筋的拔出试验

试验表明,黏结应力沿钢筋长度的分布是非均匀的,因此将钢筋拉拔力达到极限时钢筋与混凝土剪切面上的平均剪应力作为黏结强度,用 f_τ 表示。

$$f_\tau = \frac{T}{\pi d l} \tag{1-3}$$

式中,T——拉拔力极限值;

　　d——钢筋直径;

　　l——钢筋埋入长度。

影响钢筋与混凝土黏结强度的主要因素如下。

1)钢筋的形式

由于使用变形钢筋比使用光圆钢筋对黏结力要有利得多,所以变形钢筋的末端一般无须做成弯钩。

2)混凝土的强度

混凝土的质量对黏结力和锚固的影响很大。水泥性能好、骨料强度高、配比得当、振捣密实、养护良好的混凝土对黏结力和锚固非常有利。一般来讲,黏结强度随混凝土强度的提高而提高。

3)混凝土保护层厚度和钢筋净间距

黏结强度随混凝土保护层增厚而提高。混凝土构件截面上有多根钢筋并列在一排时,钢筋间的净距对黏结强度有重要影响。一排钢筋的根数越多,净间距越小,黏结强度降低得就越多。

4)横向钢筋的设置

横向钢筋(如梁中的箍筋)可以限制混凝土内部裂缝的发展,提高黏结强度。同时,配置箍筋对保护后期黏结强度、改善钢筋延性也有明显作用。

5)侧向压应力

当钢筋受到侧向压应力时(如在直接支承的支座处的下部钢筋),其黏结强度可以提高。

6)钢筋在混凝土中的位置

黏结强度与浇筑混凝土和钢筋所处的位置有关。对于浇筑深度超过 300mm 的水平方向的顶部钢筋,比竖立钢筋和水平方向的底部钢筋的黏结强度大为降低。这是因为在浇筑时,水平方向的顶部钢筋底面的混凝土因水分气泡的逸出及混凝土的泌水下沉,使得混凝土与钢筋不紧密接触,形成强度较低的带有空隙的混凝土层,从而使混凝土与钢筋之间黏结强度降低。因此,对于高度较大的梁应分层浇筑,并采用二次振捣法。

说明

　　由于影响钢筋与混凝土间黏结强度的因素较多,黏结强度难以用计算的方法保证。规范采用了规定构造要求(如混凝土保护层厚度、钢筋净距、钢筋锚固长度和搭接长度等)来保证钢筋与混凝土间黏结强度,因此构造要求在结构设计中是不可忽视的内容,结构设计时必须遵守。

思 考 题

　　1. 钢筋按外形不同如何分类? 钢筋按加工方法不同如何分类?

　　2. 什么叫软钢? 什么叫硬钢? 试画出相应的应力-应变曲线。

　　3. 衡量钢筋塑性变形的指标有哪些? 如何衡量钢筋塑性变形?

　　4. 结构计算时,软钢和硬钢设计的强度取值依据有什么不同?

　　5. 什么是材料强度标准值? 什么是材料强度设计值?

　　6. 简述钢筋的强度等级和取值。

　　7. 钢筋混凝土结构中,钢筋的选用有哪些规定?

　　8. 什么是混凝土? 混凝土的强度指标有哪些?

　　9. 什么是混凝土立方体抗压强度设计值? 什么是混凝土立方体抗压强度标准值? 如何表示?

　　10. 混凝土强度等级如何划分?

　　11. 什么是混凝土轴心抗压强度、混凝土轴心抗拉强度? 其设计值与标准值如何查用?

　　12. 为什么混凝土立方体抗压强度高于混凝土轴心抗压强度?

　　13. 简述混凝土的变形,各包括哪些变形。

　　14. 什么是混凝土的疲劳破坏现象?

　　15. 什么是徐变现象? 影响徐变的因素有哪些? 徐变会对构件产生哪些影响?

　　16. 什么是混凝土的收缩? 影响收缩的因素有哪些?

　　17. 混凝土的温度变形对哪种房屋影响较大? 如何减小影响?

　　18. 钢筋混凝土结构中,混凝土的选用有哪些规定?

　　19. 钢筋和混凝土之间的黏结作用是由哪几部分组成的?

　　20. 什么是黏结强度? 影响黏结强度的因素有哪些?

项目 2　钢筋混凝土结构的基本设计原则

教学目标

通过本项目的学习,了解结构上的作用,熟悉荷载的分类,掌握永久荷载的代表值和可变荷载的代表值的确定,熟悉结构的功能要求和极限状态,掌握承载能力极限状态实用设计表达式和正常使用极限状态实用设计表达式。

教学要求

能 力 目 标	知 识 目 标	权重/%
结构功能要求与极限状态	安全性、适用性、耐久性,承载能力极限状态、正常使用极限状态,结构的可靠度和可靠指标	30
结构上的作用与作用效应	作用的概念与分类,荷载的分类,荷载的代表值,作用效应,结构抗力,结构构件的材料强度	30
极限状态设计方法	分项系数,承载能力极限状态实用设计表达式;正常使用极限状态实用设计表达式;耐久性规定	40

任务 2.1　结构的功能要求与极限状态

2.1.1　结构的功能要求

建筑结构设计的基本目的是在一定的经济条件下,结构在预定的使用期限内满足设计所预期的各项功能。任何建筑物和构筑物在设计时都必须满足以下功能要求。

1. 安全性

结构在正常使用和正常施工时能承受各种可能出现的作用,在设计规定的偶然事件发生时及发生后,结构仍能保持必需的整体稳定性,不发生倒塌或连续破坏。

2. 适用性

结构在正常使用时满足一定的使用要求,具有良好的工作性能,不发生影响使用的过大变形和过宽的裂缝,不产生影响正常使用的振动。

3. 耐久性

结构在正常维护的条件下,建筑能完好使用到规定的设计年限,即经过在规定环境中,在一定的时间内,其材料性能的恶化不会导致结构失效。

2.1.2   结构的可靠度和可靠性

结构的安全性、适用性和耐久性的功能要求又统称为结构的可靠性。也就是结构在规定的时间内(设计使用年限)、规定的条件下(正常设计、正常施工、正常使用、正常维护),完成预定功能(安全性、适用性、耐久性)的能力。结构设计要根据实际情况,解决好可靠性与经济性之间的矛盾。既要保证结构具有适当的可靠性,又要尽可能地降低造价,做到经济合理。结构在规定的设计使用年限内应具有足够的可靠度。

结构可靠度是指结构在规定的时间内、在规定的条件下,完成预定功能的概率。结构可靠度实际上是结构可靠性的概率度量。在工程结构设计时,要使结构设计做到绝对的可靠是不可能的,合理的解决方案是将失效概率控制在某个可以接受的很小数值,即预先确定一个可以接受的可靠指标。采用多大的可靠指标进行设计,理论上应根据各种结构的重要性、破坏性质等因素综合确定。

 提示

结构的设计使用年限是指按规定指标设计的结构或构件,在正常施工、正常使用和维护下,不需进行大修即可达到其预定功能要求的使用年限。当结构的实际使用年限超过设计使用年限后,并不意味着结构就要报废,但其可靠度将逐渐降低,其继续使用年限需经鉴定确定。《建筑结构可靠度设计统一标准》(GB 50068—2001)将设计使用年限分为4个类别,如表2-1所示。

表 2-1   设计使用年限分类

类别	设计使用年限/年	示 例
1	5	临时性建筑
2	25	易于替换的结构构件
3	50	普通房屋和构筑物
4	100	纪念性建筑和特别重要的建筑结构

2.1.3   结构的极限状态

结构或构件超过某一特定状态就不能满足设计规定的某项功能要求,此特定状态称为该功能的极限状态。所谓结构的极限状态,就是指满足结构安全性、适用性、耐久性三项功能中某一功能要求的临界状态。超过这一界限,结构或其构件就不能满足设计规定的该功能要求,而进入失效状态。极限状态是区分结构工作状态的可靠或失效的标志。极限状态可分为两类:承载能力极限状态和正常使用极限状态。

1. 承载能力极限状态

结构或构件达到最大承载力或达到不适于继续承载的变形的极限状态称为承载能力极限状态。当结构或构件出现下列状态之一时，即认为超过了承载能力极限状态：整个结构或其中的一部分作为刚体失去平衡；结构构件或连接因为超过材料强度而破坏，或因过度变形而不适于继续承载；结构转变为机动体系或因局部破坏而发生连续倒塌；结构或构件丧失稳定性等。这一极限状态关系到结构全部或部分破坏或倒塌，会导致人员伤亡或严重经济损失。因此，对所有结构和构件都必须按承载能力极限状态进行计算，并保证具有足够的可靠度。

2. 正常使用极限状态

正常使用极限状态是指对应于结构或构件达到正常使用或耐久性能的某项规定的限值。当结构或构件出现下列状态之一时，应认为超过了正常使用极限状态：影响正常使用或外观的变形（如过大的挠度）；影响正常使用或耐久性能的局部损坏（如不允许出现裂缝结构的开裂，对允许出现裂缝的构件，其裂缝宽度超过了允许限值）；影响正常使用的振动等。按正常使用极限状态设计时，应验算结构构件的变形、抗裂度或裂缝宽度、地基变形、房屋侧移等。超过正常使用极限状态，会使结构或构件不能正常工作，使结构的耐久性受影响。

超过正常使用极限状态带来的后果虽然一般不如超过承载能力极限状态严重，但也是不可忽略的。因而，在进行结构或构件设计时，既要保证不超过承载能力极限状态，又要保证不超过正常使用极限状态。但在进行建筑结构设计时，通常是将承载能力极限状态放在首位，通过计算使结构或构件满足安全性功能要求，而对正常使用极限状态往往是通过构造或构造加部分验算来满足。随着对建筑结构正常使用功能要求的提高，某些特殊的结构或构件（如预应力结构或构件）的设计已将满足正常使用要求作为重要控制因素。

任务 2.2　结构上的作用与作用效应

2.2.1　结构上的作用

结构上的作用是指能使结构产生效应（如内力、变形）的各种原因的总称。作用可分为直接作用和间接作用。

1. 直接作用

直接作用是指施加在结构或构件上的力，也称为结构的荷载，如结构或构件的自重、楼面和屋面上的人群及物品重量、风压力、雪压力、积水、积灰等。它们直接使结构产生内力和变形效应。

2. 间接作用

间接作用是指引起结构外加变形或约束变形，从而产生内力效应的原因，如地基不均匀沉降、温度变化、混凝土收缩和地震等。

工程结构中常见的作用多数是直接作用，即荷载。

2.2.2　荷载

1. 荷载的分类

按随时间的变化,荷载可分为永久荷载、可变荷载和偶然荷载。永久荷载是在设计基准期内其量值不随时间变化,或其变化与平均值相比可以忽略不计的荷载,也称恒荷载,如结构或构件的自重、土压力、预应力等。可变荷载是在设计基准期内其量值随时间变化,且其变化与平均值相比不可忽略不计的荷载,也称活荷载,如楼面可变荷载、屋面可变荷载和积灰荷载、吊车荷载、风荷载、雪荷载等。偶然荷载是在设计基准期内不一定出现,而一旦出现,其是量值很大且持续时间很短暂的荷载,如地震、爆炸等。

 说明

不论是恒荷载或是活荷载,又可分为集中荷载与均布荷载。集中恒荷载用大写字母"G"表示,集中活荷载用大写字母"Q"表示;同理,均布恒荷载用小写字母"g"表示,均布活荷载用小写字母"q"表示。

按结构的反应,荷载可分为静荷载和动荷载。静荷载是使结构或构件不产生加速度或产生的加速度可以忽略不计,如结构的自重、一般民用建筑的楼面活荷载等。动荷载是使结构或构件产生不可忽略的加速度,如吊车荷载、设备振动、作用在高耸结构如高层建筑、烟囱或水塔上的风荷载等。

2. 荷载的代表值

荷载代表值是指设计中用以验算极限状态所采用的荷载值。在结构设计时,对不同荷载应采用不同的代表值。对于永久荷载以标准值作为代表值;对于可变荷载根据不同的设计要求采用不同的代表值,如标准值、准永久值、组合值、频遇值;偶然荷载应按照建筑结构使用的特点确定其代表值。

1) 荷载标准值

荷载标准值是指结构在设计基准期(50 年)内,正常情况下可能出现的最大荷载值,它是结构设计时采用的荷载基本代表值。而其他代表值都可由标准值乘以相应的系数后得出,通常要求荷载标准值应具有 95% 的保证率。即大于标准值的荷载出现的可能性只有 5%,而小于标准值的荷载出现的可能性有 95%。

永久荷载标准值是指对结构构件的自重,可按结构构件的设计尺寸与材料单位体积的自重计算确定。一般材料和构件的单位自重可取其平均值,对于自重变异较大的材料和构件,自重的标准值应根据对结构的不利或有利状态分别取上限值或下限值。《建筑结构荷载规范》(GB 50009—2012)中给出了常用材料和构件的自重,常用材料及构件重量表详见附录四。

可变荷载标准值在《建筑结构荷载规范》中已给出,设计时可直接查用。如住宅、宿舍、旅馆、办公楼等楼面均布荷载标准值为 2.0kN/m^2;食堂、餐厅、一般资料档案室、教室等楼面均布荷载标准值为 2.5kN/m^2,详见附录五。

2）荷载准永久值

在进行结构构件的变形和裂缝验算时，需要考虑荷载长期作用对构件刚度和裂缝的影响，此时，可变荷载只能取其在设计基准期内经常作用在结构上的那部分荷载作为其代表值，它对结构的影响类似于永久荷载。可变荷载准永久值由荷载标准值乘以准永久值系数 ψ_q 得到。ψ_q 可由《建筑结构荷载规范》中查出，详见附录五。

3）荷载组合值

当结构承受两种或两种以上可变荷载时，由于所有可变荷载同时达到各自最大值的可能性极小，因此除主导的可变荷载外，其他伴随的可变荷载均应乘以组合系数 ψ_c 作为可变荷载的组合值。ψ_c 可由《建筑结构荷载规范》中查出，详见附录五。

4）荷载频遇值

可变荷载的频遇值是正常使用极限状态按频遇组合设计时采用的一种可变荷载组合值。它是在统计基础上确定的。在设计基准期内被超越的总时间仅为设计基准期的一小部分，或其超越频率限于某一给定值。可变荷载频遇值由荷载标准值乘以频遇值系数 ψ_f 得到。ψ_f 可根据《建筑结构荷载规范》查出，详见附录五。

【例 2-1】 某办公楼走廊平板计算跨度 $l_0 = 3.16\text{m}$，现浇混凝土板板厚 90mm，水磨石楼面，板底 20mm 厚混合砂浆抹灰。求该走廊板上的永久荷载标准值和可变荷载标准值。

【解】 （1）永久荷载标准值。取走廊长方向 1m 宽板带为计算单元，查附录四，得钢筋混凝土重度为 25kN/m^3，水磨石重度为 0.65kN/m^2，混合砂浆重度为 17kN/m^3。板跨度每延长米的恒荷载标准值 $g_k = $ 重度 $\gamma \times$ 板厚 h，则沿板跨度每延长米的永久荷载标准值如下。

现浇板的重：$25 \times 0.09 = 2.25 (\text{kN/m}^2)$

水磨石面层重：0.65kN/m^2

板底 20mm 厚混合砂浆抹灰重：$17 \times 0.02 = 0.34 (\text{kN/m}^2)$

$$g_k = 2.25 + 0.65 + 0.34 = 3.24 (\text{kN/m}^2)$$

（2）可变荷载标准值。查附录五得办公楼走廊的楼面可变荷载标准值为 2.5kN/m^2。

2.2.3 作用效应与结构抗力

1. 作用效应

由于各种作用使结构产生的内力（如轴力、剪力、弯矩、扭矩等）和变形（如挠度、转角、裂缝等）称之为作用效应，用"S"表示。作用效应的取值与外部作用大小有关。由直接作用产生的效应，通常称为荷载效应。因为荷载为随机变量，荷载效应也是随机变量。

荷载效应 S 与荷载 Q 之间一般可认为呈线性或近似线性关系，即

$$S = CQ \tag{2-1}$$

式中，C——荷载效应系数。

如简支梁均布荷载作用下，跨中截面弯矩和支座边缘截面剪力分别为

$$M = \frac{1}{8}ql^2; \qquad V = \frac{1}{2}ql \tag{2-2}$$

式中，M、V——分别为弯矩、剪力；

　　　q——荷载。

2. 结构抗力

结构构件抵抗各种结构上作用效应的能力称为结构抗力，用"R"表示。结构抗力与构件截面形状、截面尺寸以及材料等级有关。按构件变形不同，可分为抗拉、抗压、抗弯、抗扭等形式；按结构的功能要求，可分为承载能力和抗变形、抗裂缝等能力。

一般形成结构抗力式的过程是先通过大量的试验确定达到或超过极限状态的机理，在此基础上引入简化假定，从理论上推导出结构抗力式。然而，部分情况中达到或超过极限状态的机理在目前尚未完全了解清楚，形成结构抗力式还不得不借助于试验和经验。当作用效应不小于结构抗力时，结构或构件才安全。

3. 结构构件的材料强度

材料强度的标准值是结构设计时采用的材料强度的基本代表值。钢筋混凝土结构所采用的建筑材料主要是钢筋和混凝土。它们的强度大小均具有不定性。同一种钢材或同种混凝土，取不同的试样，试验结果并不完全相同。因此，钢筋和混凝土的强度也应看作是随机变量。为了安全起见，用统计方法确定的材料强度值必须具有较高的保证率。材料强度标准值的保证率一般取 95%。

材料强度的设计值是用于承载能力计算时的材料强度的代表值。材料强度的设计值等于材料强度的标准值除以材料强度的分项系数。

任务 2.3　极限状态设计方法

现行规范采用以概率理论为基础的极限状态设计方法，用分项系数的设计表达式进行计算，分为承载能力极限状态和正常使用极限状态两种表达式。

2.3.1　分项系数

考虑到实际工程与理论及试验的差异，直接采用标准值（如荷载、材料强度）进行承载能力设计尚不能保证达到目标可靠指标要求，故在《建筑结构可靠度设计统一标准》(GB 50068—2001)的承载能力设计表达式中，采用了增加"分项系数"的办法。分项系数是按照目标可靠指标并考虑工程经验确定的，它使计算所得结果能满足可靠度要求，分为荷载分项系数和材料分项系数。

1. 荷载分项系数

考虑到永久荷载标准值与可变荷载标准值保证率不同，因此，它们采用不同的分项系数，永久荷载分项系数和可变荷载分项系数的具体取法如表 2-2 所示。永久荷载标准值与永久荷载分项系数的乘积称为永久荷载设计值；可变荷载标准值与可变荷载分项系数的乘积称为可变荷载设计值，用于承载能力计算。

表 2-2　荷载分项系数

永久荷载分项系数 γ_G				可变荷载分项系数 γ_Q	
其效用对结构不利时		其效用对结构有利时			
由可变荷载效应控制的组合	1.2	一般情况	1.0	一般情况	1.4
由永久荷载效应控制的组合	1.35	对结构的倾覆、滑移或漂浮验算	0.9	对标准值大于 $4kN/m^2$ 的工业房屋楼面结构的荷载	1.3

说明:当活荷载与恒荷载比值大于 0.357 时,为活荷载起控制作用;反之为恒荷载控制。依据如下:取两种组合的等式 $1.35G_k+1.4\times0.7Q_k=1.2G_k+1.4Q_k$,即 $1.35G_k+0.98Q_k=1.2G_k+1.4S_k$,由此,可算得 $S_k/G_k=0.357$。当然,这是一种简化判别方法,当荷载较为复杂时应按规范公式仔细组合计算。一般地说,像建筑基础、不上人的屋顶结构板等,往往是由恒荷载控制的;而活荷载较大的楼板、一般跨度的消防疏散用楼梯就可能是活荷载控制。

2. 材料分项系数

混凝土结构中所用材料主要是混凝土、钢筋,考虑到这两种材料强度值的离散情况不同,因而它们各自的分项系数也是不同的。在承载能力设计中,应采用材料强度设计值。材料强度设计值等于材料强度标准值除以材料分项系数。混凝土和钢筋的强度设计值的取值可查《混凝土规范》。

2.3.2　承载能力极限状态设计表达式

结构构件的承载力计算应采用如下承载能力极限状态设计表达式:

$$\gamma_0 S \leqslant R \tag{2-3}$$

式中,γ_0——结构的重要性系数,安全等级为一级时取 1.1,安全等级为二级时取 1.0,安全等级为三级时取 0.9;

S——荷载内力组合设计值;

R——结构构件的承载力设计值。

 提示

根据建筑物的重要性不同,一旦发生破坏对人民生命财产的危害程度以及对社会影响的不同,《建筑结构可靠度设计统一标准》将建筑结构安全等级分为以下三级。

一级建筑:破坏后果很严重的重要建筑物,如影剧院、体育馆等。

二级建筑:破坏后果严重的一般建筑物,如一般性的工业与民用建筑。

三级建筑:破坏后果不严重的次要建筑物。

对于基本组合,荷载效应组合的设计值 S 应从下列组合值中取最不利值确定。

由可变荷载效应控制的组合:

$$S = \gamma_G S_{Gk} + \gamma_{Q1} S_{Q1k} + \sum_{i=2}^{n} \gamma_{Qi} \psi_{ci} S_{Qik} \tag{2-4}$$

由永久荷载效应控制的组合：

$$S = \gamma_G S_{Gk} + \sum_{i=1}^{n} \psi_{ci} \gamma_{Qi} S_{Qik} \tag{2-5}$$

 提示

一般的钢筋混凝土结构可不考虑该组合。

式中，γ_G——永久荷载分项系数；

$\quad\gamma_Q$——可变荷载分项系数；

$\quad S_{Gk}$——按永久荷载标准值计算的荷载效应值；

$\quad S_{Qik}$——按可变荷载标准值 Q_{ik} 计算的荷载效应值，其中 S_{Q1k} 在各可变荷载效应中起控制作用；

$\quad\psi_{ci}$——可变荷载的组合值系数，其值不应大于 1，应按《荷载规范》中规定采用，风荷载组合系数取 0.6，雪荷载组合系数取 0.7，对于民用建筑楼面均布活荷载可查附表一。

对于一般排架、框架结构，基本组合可采用简化规则，并应按下列组合值中取最不利值确定。由可变荷载效应控制的组合如下，两者取较大值。

$$S = \gamma_G S_{Gk} + \gamma_{Q1} S_{Q1k} \quad \text{与} \quad S = \gamma_G S_{Gk} + 0.9 \sum_{i=1}^{n} \gamma_{Qi} S_{Qik} \tag{2-6}$$

由永久荷载效应控制的组合，仍按式（2-5）采用。

【例 2-2】 某教学楼钢筋混凝土简支梁，采用 C25 级混凝土，HRB400 级纵向钢筋，经计算梁上均布恒荷载标准值为 $g_k = 13.33\text{kN/m}$，承受均布活荷载标准值 $q_k = 6.6\text{kN/m}$，计算跨度 $l_0 = 5.1\text{m}$，净跨 $l_n = 4.86\text{m}$。在承载能力极限状态下，计算该梁上承受的最大弯矩设计值和最大剪力设计值（见图 2-1）。

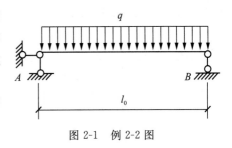

图 2-1 例 2-2 图

【解】 （1）计算内力标准值。

由式（2-2）可知，简支梁均布荷载作用下，跨中截面产生最大弯矩，支座边缘截面产生最大剪力分别为

$$M = \frac{1}{8} q l^2; \qquad V = \frac{1}{2} q l$$

其中计算弯矩时跨度 l 取计算跨度，计算剪力时跨度 l 取净跨度。

则

$$M_{Gk} = \frac{1}{8} g_k l_0^2 = 13.33 \times 5.1^2 \div 8 = 43.34 \,(\text{kN} \cdot \text{m})$$

$$M_{Qk} = \frac{1}{8} q_k l_0^2 = 6.6 \times 5.1^2 \div 8 = 21.46 \,(\text{kN} \cdot \text{m})$$

$$V_{Gk} = \frac{1}{2} g_k l_n = 13.33 \times 4.86 \div 2 = 32.39 \,(\text{kN})$$

$$V_{Qk} = \frac{1}{2} q_k l_n = 6.6 \times 4.86 \div 2 = 16.04 \,(\text{kN})$$

（2）由可变荷载效应控制的内力组合。

题目中活荷载仅有一项，因此根据式（2-4）在可变荷载效应控制的组合下弯矩设计值、剪力设计值为

$$M = \gamma_G M_{Gk} + \gamma_{Q1} M_{Q1k} = 1.2 \times 43.34 + 1.4 \times 21.46 = 82.05 (\text{kN} \cdot \text{m})$$

$$V = \gamma_G V_{Gk} + \gamma_{Q1} V_{Q1k} = 1.2 \times 32.39 + 1.4 \times 16.04 = 61.32 (\text{kN})$$

（3）由永久荷载效应控制的内力组合。

查附表一可知活荷载组合系数取 0.7。根据式（2-5）在可变荷载效应控制的组合下弯矩设计值、剪力设计值为

$$M = \gamma_G M_{Gk} + \gamma_{Q1} \psi_{c1} M_{Q1k} = 1.35 \times 43.34 + 1.4 \times 0.7 \times 21.46 = 79.54 (\text{kN} \cdot \text{m})$$

$$V = \gamma_G V_{Gk} + \gamma_{Q1} \psi_{c1} V_{Q1k} = 1.35 \times 32.39 + 1.4 \times 0.7 \times 16.04 = 59.45 (\text{kN})$$

综上可知，梁上产生的最大弯矩值 $M = 82.05 \text{kN} \cdot \text{m}$，$V = 61.32 \text{kN}$。

【例 2-3】　某排架结构简图如图 2-2 所示，在左边柱柱底截面 1—1 处，由屋面恒荷载、柱自重、吊车梁重等永久荷载产生的弯矩标准值为 $-3.21 \text{kN} \cdot \text{m}$（正号表示柱左侧受拉，负号表示柱右侧受拉），屋面活荷载产生的弯矩标准值为 $-0.15 \text{kN} \cdot \text{m}$，左侧风荷载产生的弯矩标准值为 $42.16 \text{kN} \cdot \text{m}$，吊车最大轮压在柱 1—1 截面处产生的弯矩标准值为 $25.98 \text{kN} \cdot \text{m}$，考虑可变荷载控制，计算在承载能力极限状态下该截面处由各种荷载产生的弯矩组合设计值。

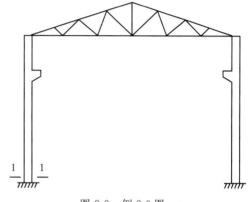

图 2-2　例 2-3 图

【解】　可变荷载控制下，永久荷载分项系数 $\gamma_G = 1.2$，可变荷载分项系数 $\gamma_Q = 1.4$。

比较可变荷载在截面 1—1 处产生的弯矩值中，风荷载产生的弯矩标准值最大值取为 M_{Q1k}，其他活荷载产生的弯矩标准值取为 M_{Qik}，则：

永久荷载产生的弯矩标准值 $M_{Gk} = -3.21 \text{kN} \cdot \text{m}$

左侧风荷载产生的弯矩标准值 $M_{Q1k} = 42.16 \text{kN} \cdot \text{m}$，组合系数 $\psi_{c1} = 1.0$

屋面活荷载产生的弯矩标准值 $M_{Q2k} = -0.15 \text{kN} \cdot \text{m}$，组合系数 $\psi_{c2} = 0.7$

吊车最大轮压在柱 1—1 截面处产生的弯矩标准值 $M_{Q3k} = 25.98 \text{kN} \cdot \text{m}$，组合系数 $\psi_{c3} = 0.7$

截面 1—1 处由各种荷载产生的弯矩组合设计值为

$$M = \gamma_G M_{Gk} + \gamma_{Q1} M_{Q1k} + \gamma_{Q2} \psi_{c2} M_{Q2k} + \gamma_{Q3} \psi_{c3} M_{Q3k}$$
$$= 1.2 \times (-3.21) + 1.4 \times 42.16 + 1.4 \times 0.7 \times (-0.15 + 25.98)$$
$$= 80.49 (\text{kN} \cdot \text{m})$$

2.3.3　正常使用极限状态设计表达式

1. 验算特点

首先，正常使用极限状态和承载能力极限状态在理论分析上对应结构两个不同的工作阶段，同时两者在设计上的重要性不同，因而须采用不同的荷载效应代表值和荷载效应组合

进行验算与计算;其次,在荷载保持不变的情况下,由于混凝土的徐变等特性,裂缝和变形将随着时间的推移而发展,因此在分析裂缝和变形的荷载效应组合时,应该区分荷载效应的标准组合和准永久组合。

2. 荷载效应的标准组合和准永久组合

1) 荷载效应的标准组合

荷载效应的标准组合按下式计算:

$$S_k = S_{Gk} + S_{Q1k} + \sum_{i=2}^{n} \psi_{ci} S_{Qik} \tag{2-7}$$

标准组合是在设计基准期内根据正常使用条件可能出现最大可变荷载时的荷载标准值进行组合而确定的,在一般情况下均采用这种组合值进行正常使用极限状态的验算。

2) 荷载效应的准永久组合

荷载效应的准永久组合按下式计算:

$$S_q = S_{Gk} + \sum_{i=1}^{n} \psi_{qi} S_{Qik} \tag{2-8}$$

式中,ψ_{qi}——第 i 个可变荷载的准永久值系数。

准永久组合是采用设计基准期内持久作用的准永久值进行组合而确定的。它是考虑可变荷载的长期作用起主要影响并具有自己独立性的一种组合形式。但《混凝土规范》对结构抗力(如裂缝、变形等)的试验研究结果多数是在荷载短期作用情况下取得的。因此,对荷载准永久组合值的应用仅作为考虑荷载长期作用对结构抗力(刚度)降低的影响因素之一。

【例 2-4】 已知条件同例 2-2,求在正常使用极限状态下,该梁跨中截面上承受的弯矩标准组合值和弯矩准永久组合值,梁支座截面上承受的剪力标准组合值和剪力准永久组合值。

【解】 (1)求梁跨中截面上承受的弯矩标准组合值和弯矩准永久组合值。

弯矩标准组合值为

$$M_k = M_{Gk} + M_{Q1k} = g_k l_0^2/8 + q_k l_0^2/8 = 43.34 + 21.46 = 64.8 (\text{kN} \cdot \text{m})$$

查附表一,教室的活荷载准永久系数 $\psi_q = 0.5$,则弯矩准永久组合值为

$$M_q = M_{Qk} + \psi_q M_{Qk} = g_k l_0^2/8 + 0.5 \times q_k l_0^2/8 = 43.34 + 0.5 \times 21.46 = 54.07 (\text{kN} \cdot \text{m})$$

(2)求梁支座截面上承受的剪力标准组合值和剪力准永久组合值。

剪力标准组合值为

$$V_k = V_{Gk} + V_{Q1k} = g_k l_n/2 + q_k l_n/2 = 32.39 + 16.04 = 48.43 (\text{kN})$$

剪力准永久组合值为

$$V_k = V_{Gk} + \psi_q V_{Q1k} = g_k l_n/2 + \psi_q \times q_k l_n/2 = 32.39 + 0.5 \times 16.04 = 40.41 (\text{kN})$$

2.3.4　耐久性规定

混凝土结构的耐久性是指在正常维护条件下,在预计的使用时期内,在指定的工作环境中保证结构满足预定功能要求的性能。应根据设计使用年限和环境类别进行耐久性设计,耐久性设计包括下列内容:

（1）确定结构所处的环境类别。

（2）提出材料的耐久性质量要求。

（3）确定构件中钢筋的混凝土保护层厚度。

（4）满足耐久性要求相应的技术措施。

（5）在不利的环境条件下应采取的防护措施。

（6）提出结构使用阶段检测与维护的要求。

 注意

对临时性的混凝土结构，可不考虑混凝土的耐久性要求。

混凝土结构的环境类别划分应符合表 2-3 的要求。

表 2-3　混凝土结构的环境类别

环境类别	条　件
一	室内干燥环境； 无侵蚀性静水浸没环境
二 a	室内潮湿环境； 非严寒和非寒冷地区的露天环境； 非严寒和非寒冷地区与无侵蚀性的水或土壤直接接触的环境； 寒冷和严寒地区的冰冻线以下与无侵蚀性的水或土壤直接接触的环境
二 b	干湿交替环境； 水位频繁变动环境； 严寒和寒冷地区的露天环境； 严寒和寒冷地区的冰冻线以上与无侵蚀性的水或土壤直接接触的环境
三 a	严寒和寒冷地区冬季水位冰冻区环境； 受除冰盐影响环境； 海风环境
三 b	盐渍土环境； 受除冰盐作用环境； 海岸环境
四	海水环境
五	受人为或自然的侵蚀性物质影响的环境

注：1. 室内潮湿环境是指构件表面经常处于结露或湿润状态的环境。

2. 严寒和寒冷地区的划分应符合现行国家标准《民用建筑热工设计规程》（GB 50176—93）的有关规定。

3. 海岸环境和海风环境宜根据当地情况，考虑主导风向及机构所处迎风、背风部位等因素的影响，由调查研究和工作经验确定。

4. 受除冰盐影响环境为受除冰盐盐雾影响的环境；受除冰盐作用环境是指除冰盐溶液溅射的环境以及使用除冰盐地区的洗车房、停车楼等建筑。

5. 暴露的环境是指混凝土结构表面所处的环境。

设计使用年限为 50 年的混凝土结构,其混凝土材料宜符合表 2-4 的规定。

表 2-4　结构混凝土材料的耐久性基本要求

环境等级	最大水胶比	最低强度等级	最大氯离子含量/%	最大碱含量/(kg/m³)
一	0.60	C20	0.30	不限制
二 a	0.55	C25	0.20	
二 b	0.50(0.55)	C30(C25)	0.15	3.0
三 a	0.45(0.50)	C35(C30)	0.15	
三 b	0.40	C40	0.10	

注:1. 氯离子含量系指其占胶凝材料总量的百分比。

2. 预应力构件混凝土中的最大氯离子含量为 0.06%;其最低混凝土强度等级宜按表中的规定提高两个等级。

3. 素混凝土构件的水胶比及最低强度等级的要求可适当放松。

4. 有可靠工程经验时,二类环境中的最低混凝土强度等级可降低一个等级。

5. 处于严寒和寒冷地区二 b、三 a 类环境中的混凝土应使用引气剂,并可采用括号中的有关参数。

6. 当使用非碱性活骨料时,对混凝土中的碱含量可不做限制。

一类环境中,设计使用年限为 100 年的混凝土结构应符合下列规定。

(1) 钢筋混凝土结构的最低强度等级为 C30;预应力混凝土结构的最低强度等级为 C40。

(2) 混凝土中的最大氯离子含量为 0.06%。

(3) 宜使用非碱性活骨料,当使用碱性活骨料时,混凝土的最大碱含量为 3.0kg/m³。

(4) 混凝土保护层厚度应符合《混凝土结构设计规范》里面的相关规定;当采取有效的表面防护措施时,混凝土保护层厚度可适当减小。

二、三类环境中,设计使用年限为 100 年的混凝土结构应采取专门的有效措施。耐久性环境类别为四类和五类的混凝土结构,其耐久性要求应符合有关标准的规定。混凝土结构在设计使用年限内也应遵守下列规定。

(1) 建立定期检测、维修制度。

(2) 设计中可更换的混凝土构件应按规定更换。

(3) 构件表面的防护层应按规定维护或更换。

(4) 结构出现可见的耐久性缺陷时,应及时进行处理。

思　考　题

1. 建筑结构的功能要求包括哪些内容?

2. 什么是结构的可靠性?什么是结构的可靠度?

3. 什么是结构的极限状态?结构的极限状态分为哪几类?

4. 什么是结构上的作用?结构上的作用分为哪几类?荷载属于哪种作用?

5. 什么是荷载代表值?可变荷载的代表值有哪些?

6. 什么是作用效应?什么是结构抗力?

7. 什么是材料的强度标准值？什么是材料的强度设计值？两者有什么关系？

8. 荷载标准值与荷载设计值有什么关系？

9. 结构的安全等级在承载能力极限状态设计表达式中是如何体现的？

10. 写出结构承载能力极限状态设计表达式，并解释表达式中的符号含义。

11. 什么是混凝土结构的耐久性？耐久性设计包括哪些内容？

习　题

1. 某办公楼走廊平板，现浇钢筋混凝土板板厚 120mm，30mm 厚水磨石楼面，板底 20mm 厚石灰砂浆抹灰，求该走廊板上的面荷载标准值及设计值。

2. 如图 2-3 所示为某办公楼钢筋混凝土简支梁，梁上承受均布恒荷载 $g_k = 8kN/m$，均布活荷载 $q_k = 6kN/m$，计算跨度 $l_0 = 10m$，净跨 $l_n = 9.76m$。求：

(1) 在承载能力极限状态下，计算该梁承受的最大弯矩设计值和最大剪力设计值。

(2) 在正常使用极限状态下，梁跨中截面承受的弯矩标准组合值和弯矩准永久组合值。

(3) 在正常使用极限状态下，梁跨支座截面承受的剪力标准组合值和剪力准永久组合值。

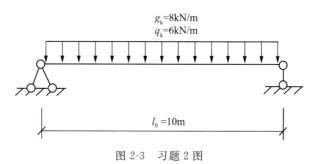

图 2-3　习题 2 图

项目 3 钢筋混凝土受弯构件

教学目标

　　熟悉梁板一般构造要求。掌握受弯构件承载能力极限状态计算,包括正截面受弯承载力计算和斜截面受剪承载力计算。其中,正截面受弯承载力计算应掌握单筋矩形截面、T形截面正截面受弯承载力计算公式和方法,并合理确定受弯构件中的纵向受力钢筋数量,熟悉双筋矩形截面计算公式和方法。斜截面受剪承载力计算应掌握受弯构件中箍筋的计算公式和方法,并合理确定受弯构件中的箍筋。熟悉正常使用极限状态验算,包括受弯构件裂缝宽度和变形的验算方法。

教学要求

能 力 目 标	知 识 目 标	权重/%
正截面承载能力计算	受弯构件正截面破坏形态;单筋矩形截面受弯构件正截面承载力计算;T形截面受弯构件正截面承载力计算;双筋矩形截面受弯构件正截面承载力计算	50
斜截面承载能力计算	受弯构件正截面破坏形态;受弯构件斜截面受剪承载力计算	30
正常使用极限状态验算	受弯构件裂缝宽度和变形的验算	20

　　受弯构件是指仅承受弯矩 M 和剪力 V 的构件。在工业与民用建筑中,梁、板是典型的受弯构件,也是重要受力构件。由于梁和板的受力情况、截面计算方法基本相同,所以在本项目介绍中,除构造要求分别介绍外,受力计算部分不再区分梁、板,而统一称为受弯构件。

　　按照配置受力钢筋的位置不同,受弯构件可分为单筋受弯构件和双筋受弯构件。单筋受弯构件是指仅在截面的受拉区按计算配置受力钢筋的受弯构件;双筋受弯构件是指在截面的受拉区和受压区都按计算配置受力钢筋的受弯构件。受拉区配置的受力钢筋帮助构件承担拉力,若在构件受压区设置受力钢筋,受压区受力钢筋则帮助构件承担压力。需要说明的是,对于单筋受弯梁不仅在受拉区配置受力纵向钢筋,为了架立箍筋,也会在构件受压区配置构造纵向钢筋,从表面看,与双筋受弯梁一样均在受拉、压区配置了纵向钢筋,但由于在受压区配置纵筋受力性质不同,因此两者有本质的区别。

　　受弯构件需进行下列计算和验算。

　　1)承载能力极限状态计算

　　(1)正截面受弯承载力计算按控制截面(跨中或支座截面)的弯矩设计值确定截面尺寸及纵向受力钢筋的数量。

（2）斜截面受剪承载力计算按控制截面的剪力设计值复核截面尺寸,并确定截面抗剪所需的箍筋的数量。

2）正常使用极限状态验算

受弯构件除必须进行承载能力极限状态的计算外,一般还须按正常使用极限状态的要求进行构件变形和裂缝宽度的验算。

受弯构件除了要进行上述两类计算和验算外,还须采取一系列构造措施,才能保证构件的各个部位都具有足够的抗力,才能使构件具有必要的适用性和耐久性。

任务 3.1　梁板的一般构造要求

构造要求是指在结构计算中未能详细考虑或者很难准确计算而忽略了其影响因素,对保证结构安全、施工简便及经济合理等前提下所采取的技术补救措施的要求。在实际工程中,由于不注意构造措施、不满足构造要求而出现工程事故的情况不在少数。

3.1.1　基本概念

1. 混凝土保护层

混凝土保护层是指结构构件中钢筋外边缘至混凝土表面的距离。《混凝土规范》规定,构件采用普通钢筋及预应力钢筋时,构件中受力钢筋的保护层厚度不应小于钢筋的直径 d。设计使用年限为 50 年的混凝土结构,最外层钢筋的保护层厚度应符合表 3-1 的规定;设计使用年限为 100 年的混凝土结构,最外层钢筋的保护层厚度不应小于表 3-1 中数值的1.4 倍。

当梁、柱、墙中纵向受力钢筋的保护层厚度大于 50mm 时,宜对保护层采取有效的构造措施。当保护层内配置防裂、防剥落的钢筋网片时,网片钢筋的保护层厚度不应小于25mm。

混凝土保护层的最小厚度取值与环境类别和构件类型有关,如表 3-1 所示。

表 3-1　混凝土保护层的最小厚度 c　　　　　　　　　　　单位:mm

环境类别	板、墙、壳	梁、柱
一	15	20
二 a	20	25
二 b	25	35
三 a	30	40
三 b	40	50

注:1. 混凝土强度等级不大于 C25 时,表中保护层厚度数值应增加 5mm。

2. 钢筋混凝土基础宜设置混凝土垫层,其受力钢筋的混凝土保护层厚度应从垫层顶面算起,且不应小于 40mm。

2. 钢筋的锚固

钢筋混凝土结构中,为了保证钢筋不被拔出,就必须将钢筋伸入构件支座有一定的埋入深度,使得钢筋能通过黏结应力把拉拔力传递给混凝土即为锚固,如图 3-1 所示。钢筋在构件中的锚固是保证构件承载力至关重要的因素,而锚固长度是保证钢筋在构件中锚固要求的重要数据。锚固长度是指受力钢筋依靠其表面与混凝土的黏结作用或端部构造的挤压作用而达到设计承受应力所需的长度。锚固长度有基本锚固长度和锚固长度。

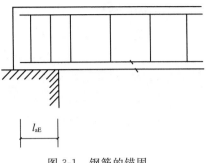

图 3-1　钢筋的锚固

1) 基本锚固长度

《混凝土规范》规定,当计算中充分利用钢筋的抗拉强度时,普通钢筋基本锚固长度应按下列公式计算。

$$l_{ab} = \alpha \frac{f_y}{f_t} d$$

式中,l_{ab}——受拉钢筋的基本锚固长度;

　　f_t——混凝土轴心抗拉强度设计值,当混凝土强度等级高于 C60 时,按 C60 取值;

　　d——锚固钢筋的直径;

　　α——锚固钢筋的外形系数。

2) 锚固长度

受拉钢筋的锚固长度应根据具体锚固条件按下列公式计算,且不应小于 200mm。

$$l_a = \zeta_a l_{ab}$$

式中,l_a——受拉钢筋的锚固长度;

　　ζ_a——锚固长度修正系数。按下述规定取用,当多于一项时,可按连乘计算,但不应小于 0.6。

纵向受拉普通钢筋的锚固长度修正系数 ζ_a 应根据钢筋的锚固条件按下列规定取用。

(1) 当带肋钢筋的公称直径大于 25mm 时取 1.10。

(2) 环氧树脂涂层带肋钢筋取 1.25。

(3) 施工过程中易受扰动的钢筋取 1.10。

(4) 当纵向受力钢筋的实际配筋面积大于其设计计算面积时,修正系数取设计计算面积与实际配筋面积的比值,但对有抗震设防要求及直接承受动力荷载的结构构件,不应考虑此项修正。

(5) 锚固钢筋的保护层厚度为 $3d$ 时修正系数可取 0.80;保护层厚度为 $5d$ 时修正系数可取 0.70;中间按内插取值,其中 d 为锚固钢筋直径。

当结构有抗震荷载作用时,构件中受力钢筋的锚固会处于更不利的状态下,因此对有抗震设防要求的混凝土结构构件,应根据结构不同的抗震等级增大其锚固长度。纵向受拉钢筋的抗震锚固长度用 l_{aE} 表示,应按下式计算。

$$l_{aE} = \zeta_{aE} l_a$$

式中,ζ_{aE}——纵向受拉钢筋抗震锚固长度修正系数,对一、二级抗震等级取 1.15,对三级抗

震等级取 1.05,对四级抗震等级取 1.00;

l_a——纵向受拉钢筋的锚固长度。

 提示

钢筋的基本锚固长度、锚固长度可通过查《国家建筑标准设计图集》(16G101—1)直接得出。

3. 钢筋的连接

工厂生产出来的钢筋均是按一定规格(如 9m 和 12m)的尺寸制作的。而实际工程中使用的钢筋均是有长有短、形状各异,因此需要对钢筋进行处理和连接。钢筋的连接方法有绑扎搭接、焊接连接和机械连接。除轴心受拉构件及小偏心受拉构件的纵向受力钢筋不得采用绑扎搭接外,其他构件中的钢筋采用绑扎搭接时,受拉钢筋直径不宜大于 25mm,受压钢筋直径不宜大于 28mm。当采用绑扎搭接时要考虑搭接长度,机械连接接头及焊接接头的类型及质量应符合国家现行有关标准的规定。此外,钢筋的连接接头应尽量设置在受力较小处,应避开结构受力较大的关键部位。在同一根受力钢筋上宜少设接头。在结构的重要构件和传力部位,纵向受力钢筋不宜设置连接接头。

 提示

当采用绑扎搭接时要考虑搭接长度,非抗震要求时,搭接长度用符号 l_l 表示;抗震要求时,搭接长度用符号 l_{lE} 表示。钢筋的搭接长度可通过查《国家建筑标准设计图集》(16G101—1)直接得出。

3.1.2　板的构造要求

1. 一般规定

1) 板的截面形式

钢筋混凝土板的常用截面有矩形板、槽形板和空心板等形式,如图 3-2 所示。现浇构件多采用矩形截面,预制构件多采用空心板或槽形截面。

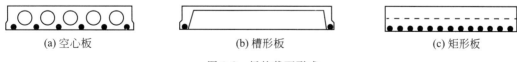

(a) 空心板　　　　　　　　(b) 槽形板　　　　　　　　(c) 矩形板

图 3-2　板的截面形式

2) 板的厚度

(1) 板的跨厚比:钢筋混凝土单向板不大于 30mm,双向板不大于 40mm;无梁支撑的有柱帽板不大于 35mm;无梁支撑的无柱帽板不大于 30mm。预应力板可适当增加,当板的荷载跨度较大时宜适当减小。《混凝土规范》规定现浇钢筋混凝土板的最小厚度如表 3-2 所示。

表 3-2　现浇钢筋混凝土板的最小厚度　　　　　　　　　　单位：mm

板 的 类 别		最小厚度
单向板	屋面板	60
	民用建筑楼板	60
	工业建筑楼板	70
	行车道下的楼板	80
双向板		80
密肋楼板	面板	50
	肋高	250
悬臂板（固定端）	悬臂长度不大于 500mm	60
	悬臂长度为 1200mm	100
无梁楼板		150
现浇空心楼板		200

（2）板的常用厚度：60mm、70mm、80mm、100mm、120mm。板的厚度一般以 10mm 的模数递增，板厚在 250mm 以上时按 50mm 的模数递增。

3）板的支承长度

板的支承长度应满足以下条件。

（1）现浇板的支承长度。

现浇板搁置在砖墙上时，其支承长度 a 应满足：$a \geqslant h$（板厚）及 $a \geqslant 120$mm。

（2）预制板的支承长度。

搁置在砖墙上时，其支承长度 $a \geqslant 100$mm。

搁置在钢筋混凝土屋架或钢筋混凝土梁上时，$a \geqslant 80$mm。

搁置在钢屋架或钢梁上时，$a \geqslant 60$mm。

2. 板中钢筋

一般情况下，板中通常配置有受力钢筋和分布钢筋。

1）板的受力钢筋

板的受力钢筋是指承受弯矩作用下产生拉力的钢筋，通常沿板的跨度方向设置，如图 3-3 所示。

板中受力钢筋直径不宜小于 8mm，常用直径为 8mm、10mm、12mm 等。板中受力钢筋的间距 s 不能过大，板内受力钢筋中心点至中心点间的距离，当板厚 $h \leqslant 150$mm 时，s 不宜大于 200mm；当板厚 $h > 150$mm 时，s 不宜大于 $1.5h$，且不宜大于 250mm。

2）板的分布钢筋

板中分布钢筋的作用是固定受力钢筋处于正确位置，将板面荷载更均匀地传递给受力钢筋，同时还可以防止因温度变化或混凝土收缩等原因产生的裂缝。为了保证板面荷载更均匀地传递给受力钢筋，分布钢筋应放置在受力钢筋的内侧，如图 3-3 所示。

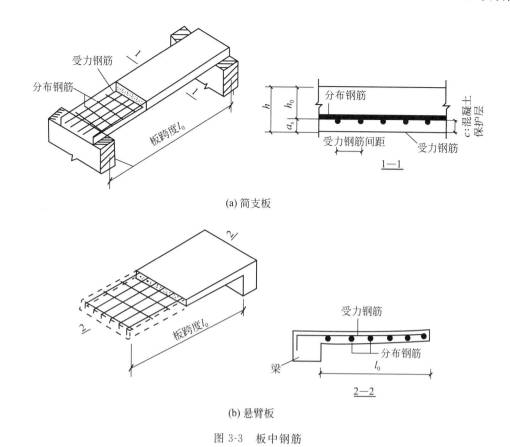

(a) 简支板

(b) 悬臂板

图 3-3　板中钢筋

分布钢筋的直径不宜小于 6mm，间距不宜大于 250mm，且单位宽度内的配筋面积不宜小于跨中相应方向板底钢筋截面面积的 1/3。与混凝土梁、混凝土墙整体浇筑单向板的非受力方向的钢筋，钢筋截面面积不宜小于受力方向跨中板底钢筋截面面积的 1/3。

 说明

当按单向板设计时，应在垂直于受力的方向布置分布钢筋，放置在受力钢筋的内侧。

3.1.3　梁的构造要求

1. 一般规定

1）梁的截面形式

按几何形状分，梁的截面有矩形、T 形、I 形等多种形式。其中经常采用的是矩形截面和 T 形截面。考虑到施工方便和结构整体性要求，工程中也有采用预制和现浇结合的方法形成叠合梁，如图 3-4 所示。

2）梁的截面尺寸

在确定梁的截面尺寸时，通常先确定梁截面高度，再通过高宽比确定梁截面宽度。

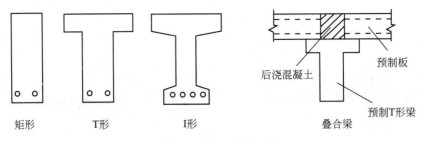

图 3-4　梁的截面形式

（1）梁高的确定

梁的截面尺寸通常沿梁长保持不变，方便施工。在确定截面尺寸时，应按挠度要求确定梁最小截面高度。在设计时，对于一般荷载作用下的梁可参照表 3-3 初步确定梁的高度，此时梁的挠度要求一般能得到满足。

表 3-3　梁的最小截面高度

项次	构件种类		简支	两端连续	悬臂
1	整体肋形梁	次梁	$l_0/16$	$l_0/18$	$l_0/8$
		主梁	$l_0/12$	$l_0/14$	$l_0/6$
2	独立梁		$l_0/12$	$l_0/14$	$l_0/6$

注：1. l_0 为梁的计算跨度。

2. 梁的计算跨度 $l_0 \geqslant 9m$ 时，表中数值应乘以 1.2 的系数。

常用梁高为 200mm、250mm、300mm、350mm……750mm、800mm、900mm、1000mm等。截面高度 $h \leqslant 800mm$ 时，取 50mm 的倍数；$h > 800mm$ 时，取 100mm 的倍数。

（2）梁宽的确定

梁高确定后，梁宽度由高宽比确定。

矩形截面：$h/b = 2.0 \sim 3.5$。

T 形截面：$h/b = 2.5 \sim 4.0$。

常用梁宽为 150mm、180mm、200mm……，截面宽度 $b > 200mm$ 时，取 50mm 的倍数。

3）梁的支承长度

梁的实际支承长度除应满足纵向受力钢筋在支座的锚固要求外，还要考虑支座的局部受压承载力。当梁支承在砖砌体上时，可视为简支座，梁伸入砖砌体的支承长度 a 应满足砌体的局部承压强度，且当梁高 $h \leqslant 500mm$ 时，$a \geqslant 180mm$；当梁高 $h > 500mm$ 时，$a \geqslant 240mm$。当梁支承在钢筋混凝土梁（柱）上时，$a \geqslant 180mm$；钢筋混凝土桁条支承在砖墙上时，$a \geqslant 120mm$；支承在钢筋混凝土梁上时，$a \geqslant 80mm$。

2. 梁中钢筋

梁中钢筋有纵向受力钢筋、箍筋、弯起钢筋、架立钢筋、梁侧构造钢筋等，如图 3-5 所示。

1）纵向受力钢筋

钢筋混凝土梁中的纵向受力钢筋的作用是承受梁中弯矩所产生的拉力，应设置在梁的受拉区，其数量应通过计算确定。

梁的纵向受力钢筋伸入梁支座范围内的钢筋不应少于 2 根。梁高不小于 300mm 时，

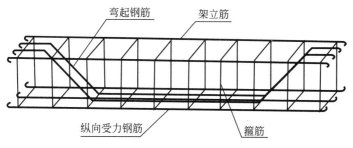

图 3-5　梁中钢筋

钢筋直径不应小于 10mm；梁高小于 300mm 时，钢筋直径不应小于 8mm。梁中钢筋常用直径为 $10\sim25$mm，一般不宜大于 28mm。梁上部钢筋水平方向的净间距不应小于 30mm 和 $1.5d$；梁下部钢筋水平方向的净间距不应小于 25mm 和 d。当下部钢筋多于两层时，两层以上钢筋水平方向的中距应比下面两层的中距增大一倍；各层钢筋之间的净间距不应小于 25mm 和 d，d 为钢筋的最大直径。在梁的配筋密集区域可采用并筋的配筋形式，如图 3-6 所示。

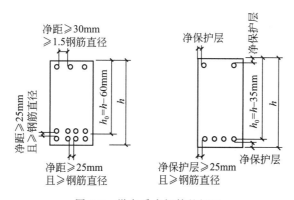

图 3-6　纵向受力钢筋的间距

2）箍筋和弯起钢筋

箍筋和弯起钢筋属于梁中的横向受力钢筋，主要承受梁中的剪力。钢筋混凝土梁宜优先采用箍筋作为承受剪力的钢筋。箍筋和弯起钢筋的构造要求详见任务 3.3。

3）架立钢筋

梁中架立钢筋是沿梁纵向设置的构造钢筋，其作用是架立箍筋使梁中纵横方向的钢筋成钢筋骨架，并承受因温度变化、混凝土收缩而产生的拉力，以防止发生裂缝。架立钢筋应按照构造要求确定其数量，当梁的跨度小于 4m 时，直径不宜小于 8mm；当梁的跨度为 $4\sim6$m 时，直径不宜小于 10mm；当梁的跨度大于 6m 时，直径不宜小于 12mm。

4）梁侧构造钢筋

当梁的腹板高度 h_w 不小于 450mm 时，在梁的两侧面需配置纵向构造钢筋，其作用是承受因温度变化、混凝土收缩在梁的中间部位引起的拉应力，防止混凝土在梁中间部位产生裂缝。梁侧构造钢筋的搭接长度与锚固长度取 $15d$，d 为构造钢筋的直径。每侧纵向构造钢筋间距不宜大于 200mm，截面面积不应小于腹板截面面积（$b\times h_w$）的 0.1%，但当梁宽较大时可以适当放松。当梁侧布置纵向构造钢筋时宜设置拉筋，如图 3-7 所示。

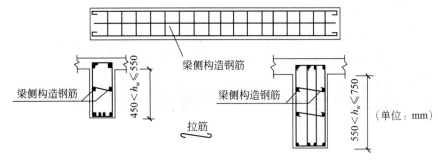

图 3-7　梁侧构造钢筋及拉筋

任务 3.2　钢筋混凝土受弯构件正截面承载力计算

3.2.1　受弯构件正截面破坏特征及适筋梁的正截面工作阶段

受弯构件正截面的破坏特征与纵向受拉钢筋的配筋率 ρ 有关。纵向受拉钢筋的截面面积与横截面的有效面积的比值为纵向受拉钢筋的配筋率 ρ。

$$\rho = \frac{A_s}{bh_0} \tag{3-1}$$

 注意

当验算最小配筋率时,有效面积改为全面积。

即

$$\rho_{min} = \frac{A_s}{bh} \tag{3-2}$$

式中,A_s——纵向受力钢筋的总截面面积(mm^2);

b——截面的宽度(mm);

h——截面的高度(mm);

h_0——截面的有效高度,截面有效高度是指全部纵向受拉钢筋合力点到截面受压边缘的距离,$h_0 = h - a_s$,单位为 mm。

a_s——受拉钢筋合力作用点到截面受拉边缘的距离。

在室内干燥环境下,a_s 的取值对于板:

当 >C25 时,取 $a_s = c + \dfrac{d}{2} = 15 + \dfrac{10}{2} = 20(\mathrm{mm})$。

当 ≤C25 时,取 $a_s = c + \dfrac{d}{2} = 20 + \dfrac{10}{2} = 25(\mathrm{mm})$。

a_s 的取值对于梁:

当 >C25 时,取 $a_s = c + d_{箍} + \dfrac{d}{2} = 20 + 10 + \dfrac{20}{2} = 40(\mathrm{mm})$(一层钢筋)。

或 $a_s = c + d_{箍} + d + \dfrac{25}{2} = 20 + 10 + 20 + \dfrac{25}{2} = 62.5 \text{(mm)}$，取 $a_s = 65 \text{mm}$（二层钢筋）。

当 ≤C25 时，取 $a_s = c + d_{箍} + \dfrac{d}{2} = 25 + 10 + \dfrac{20}{2} = 45 \text{(mm)}$（一层钢筋）。

或 $a_s = c + d_{箍} + d + \dfrac{25}{2} = 25 + 10 + 20 + \dfrac{25}{2} = 67.5 \text{(mm)}$，取 $a_s = 70 \text{mm}$（二层钢筋）。

说明

a_s 为经验取值，在这里 d 为纵向受拉钢筋的直径，对于板假定为 10mm，梁假定为 20mm。$d_{箍}$ 为梁中箍筋的直径，假定为 10mm。

根据配筋率的不同，混凝土受弯构件正截面破坏特征分为适筋梁、超筋梁、少筋梁三种破坏情况。

1. 适筋梁破坏

适筋梁是指纵向受拉钢筋的配筋率 ρ 合适的梁。

试验表明，承受正弯矩的适筋梁从施加荷载到破坏可分为三个阶段。

1）第一阶段——弹性工作阶段

第一阶段为弹性工作阶段，它是指从构件开始承受荷载到构件受拉区混凝土将要出现裂缝的阶段。此时，荷载在构件上部所产生的压应力由截面中和轴以上的混凝土承担，荷载在构件下部所产生的拉应力由截面中和轴以下的混凝土与钢筋共同承担。当构件正截面所承受的弯矩不大时，混凝土基本处于弹性工作阶段，受压区和受拉区的混凝土应力分布图形为三角形，如图 3-8 所示。由于混凝土的抗拉能力远低于其自身抗压能力，随着荷载的增加，弯矩不断增大，构件受拉区混凝土将首先表现出塑性性质，当弯矩增加到开裂弯矩 M_{cr} 时，受拉区边缘混凝土达到了抗弯的极限拉应变，此处的混凝土处于将要开裂但还未开裂的极限状态，受拉区混凝土的应力分布图形变为曲线分布，而此时的受压区混凝土仍处于弹性工作状态，受压区的混凝土应力分布图形基本接近三角形，此时已进入为第一阶段末，用 I_a 表示，此时截面的弯矩为开裂弯矩 M_{cr}。I_a 阶段可作为受弯构件抗裂计算的依据。

2）第二阶段——带裂缝工作阶段

若荷载继续增加，构件正截面所承受的弯矩也将继续增大，受拉区边缘混凝土超出了抗弯的极限拉应变，构件将在抗拉能力最薄弱的截面处出现第一条裂缝，随着第一条裂缝的出现，构件即由第一阶段转化为第二阶段，第二阶段为带裂缝工作阶段。

裂缝一旦出现，由于混凝土开裂，受拉区的拉应力主要由钢筋承担，钢筋的应力较混凝土开裂前增大很多。随着弯矩的不断增大，受拉钢筋的拉应力也迅速增加，构件的变形也随之增大，截面的中和轴上移，截面受压区高度变小，受压区的混凝土也逐渐表现出塑性性质而且越来越明显，此时受压区的混凝土应力分布图形呈曲线变化，如图 3-8 所示。当弯矩增加到屈服弯矩 M_y 时，即构件受拉区的钢筋达到抗拉屈服强度 f_y，此时已进入第二阶段末，用 II_a 表示，II_a 阶段可作为受弯构件正常使用阶段变形和裂缝开展计算的依据。

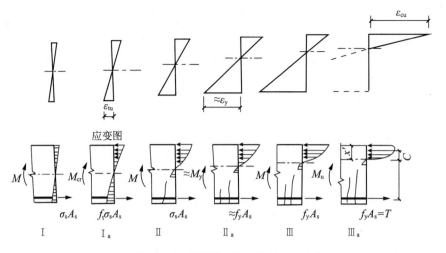

图 3-8 钢筋混凝土梁工作的三个阶段

3）第三阶段——破坏阶段

钢筋达到屈服强度后，其应力基本保持不变，而变形将随着弯矩的不断增加而急剧增大，受拉区混凝土的裂缝无法得到很好的控制而迅速向上扩展，截面中和轴继续上移，混凝土受压区高度继续减小，压应力增大，受压区混凝土的塑性性质表现得更加明显，受压区混凝土应力呈显著曲线分布。当弯矩增大到极限弯矩 M_u 时，称为第三阶段末，用 Ⅲ$_a$ 表示，此时构件受压区边缘混凝土达到抗压极限应变，受压区混凝土产生裂缝，最终构件因受压区混凝土被压碎而破坏。Ⅲ$_a$ 阶段是构件承载力极限状态计算的依据。

 注意

在第三阶段中，构件受拉区钢筋的应力基本保持抗拉屈服强度 f_y 不变直至破坏，这一性质对于今后的受力分析非常重要。

综上所述，适筋梁的破坏特征是：受拉钢筋首先到达屈服强度，继而进入塑性阶段，产生很大的塑性变形，梁的挠度、裂缝也随之增大，最后因受压区混凝土达到极限压应变被压碎而破坏。适筋梁的破坏是有明显预兆的，属于延性破坏，工程中应设计成适筋梁。

2. 超筋梁破坏

超筋梁是指纵向受拉钢筋的配筋率 ρ 过大的梁。

超筋梁的破坏特征是：由于纵向受拉钢筋配置过多，当纵向受拉钢筋还未达到屈服强度时，梁就因受压区的混凝土被压碎而破坏，因为这种梁是在没有明显预兆的情况下由于受压区混凝土突然压碎而破坏，属于脆性破坏，工程中不应设计成超筋梁。

适筋梁与超筋梁的界限是最大配筋率 ρ_{max}。当梁的实际配筋率 $\rho < \rho_{max}$ 时，是适筋梁破坏，属于适筋梁；当梁的实际配筋率 $\rho > \rho_{max}$ 时，是超筋梁破坏，属于超筋梁；当梁的实际配筋率 $\rho = \rho_{max}$ 时，是界限破坏。工程中不允许出现超筋梁破坏，即要求配筋率 $\rho \leqslant \rho_{max}$。

3. 少筋梁破坏

少筋梁是指纵向受拉钢筋的配筋率 ρ 过小的梁。

少筋梁的破坏特征是:少筋梁破坏时,在受拉区混凝土开裂前,截面拉力由受拉区的混凝土和受拉钢筋共同承担,当受拉区混凝土一旦开裂,截面的拉力几乎全部由钢筋承担,由于受拉钢筋过少,钢筋应力立即达到受拉屈服强度,钢筋甚至可能被拉断,此种情况下裂缝往往集中出现一条,不仅开展宽度很大,且沿梁高延伸较高,梁挠度也很大,裂缝宽度也很大,已不能满足正常使用要求,使受压区混凝土强度未能充分利用。梁破坏时无明显预兆,属于脆性破坏,工程中不应设计成少筋梁。

适筋梁与少筋梁的界限是最小配筋率 $\rho_{\min}$。当梁的实际配筋率 $\rho > \rho_{\min}$ 时,是适筋梁破坏,属于适筋梁;当梁的实际配筋率 $\rho < \rho_{\min}$ 时,是少筋梁破坏,属于少筋梁;当梁的实际配筋率 $\rho = \rho_{\min}$ 时,是界限破坏,如图 3-9 所示。工程中也不允许出现少筋梁破坏,即要求配筋率 $\rho \geqslant \rho_{\min}$。

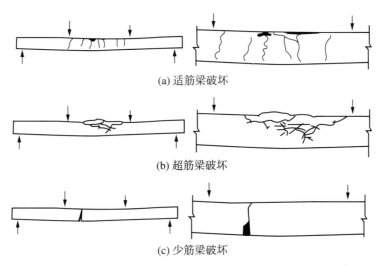

(a) 适筋梁破坏

(b) 超筋梁破坏

(c) 少筋梁破坏

图 3-9　梁的三种破坏形态

3.2.2　受弯构件正截面承载力计算的基本原则

1. 基本假定

1) 平截面假定

假设构件横截面受到荷载前为平面,施加荷载产生弯曲变形后其横截面仍然保持平面。

2) 不考虑混凝土的抗拉强度

由于混凝土的抗拉强度很低,施加很小的荷载,构件就会开裂,在破坏阶段未受拉区混凝土只在靠近中和轴的地方存在少许力的作用,其承担的弯矩很小,所以在计算中不再考虑混凝土的抗拉作用。

3) 采用理想化的应力-应变关系

为简化计算,合理简化混凝土和钢筋的应力-应变图,采用理想化的应力-应变关系。简化后混凝土的应力-应变曲线如图 3-10 所示,图中纵坐标的最高点为 f_c。简化后热轧钢筋的应力-应变曲线如图 3-11 所示,钢筋应力 σ_s 的函数表达式如下。

当 $0 \leqslant \varepsilon_s \leqslant \varepsilon_y$ 时, $\sigma_s = E_s \varepsilon_s$。

当 $\varepsilon_s > \varepsilon_y$ 时,$\sigma_s = f_y$。

纵向受拉钢筋的极限拉应变取为 0.01。

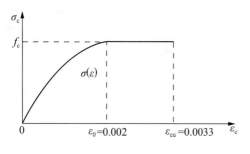

图 3-10　混凝土的应力-应变曲线

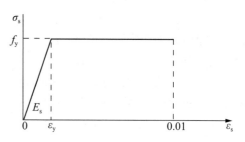

图 3-11　热轧钢筋的应力-应变曲线

2. 等效矩形应力图

由于截面设计计算时须计算受压区混凝土的合力,由图 3-12(b)可知受压混凝土的应力图形是曲线,因此在进行设计计算时非常烦琐。《混凝土规范》规定,受压区混凝土的应力图形可简化为等效矩形应力图形,如图 3-12(c)和(d)所示。等效矩形应力图的等效原则如下。

(1) 保持原受压区混凝土的合力大小不变。

(2) 保持原受压区混凝土的合力作用点位置不变。

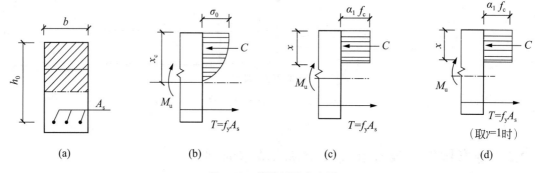

图 3-12　等效矩形应力图

等效矩形应力图形的计算受压区高度 x:

$$x = \beta_1 x_c$$

式中,β_1——系数。

混凝土等级与 β_1 关系如下。

当混凝土等级≤C50 时,$\beta_1 = 0.8$。

当混凝土等级=C80 时,$\beta_1 = 0.74$。

当混凝土等级为 C50~C80 时,β_1 按线形内插法确定。

等效矩形应力图形的等效压应力:

$$\sigma_0 = \alpha_1 f_c$$

式中,α_1——系数。

混凝土等级与 α_1 关系如下。

当混凝土等级≤C50 时,$\alpha_1=1.0$。

当混凝土等级为 C80 时,$\alpha_1=0.94$。

当混凝土等级为 C50～C80 时,α_1 按线形内插法确定。

3. 极限弯矩 M_u 计算公式

1) 计算简图(见图 3-13)

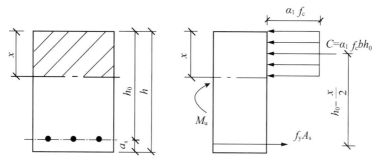

图 3-13　计算简图

2) 基本公式

当 $\sum X=0$ 时, $\qquad\qquad\alpha_1 f_c bx=f_y A_s$ (3-3)

当 $\sum M=0$ 时, $\qquad M_u=\alpha_1 f_c bx\left(h_0-\dfrac{x}{2}\right)$ 或 $M_u=f_y A_s\left(h_0-\dfrac{x}{2}\right)$ (3-4)

3) 相对受压区高度、界限相对受压区高度及最大配筋率

(1) 相对受压区高度。它是指等效矩形应力图形中的计算受压区高度 x 与截面有效高度 h_0 的比值,用 ξ 表示。

$$\xi=\frac{x}{h_0}=\frac{\beta_1 x_c}{h_0}$$ (3-5)

 提示

$\xi=\dfrac{x}{h_0}$ 即 $x=\xi h_0$。对于同一截面,x 与 ξ 是一一对应的关系。

(2) 界限相对受压区高度。它是指在正截面上受拉钢筋应力达到屈服强度设计值的同时,受压区混凝土应力也达到其强度设计值,即构件达到极限承载能力时,等效矩形应力图中的高度 x_b 与截面有效高度 h_0 的比值,以 ξ_b 表示。当构件的相对受压区高度超过界限相对受压区高度时,认为构件也超出了极限承载能力,将发生超筋破坏。

$$\xi_b=\frac{x_b}{h_0}=\frac{\beta_1}{1+\dfrac{f_y}{E_s \varepsilon_{cu}}}$$ (3-6)

式中,ξ_b——界限相对受压区高度,取 x_b/h_0;

x_b——界限受压区高度;

h_0——截面有效高度;

E_s——钢筋弹性模量；

ε_{cu}——非均匀受压时的混凝土极限压应变，$\varepsilon_{cu}=0.0033-(f_{cu,k}-50)\times10^{-5}$，计算值
大于0.0033时，取为0.0033；

f_y——钢筋抗拉强度设计值。

 提示

$\xi > \xi_b$时，破坏时受拉钢筋不屈服，属于超筋破坏。

$\xi < \xi_b$时，破坏时受拉钢筋屈服，属于适筋或少筋破坏。

$\xi = \xi_b$时，受拉钢筋屈服的同时，受压区混凝土压碎。

一般情况下，ξ_b值可查表3-4。

表3-4 界线破坏时的相对受压区高度 ξ_b 及 $\alpha_{s,max}$

钢 筋 品 种	$f_y/(\text{N/mm}^2)$	ξ_b	$\alpha_{s,max}$
HPB300	270	0.576	0.410
HRB335、HRBF335	300	0.550	0.400
HRB400、HRBF400、RRB400	360	0.518	0.384
HRB500、HRBF500	435	0.482	0.366

（3）配筋率与相对受压区高度的关系、最大配筋率。

由正截面内力平衡条件可得：

$$\alpha_1 f_c bx = f_y A_s$$

则

$$\xi = \frac{x}{h_0} = \frac{f_y A_s}{\alpha_1 f_c b h_0} = \rho \frac{f_y}{\alpha_1 f_c}$$

即

$$\rho = \xi \frac{\alpha_1 f_c}{f_y} \tag{3-7}$$

当 $\xi = \xi_b$ 时，

$$\rho_{max} = \xi_b \frac{\alpha_1 f_c}{f_y} \tag{3-8}$$

显然，当 $\rho > \rho_{max}$时，说明将发生超筋破坏；当 $\rho < \rho_{min}$时，说明将发生少筋破坏；当 $\rho_{min} \leqslant \rho \leqslant \rho_{max}$时，说明将发生适筋破坏。

结论：防止超筋破坏的界限条件是 $\xi \leqslant \xi_b$ 或 $x \leqslant \xi_b h_0$；防止少筋破坏的界限条件是 $\rho \geqslant \rho_{min}$ 或 $A_s \geqslant \rho_{min} bh$。

当梁、板内的配筋率有一定范围时，整个构件的造价比较经济，这个范围内的配筋率称为经济配筋率。在满足适筋梁条件 $\rho_{min} \leqslant \rho \leqslant \rho_{max}$ 的情况下，截面尺寸仍可有不同的选择，为了使包括材料及施工费用在内的总造价最省，设计时应使配筋率尽可能在经济配筋率以内。钢筋混凝土受弯构件的经济配筋率如下。

（1）实心板：经济配筋率为0.3%～0.8%。

（2）矩形截面梁：经济配筋率为0.6%～1.5%。

（3）T形截面梁：经济配筋率为0.9%～1.8%。

3.2.3　单筋矩形截面受弯构件正截面承载力计算

1. 单筋矩形截面受弯构件正截面承载力基本公式及适用条件

根据前面所学承载力极限状态的设计表达式,对于受弯构件正截面承载力计算,这里的荷载效应是指在受弯构件上由荷载设计值产生的弯矩 M,结构抗力是指受弯构件本身所能产生的极限弯矩值 M_u,即 $M \leqslant M_u$。

1) 基本公式(见图 3-14)

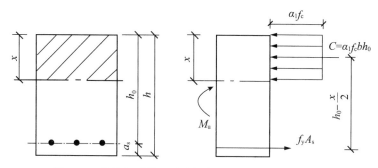

图 3-14　单筋矩形截面受弯构件正截面承载力计算简图

由平衡条件可得单筋矩形截面受弯构件正截面承载力基本公式为

当 $\sum X = 0$ 时,　　　　　　　　$\alpha_1 f_c b x = f_y A_s$　　　　　　　　　　(3-9)

当 $\sum M = 0$ 时,　　　　$M \leqslant M_u = \alpha_1 f_c b x \left(h_0 - \dfrac{x}{2} \right)$　　　　　(3-10a)

或　　　　　　　　　　$M \leqslant M_u = f_y A_s \left(h_0 - \dfrac{x}{2} \right)$　　　　　(3-10b)

2) 适用条件

(1) 防止超筋破坏

$$\rho \leqslant \rho_{\max} \quad \text{或} \quad \xi \leqslant \xi_b \quad \text{或} \quad x \leqslant \xi_b h_0$$

或　　$M \leqslant M_{u,\max} = \alpha_1 f_c b h_0^2 \xi_b (1 - 0.5\xi_b) = a_{s,\max} \alpha_1 f_c b h_0^2$　或　$a_s \leqslant a_{s,\max}$

其中,$\rho_{\max} = \xi_b \dfrac{\alpha_1 f_c}{f_y} \times 100\%$,$\xi_b$ 与 $a_{s,\max}$ 查表 3-4 可得。

(2) 防止少筋破坏

$$\rho \geqslant \rho_{\min} \quad \text{或} \quad A_s \geqslant \rho_{\min} b h$$

其中,矩形截面受弯构件最小配筋率取 0.2% 和 $0.45 \dfrac{f_t}{f_y}$ 两者的较大者,即

$$\rho_{\min} = \left(0.2\%, 0.45 \dfrac{f_t}{f_y} \times 100\% \right)_{\max} \tag{3-11}$$

当计算所得的 $\rho < \rho_{\min}$ 时,说明将发生少筋破坏,应按最小配筋率配筋,取 $A_s = \rho_{\min} b h$。

2. 单筋矩形截面受弯构件正截面承载力计算

1) 截面设计

已知:截面尺寸 b 与 h,混凝土和钢筋强度等级(f_c、f_y),弯矩组合设计值 M(或构件的

支承情况及承受荷载情况）。

【求】 受拉钢筋截面面积 A_s，选配钢筋。

解一：公式法，即利用公式直接求解。

【解题思路】

(1) 由式(3-10a)，求混凝土受压区高度 x。

解一元二次方程得：

$$x = h_0 - \sqrt{h_0^2 - \frac{2M}{\alpha_1 f_c b}} \tag{3-12}$$

(2) 验算适用条件1（防止发生超筋破坏），并求受拉钢筋面积 A_s。

若 $x \leqslant \xi_b h_0$，说明不会发生超筋破坏，可由式(3-9)求得受拉钢筋面积 A_s，即 $A_s = \dfrac{\alpha_1 f_c b x}{f_y}$。

若 $x > \xi_b h_0$，说明会发生超筋破坏，应加大截面重新设计，或改双筋截面重新设计。

(3) 验算适用条件2（防止发生少筋破坏）。

若 $A_s \geqslant \rho_{\min} bh$，说明不会发生少筋破坏，选配钢筋。注意此处的 A_s 应用实际配置的钢筋面积。

若 $A_s < \rho_{\min} bh$，说明少筋，截面尺寸过大，应适当减小截面尺寸。当截面尺寸不能减小时，按最小配筋率配筋，取 $A_s = \rho_{\min} bh$，并选配钢筋。

解二：表格法，即利用表格查表计算。

若令

$$a_s = \xi(1 - 0.5\xi) \tag{3-13}$$

则

$$M \leqslant M_u = \alpha_1 f_c b x \left(h_0 - \frac{x}{2}\right) = \alpha_1 f_c b h_0^2 (1 - 0.5\xi) = a_s \alpha_1 f_c b h_0^2$$

即式(3-10a)可改写为

$$M \leqslant M_u = a_s \alpha_1 f_c b h_0^2 \tag{3-14}$$

若令

$$\gamma_s = 1 - 0.5\xi \tag{3-15}$$

则

$$M \leqslant M_u = f_y A_s \left(h_0 - \frac{x}{2}\right) = f_y A_s h_0 (1 - 0.5\xi) = \gamma_s f_y A_s h_0$$

即式(3-10b)可改写为

$$M \leqslant M_u = \gamma_s f_y A_s h_0 \tag{3-16}$$

利用式(3-13)、式(3-15)可制成受弯构件正截面承载力计算表格。计算时，先由式(3-14)求得 $a_s = \dfrac{M}{\alpha_1 f_c b h_0^2}$，再通过查表求得 ξ 或 γ_s。

另外，也可以不查表，直接利用公式 $\xi = 1 - \sqrt{1 - 2a_s}$ 或 $\gamma_s = 0.5(1 + \sqrt{1 - 2a_s})$ 求得 ξ 或 γ_s，这样就避免了求解一元二次方程的烦琐过程。

【解题思路】

(1) 由式(3-14)求 a_s，并查表求得相对受压区高度 ξ。

(2) 防止发生超筋破坏，并求受拉钢筋面积 A_s。

若 $\xi \leqslant \xi_b$，说明不会发生超筋破坏，可求得受拉钢筋面积 $A_s = \dfrac{\alpha_1 f_c b \xi h_0}{f_y}$。

若 $\xi > \xi_b$，说明会发生超筋破坏，应加大截面重新设计或改双筋截面。

（3）防止发生少筋破坏。

若 $A_s \geqslant \rho_{\min}bh$，说明不会发生少筋破坏，选配钢筋。注意此处的 A_s 应用实际配置的钢筋面积。

若 $A_s < \rho_{\min}bh$，说明少筋，截面尺寸过大，应适当减小截面尺寸。当截面尺寸不能减小时，应按最小配筋率配置的钢筋，即取 $A_s = \rho_{\min}bh$，并选配钢筋。

2）截面复核

已知：截面尺寸 b 与 h，受拉钢筋截面面积 A_s，混凝土和钢筋强度等级（f_c、f_y），弯矩组合设计值 M。

【求】　构件正截面所能承受的弯矩 M_u，并复核构件的正截面是否安全。

【解题思路】

（1）验算最小配筋率，防止少筋破坏。

若 $A_s \geqslant \rho_{\min}bh$，说明不会发生少筋破坏。

若 $A_s < \rho_{\min}bh$，说明少筋，截面尺寸过大，应适当减小截面尺寸。

（2）求混凝土受压区高度 x。

$$x = \frac{f_y A_s}{\alpha_1 f_c b}$$

（3）验算是否超筋，并求 M_u。

若 $x \leqslant \xi_b h_0$，说明不会发生超筋破坏，则 $M_u = \alpha_1 f_c b x \left(h_0 - \dfrac{x}{2}\right)$。

若 $x > \xi_b h_0$，说明将会发生超筋破坏，此时应取 $x = \xi_b h_0$，$M_u = \alpha_1 f_c b \xi_b h_0^2 (1 - 0.5\xi_b)$。

（4）截面复核。

若 $M \leqslant M_u$，则说明构件的正截面承载力安全；否则不安全。

 说明

由公式 $M \leqslant M_u = \alpha_1 f_c b x \left(h_0 - \dfrac{x}{2}\right)$，$M \leqslant M_u = f_y A_s \left(h_0 - \dfrac{x}{2}\right)$ 可以看出，M_u 与截面尺寸（b、h）、材料强度（f_c、f_y）、钢筋数量（A_s）等有关。若想要提高受弯构件的正截面承载力 M_u，优先考虑的措施是加大截面的高度，其次是提高受拉钢筋的强度等级或加大钢筋的数量。而加大截面的宽度或提高混凝土强度等级效果不明显，一般不予采用。

3）计算例题

【例 3-1】　某矩形截面钢筋混凝土简支梁，$b \times h = 250\text{mm} \times 500\text{mm}$。混凝土强度等级为 C25，钢筋为 HRB400 级钢筋。梁跨中截面弯矩设计值最大值为 $M = 180\text{kN} \cdot \text{m}$。求该梁受拉区所需纵向受力钢筋面积 A_s。

解一：公式法。

查表得，C25 混凝土：$f_c = 11.9\text{N/mm}^2$，$f_t = 1.27\text{N/mm}^2$，$\alpha_1 = 1.0$。

HRB400 级钢筋：$f_y = 360\text{N/mm}^2$，$\xi_b = 0.518$。

假设纵向受拉钢筋层布置为一层钢筋,则 $h_0 = h - a_s = 500 - 45 = 455 (\text{mm})$。

(1) 求 x。

$$x = h_0 - \sqrt{h_0^2 - \frac{2M}{\alpha_1 f_c b}} = 455 - \sqrt{455^2 - \frac{2 \times 180 \times 10^6}{1.0 \times 11.9 \times 250}}$$

$$= 161.71 (\text{mm})$$

(2) 防止超筋破坏。

$\xi_b h_0 = 0.518 \times 455 = 235.69 (\text{mm}) > x = 161.71 \text{mm}$,不会发生超筋破坏。

(3) 求钢筋面积 A_s,选配钢筋由公式 $\alpha_1 f_c bx = f_y A_s$ 得

$$A_s = \frac{\alpha_1 f_c bx}{f_y} = \frac{1.0 \times 11.9 \times 250 \times 161.71}{360} = 1336 (\text{mm}^2)$$

选配 2Φ22＋2Φ20 钢筋($A_s = 1388\text{mm}^2$),截面配筋图如图 3-15 所示。

(4) 验算最小配筋率。

$$\rho = \frac{A_s}{bh} = \frac{1388}{250 \times 500} \times 100\% = 1.11\%$$

$$> \rho_{\min} = \left(0.2\%, 0.45 \frac{f_t}{f_y} \times 100\%\right)_{\max}$$

$$= \left(0.2\%, 0.45 \times \frac{1.27}{360} \times 100\%\right)_{\max}$$

$$= (0.2\%, 0.159\%)_{\max} = 0.2\%$$

因此不会发生少筋破坏,满足要求,截面配筋图如图 3-15 所示。

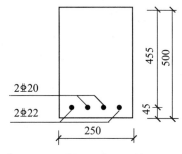

图 3-15　例 3-1 截面配筋图

解二:表格法。

由式(3-14),求 a_s。

$$a_s = \frac{M}{\alpha_1 f_c bh_0^2} = \frac{180 \times 10^6}{1.0 \times 11.9 \times 250 \times 455^2} = 0.292$$

查表得,$\xi = 0.355 < \xi_b = 0.518$,满足要求。

由式(3-14)得:

$$A_s = \frac{\alpha_1 f_c b\xi h_0}{f_y} = \frac{1.0 \times 11.9 \times 250 \times 0.355 \times 455}{360} = 1355 (\text{mm}^2)$$

选配 2Φ22＋2Φ20 钢筋($A_s = 1388\text{mm}^2$)。

验算最小配筋率:

$$\rho = \frac{A_s}{bh} = \frac{1388}{250 \times 500} \times 100\% = 1.11\%$$

$$> \rho_{\min} = \left(0.2\%, 0.45 \frac{f_t}{f_y} \times 100\%\right)_{\max} = \left(0.2\%, 0.45 \times \frac{1.27}{360} \times 100\%\right)_{\max}$$

$$= (0.2\%, 0.159\%)_{\max} = 0.2\%$$

因此不会发生少筋破坏,满足要求。

【例 3-2】 某钢筋混凝土简支楼板,板面构造做法为 30mm 厚水磨石地面,结构层厚度为 120mm,板底采用 20mm 厚石灰砂浆粉刷。板的计算跨度 $l_0 = 3\text{m}$,承受楼面均布活荷载标准值 2.5kN/m^2。选用 C30 级混凝土和 HRB400 级钢筋,取永久荷载分项系数 $\gamma_G = 1.2$,

可变荷载分项系数 $\gamma_Q = 1.4$。求板中受拉钢筋面积并选配钢筋。

【解】　在板配筋计算中,选取 1m 板块作为计算单元,即 $b = 1000\text{mm}$。本题中应首先求解板中所承受的恒荷载标准值 g_k,再求出板中最大弯矩设计值 M,最后根据本项目知识求解板中的受拉钢筋。

(1) 求恒荷载标准值。

$$g_k = 0.65 + 25 \times 0.12 + 17 \times 0.02 = 3.99(\text{kN/m}^2)$$

(2) 求板中最大弯矩设计值。

$$M = \gamma_G M_{Gk} + \gamma_Q M_{Qk} = \gamma_G \times \frac{1}{8} g_k l_0^2 + \gamma_Q \times \frac{1}{8} q_k l_0^2$$

$$= \frac{1}{8} \times (1.2 \times 3.99 + 1.4 \times 2.5) \times 3^2$$

$$= 9.32(\text{kN} \cdot \text{m})$$

(3) 求板中的受拉钢筋面积。

查表得 C30 混凝土: $f_c = 14.3\text{N/mm}^2$, $f_t = 1.43\text{N/mm}^2$, $\alpha_1 = 1.0$。

HRB400 级钢筋: $f_y = 360\text{N/mm}^2$, $\xi_b = 0.518$。

$$h_0 = h - a_s = 120 - 20 = 100(\text{mm})$$

$$x = h_0 - \sqrt{h_0^2 - \frac{2M}{\alpha_1 f_c b}} = 100 - \sqrt{100^2 - \frac{2 \times 9.32 \times 10^6}{1.0 \times 14.3 \times 1000}} = 6.74(\text{mm})$$

$$\xi_b h_0 = 0.518 \times 100 = 51.8(\text{mm}) > x = 6.74\text{mm}$$

因此,不发生超筋破坏。

$$A_s = \frac{\alpha_1 f_c b x}{f_y} = \frac{1.0 \times 14.3 \times 1000 \times 6.74}{360} = 268(\text{mm}^2)$$

则选配 $\Phi 8@180$ 钢筋 ($A_s = 279\text{mm}^2$)。

验算最小配筋率:

$$\rho = \frac{A_s}{bh} = \frac{279}{1000 \times 120} \times 100\% = 0.23\%$$

$$> \rho_{min} = \left(0.45 \times \frac{1.43}{360} \times 100\%, 0.2\%\right)_{max} = (0.178\%, 0.2\%)_{max} = 0.2\%$$

不发生少筋破坏,满足要求。

因此,板中配置受力钢筋 $\Phi 8@180$,如图 3-16 所示。

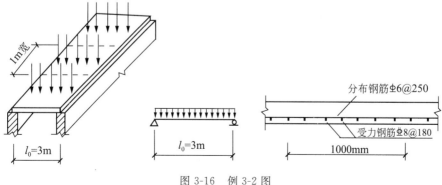

图 3-16　例 3-2 图

【例 3-3】 某矩形截面钢筋混凝土梁，截面尺寸 $b=200\text{mm}$、$h=350\text{mm}$，采用 C15 混凝土，配置有 $5\Phi22$ 钢筋，若承受的弯矩设计值 $M=55\text{kN}\cdot\text{m}$，试验算截面是否安全。

【解】 查表得，C15 混凝土：$f_c=7.2\text{N/mm}^2$，$f_t=0.91\text{N/mm}^2$，$\alpha_1=1.0$。

HRB400 级钢筋 $5\Phi22$：$f_y=360\text{N/mm}^2$，$\xi_b=0.518$，$A_s=1900\text{mm}^2$。

$$h_0=350-70=280(\text{mm})$$

（1）验算最小配筋率，防止少筋破坏。

$$\rho=\frac{A_s}{bh}=\frac{1900}{200\times350}\times100\%=2.71\%$$

$$>\rho_{\min}=\left(0.45\times\frac{0.91}{360}\times100\%,0.2\%\right)_{\max}=(0.114\%,0.2\%)_{\max}=0.2\%$$

则不会发生少筋破坏。

（2）求梁的相对受压区高度。

$$x=\frac{f_y A_s}{\alpha_1 f_c b}=\frac{360\times1900}{1.0\times7.2\times200}=475(\text{mm})$$

（3）验算截面是否超筋并求 M_u。

$\xi_b h_0=0.518\times280=145.04(\text{mm})<x=475\text{mm}$，则超筋，令 $x=\xi_b h_0=145.04(\text{mm})$。

$$M_u=\alpha_1 f_c bx\left(h_0-\frac{x}{2}\right)=1.0\times7.2\times200\times145.04\times\left(280-\frac{145.04}{2}\right)$$

$$=43333774.85(\text{N}\cdot\text{mm})=43.33(\text{kN}\cdot\text{m})$$

（4）截面复核。

该梁承受的弯矩设计值 $M=55\text{kN}\cdot\text{m}>M_u=43.33\text{kN}\cdot\text{m}$，则此梁不安全。

3.2.4　双筋矩形截面受弯构件正截面承载计算

1. 概述

双筋受弯构件是指在截面的受拉区和受压区都按计算配置受力钢筋的受弯构件。对于双筋受弯构件而言，受拉区钢筋承受拉力，受压区钢筋帮助受压区混凝土承受压力。在下列情况下可以考虑采用双筋截面。

（1）当截面承受的弯矩较大，按照单筋矩形截面计算时会出现超筋情况，而截面高度及材料强度等由于种种原因不能提高时，可以考虑采用双筋截面。

（2）在不同的荷载组合作用下，构件同一截面位置可能既出现正弯矩又出现负弯矩，此时需要在梁的上下方均配置受力钢筋。

（3）在梁的受压区配置一定数量的受压钢筋，有利于提高截面的延性。因此，抗震设计中要求框架梁必须配置一定比例的受压钢筋。

 说明

由于在梁的受压区布置受压钢筋来承受压力是不经济的，因此一般情况下不宜采用。

2. 双筋矩形截面受弯构件正截面承载力基本公式及适用条件

双筋矩形截面受弯构件的破坏特征与单筋矩形截面受弯构件相似,包括超筋破坏、适筋破坏和少筋破坏三种破坏形态。在设计计算时,只允许将构件设计为适筋梁,不允许设计为超筋梁或少筋梁。

1）基本公式

双筋矩形截面受弯构件的计算应力图形仍然可以采用等效矩形应力图,如图3-17所示。

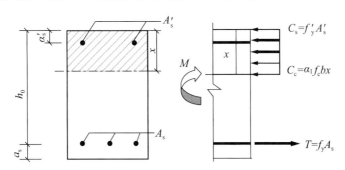

图 3-17　双筋矩形截面受弯构件正截面承载力计算简图

根据平衡条件可得:

当 $\sum X = 0$ 时,
$$f_y A_s = \alpha_1 f_c b x + f_y' A_s' \tag{3-17}$$

当 $\sum M = 0$ 时,
$$M \leqslant M_u = \alpha_1 f_c b x \left(h_0 - \frac{x}{2}\right) + f_y' A_s'(h_0 - a_s') \tag{3-18}$$

 提示

双筋矩形截面受弯构件正截面承载力计算公式的推导只是在单筋矩形截面的基础上增加了受压钢筋的受力,所以式(3-17)、式(3-18)是在单筋矩形截面式(3-9)、式(3-10)的基础上在混凝土受压作用力一侧增加了受压钢筋的作用力,以表示帮助混凝土承担部分压力。

2）适用条件

由于双筋受弯构件受压区钢筋帮助受压区混凝土承担压力,构件承受的荷载比较大,构件基本不会出现少筋破坏,因此双筋截面受弯构件可不验算少筋条件。另外,在双筋截面受弯构件计算中,受压钢筋应力应达到钢筋抗压强度 f_y',这就要求受压钢筋的布置位置(局部受压区边缘 a_s')不低于受压区混凝土合力作用点的位置(混凝土受压高度 x 的一半),即:

$$x \geqslant 2a_s'$$

否则,就表明受压钢筋的位置距离中性轴太近,削弱了抗压作用以致使受压钢筋达不到抗压强度设计值 f_y'。

（1）防止超筋破坏,则:

$$x \leqslant \xi_b h_0 \quad \text{或} \quad \xi \leqslant \xi_b$$

（2）保证受压区混凝土达到抗压强度设计值，则：

$$x \geqslant 2a_s'$$

若 $x < 2a_s'$，说明此时受压钢筋所承受的压力太小，压应力达不到钢筋的抗压强度设计值 f_y'，这样式(3-17)、式(3-18)中的 f_y' 就只能用未知应力符号 σ_s' 代替，使得计算非常复杂，式(3-17)、式(3-18)不再适用。《混凝土规范》建议当 $x < 2a_s'$ 时，近似取 $x = 2a_s'$，即近似取受压钢筋合力作用点与受压区混凝土合力作用点重合，这样处理对截面是偏于安全的。然后对受压钢筋合力与受压区混凝土合力的重合作用点取矩，可得公式如下：

$$M \leqslant M_u = f_y A_s (h_0 - a_s') \tag{3-19}$$

按照式(3-19)可以直接确定纵向受拉钢筋的截面面积 A_s，但有时可能求得的 A_s 比不考虑受压钢筋而按单筋矩形截面计算求得的 A_s 还大，这时应按单筋矩形截面的计算结果配筋，以节约钢筋。

3. 双筋矩形截面受弯构件正截面承载力计算

1）截面设计

双筋截面受弯构件中存在受拉钢筋(A_s)和受压钢筋(A_s')，在截面设计时需考虑 A_s、A_s' 均未知和 A_s' 已知、A_s 未知两种情况。

【设计类型Ⅰ】

已知：弯矩设计值 M，截面尺寸 b、h，混凝土及钢筋强度等级(α_1、f_c、f_y、f_y'、ξ_b)。

【求】 受拉钢筋截面面积 A_s 和受压钢筋截面面积 A_s'。

由式(3-17)、式(3-18)可知，若 A_s、A_s' 均未知，受压区高度 x 待求，两个方程需求解三个未知量，还需补充一个条件才能求解。由适用条件 $x \leqslant \xi_b h_0$，令 $x = \xi_b h_0$，这样可充分发挥混凝土的抗压作用，使钢筋总用量($A_s + A_s'$)最小，达到节约钢筋的目的。

【解题思路】

（1）判断是否应采用双筋截面进行设计。

若 $M \leqslant M_u = \alpha_1 f_c b h_0^2 \xi_b (1 - 0.5\xi_b)$，则按单筋截面配筋并不超筋，可按单筋截面设计方法求 A_s 并配筋。

若 $M > M_u = \alpha_1 f_c b h_0^2 \xi_b (1 - 0.5\xi_b)$，则按单筋截面配筋超筋，须按双筋截面设计方法配筋。

（2）按双筋截面设计方法求 A_s'。

取 $x = \xi_b h_0$，代入式(3-18)，求得 A_s'：

$$A_s' = \frac{M - \alpha_1 f_c b \xi_b h_0^2 \left(1 - \dfrac{\xi_b}{2}\right)}{f_y' (h_0 - a_s')}$$

（3）验算 A_s' 最小配筋率，并求 A_s。

若 $A_s' \geqslant \rho_{min}' bh$，将 A_s' 代入式(3-17)，求 A_s 并选配钢筋。

若 $A_s' < \rho_{min}' bh$，取 $A_s' = \rho_{min}' bh$。由于此时 A_s' 已不是计算所得的数值，因此 A_s 应按 A_s' 已知、A_s 未知的情况求解。

【设计类型Ⅱ】

已知：弯矩设计值 M，截面尺寸 b、h，混凝土及钢筋强度等级(α_1、f_c、f_y、f_y'、ξ_b)，受压

钢筋截面面积 A_s'。

【求】 受拉钢筋截面面积 A_s。

【解题思路】

(1) 混凝土受压区高度 x。

由于受压钢筋截面面积 A_s' 为已知量,仿式(3-12),由式(3-18)得:

$$x = h_0 - \sqrt{h_0^2 - \frac{2[M - f_y' A_s'(h_0 - a_s')]}{\alpha_1 f_c b}} \tag{3-20}$$

(2) 求受拉钢筋截面面积 A_s。

若 $2a_s' \leqslant x \leqslant \xi_b h_0$,将 x 代入式(3-17),求 A_s 并选配钢筋。

若 $x < 2a_s'$,说明 A_s' 数量过多,受压钢筋达不到抗压强度 f_y',则令 $x = 2a_s'$,代入式(3-19),求 A_s 并选配钢筋。

若 $x > \xi_b h_0$,说明 A_s' 数量不足,应增加 A_s' 的数量,或按 A_s' 和 A_s 均未知的情况重新求解。

2) 截面复核

已知:构件截面尺寸 b、h,混凝土及钢筋强度等级(α_1、f_c、f_y、f_y'、ξ_b),受拉、压钢筋截面面积 A_s、A_s'。

【求】 构件所能承受的弯矩设计值 M_u,或给定构件须承受的荷载弯矩 M,复核截面是否安全。

【解题思路】

(1) 求混凝土受压区计算高度 x。

$$x = \frac{f_y A_s - f_y' A_s'}{\alpha_1 f_c b}$$

(2) 求构件所能承受的弯矩设计值 M_u。

若 $2a_s' \leqslant x \leqslant \xi_b h_0$,将 x 代入式(3-18)求 M_u。

若 $x < 2a_s'$,说明受压钢筋应力达不到抗压强度 f_y',令 $x = 2a_s'$,代入式(3-19)求 M_u。

若 $x > \xi_b h_0$,说明构件超筋,此时取 $x = \xi_b h_0$,代入式(3-18)求 M_u。

(3) 截面复核。

若给定构件实际承受的荷载弯矩 M,将构件所能承受的弯矩设计值 M_u 与 M 比较。

若 $M \leqslant M_u$,则截面安全;否则不安全。

3) 计算例题

【例 3-4】 已知梁截面尺寸 $b \times h = 200\text{mm} \times 500\text{mm}$,采用 C25 级混凝土,HRB400 级钢筋。由荷载设计值产生的弯矩设计值 $M = 240\text{kN} \cdot \text{m}$,已配置受压钢筋 3$\Phi$20。求该梁受压钢筋面积 A_s。

【解】 查表得 C25 混凝土:$f_c = 11.9\text{N/mm}^2$,$\alpha_1 = 1.0$;HRB400 级钢筋:$f_y = f_y' = 360\text{N/mm}^2$,$\xi_b = 0.518$。预计设置两排钢筋,取 $a_s = 70\text{mm}$,则 $h_0 = 500 - 70 = 430(\text{mm})$。

(1) 判断是否应采用双筋截面进行设计。

单筋矩形截面所能承受的最大弯矩为

$$\begin{aligned} M_{u,max} &= \alpha_1 f_c b h_0^2 \xi_b (1 - 0.5\xi_b) \\ &= 1.0 \times 11.9 \times 200 \times 430^2 \times 0.518 \times (1 - 0.5 \times 0.518) \\ &= 168912518(\text{N} \cdot \text{mm}) = 168.91(\text{kN} \cdot \text{m}) < M = 240\text{kN} \cdot \text{m} \end{aligned}$$

说明单筋矩形截面不足以承受实际弯矩设计值,需采用双筋截面进行纵向受力钢筋配筋设计。

(2) 按双筋截面设计方法求 A_s'。

由于上部钢筋帮助混凝土抗压,因此配置一排即可,取 $a_s'=45\text{mm}$。为使用钢量最小,取 $x=\xi_b h_0$ 代入式(3-18)求 A_s':

$$A_s'=\frac{M-\alpha_1 f_c b\xi_b h_0^2(1-0.5\xi_b)}{f_y'A_s'(h_0-a_s')}=\frac{M-M_{u,\max}}{f_y'(h_0-a_s')}=\frac{(240-168.91)\times10^6}{360\times(430-45)}=513(\text{mm}^2)$$

$\rho'bh=0.2\%\times200\times500=200(\text{mm}^2)<A_s'=513\text{mm}^2$,满足要求。

(3) 求 A_s 并选配钢筋。

$$A_s=\frac{\alpha_1 f_c bx+f_y'A_s'}{f_y}=\frac{1.0\times11.9\times200\times0.518\times430+360\times513}{360}=1986(\text{mm}^2)$$

选配钢筋:受拉钢筋选用 2Φ20+3Φ25(2101mm²);受压钢筋选用 2Φ18(509mm²)。

【例 3-5】 已知数据同上例,但已配置受压钢筋 3Φ20,求该梁受压钢筋面积 A_s。

【解】 C25 混凝土:$f_c=11.9\text{N/mm}^2$,$\alpha_1=1.0$;HRB400 级钢筋:$f_y=f_y'=360\text{N/mm}^2$,$\xi_b=0.518$。受压钢筋 3Φ20:$A_s'=942\text{mm}^2$;取 $a_s'=45\text{mm}$,$a_s=70\text{mm}$,$h_0=500-70=430(\text{mm})$。

(1) 求混凝土受压区高度 x。

由式(3-18)得:

$$x=h_0-\sqrt{h_0^2-\frac{2[M-f_y'A_s'(h_0-a_s')]}{\alpha_1 f_c b}}$$

$$=430-\sqrt{430^2-\frac{2\times[240\times10^6-360\times942\times(430-45)]}{1.0\times11.9\times200}}$$

$$=125.15(\text{mm})$$

(2) 求受拉钢筋截面面积 A_s。

$$2a_s'=2\times45=90(\text{mm}),\xi_b h_0=0.518\times430=222.74(\text{mm})$$

则 $2a_s'<x=125.15\text{mm}<\xi_b h_0$

将 x 代入式(3-17),得:

$$A_s=\frac{\alpha_1 f_c bx+f_y'A_s'}{f_y}=\frac{1.0\times11.9\times200\times125.15+360\times942}{360}=1769(\text{mm}^2)$$

受拉钢筋选用 2Φ20+3Φ22(1768mm²)。

比较以上两例可以看出,由于例 3-4 充分利用了混凝土的抗压性能,其计算总用钢量 $[A_s+A_s'=2101+509=2610(\text{mm}^2)]$ 比例 3-5 的计算总用钢量 $[A_s+A_s'=1768+942=2710(\text{mm}^2)]$ 更为节省。

【例 3-6】 已知矩形截面梁的截面尺寸 $b\times h=200\text{mm}\times400\text{mm}$,采用 C30 级混凝土,HRB400 级钢筋,梁的受压区配置 2Φ16 钢筋,受拉区配置 3Φ25 钢筋。若要求梁承受弯矩设计值 $M=120\text{kN}\cdot\text{m}$,验算此截面是否安全。

【解】 查表得 C30 混凝土:$f_c=14.3\text{N/mm}^2$,$f_t=1.43\text{N/mm}^2$,$\alpha_1=1.0$;HRB400 级钢筋:$f_y=f_y'=360\text{N/mm}^2$,$\xi_b=0.518$;受压钢筋 2Φ16:$A_s'=402\text{mm}^2$;受拉钢筋 3Φ25:$A_s=$

1473mm^2；受拉、压钢筋均为一排，取 $a_s = a'_s = 40\text{mm}$，则 $h_0 = 400 - 40 = 360(\text{mm})$。

求混凝土受压区计算高度 x：

$$x = \frac{f_y A_s - f'_y A'_s}{\alpha_1 f_c b} = \frac{360 \times (1473 - 402)}{1.0 \times 14.3 \times 200} = 134.81(\text{mm})$$

$$2a'_s = 2 \times 40 = 80(\text{mm})，\xi_b h_0 = 0.518 \times 360 = 186.48(\text{mm})$$

则 $2a'_s < x = 134.81\text{mm} < \xi_b h_0$

将 x 代入式(3-18)，求 M_u：

$$M_u = \alpha_1 f_c b x \left(h_0 - \frac{x}{2}\right) + f'_y A'_s (h_0 - a'_s)$$

$$= 1.0 \times 14.3 \times 200 \times 134.81 \times \left(360 - \frac{134.81}{2}\right) + 360 \times 402 \times (360 - 40)$$

$$= 159122333.4(\text{N} \cdot \text{mm}) = 159.12(\text{kN} \cdot \text{m})$$

则 $M = 120\text{kN} \cdot \text{m} \leqslant M_u = 159.12\text{kN} \cdot \text{m}$，截面安全。

3.2.5 T形截面受弯构件正截面承载力计算

1. 概述

在矩形截面受弯构件的正截面承载力计算中，由于混凝土的抗拉能力很小，受拉区混凝土的抗拉力没有考虑，认为受拉区的拉力全部由受拉纵向钢筋承担。因此，可将截面尺寸较大的矩形截面构件受拉区梁侧的混凝土挖去，形成图 3-18 所示的 T 形截面，以减轻构件自重，节省材料。T 形截面两侧伸出来的部分称为翼缘，b'_f 为翼缘计算宽度，h'_f 为翼缘计算高度。中间部分称为腹板或肋，b 为肋宽，h 为肋高。

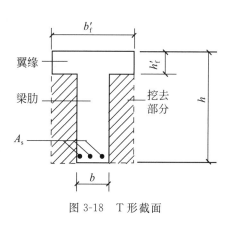

图 3-18 T 形截面

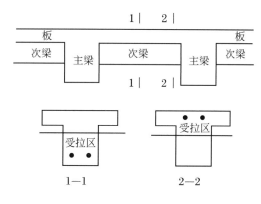

图 3-19 整体式肋形楼盖 T 形截面梁

由于 T 形截面比矩形截面受力更合理，所以 T 形截面梁在实际工程中应用广泛。例如在常见的现浇整体式肋形楼盖中梁板整体浇筑在一起，结构设计时梁视为 T 形截面梁。需要注意的是，T 形截面的梁未必都按 T 形截面设计，如图 3-19 所示中 2—2 截面处 T 形截面，虽然其截面形状为 T 形，但翼缘处于梁截面的受拉区，当受拉区的混凝土开裂后，翼缘部分的混凝土就不起作用，转由受拉区纵向钢筋承担，所以虽该截面形状为 T 形，但计算时应按腹板为 b 的矩形截面计算。因此，判断梁是按矩形截面计算还是按 T 形截面计算关键是看其受压区所处的位置,若受压区位于翼缘(受压区为矩形),则按矩形截面计算;若受压区位于腹板(受压区为 T 形),则按 T 形截面计算。

试验和理论分析表明,T 形梁受力后,翼缘上混凝土的纵向压应力的分布是不均匀的,离腹板越远压应力越小。当翼缘很宽时离腹板较远的翼缘部分所起的作用很小,因此实际设计中翼缘宽度限制在一定范围内,称为翼缘计算宽度 b_f',并假定在翼缘计算宽度范围内混凝土的纵向压应力分布均匀。

《混凝土规范》规定翼缘计算宽度 b_f' 的取值如表 3-5 所示,且应取表中各项的最小值。

表 3-5　受弯构件受压区有效翼缘计算宽度 b_f'

情　况		T 形、I 形截面		倒 L 形截面
		肋形梁(板)	独立梁	肋形梁(板)
1	按计算跨度 l_0 考虑	$l_0/3$	$l_0/3$	$l_0/6$
2	按梁(肋)净矩 s_n 考虑	$b+s_n$	—	$b+s_n/2$
3　按翼缘高度 h_f' 考虑	$h_f'/h_0 \geqslant 0.1$	—	$b+12h_f'$	—
	$0.05 \leqslant h_f'/h_0 < 0.1$	$b+12h_f'$	$b+6h_f'$	$b+5h_f'$
	$h_f'/h_0 < 0.05$	$b+12h_f'$	b	$b+5h_f'$

注:1. 表中 b 为梁的腹板宽度。

2. 肋形梁在梁跨内设有间距小于纵肋间距的横肋时,可不考虑表中情况 3 的规定。

3. 加腋的 T 形、I 形和倒 L 形截面,当受压区加腋的高度 h_h 不小于 h_f' 且加腋的长度 b_h 不大于 $3h_h$ 时,其翼缘计算宽度可按表中情况 3 的规定分别增加 $2b_h$(T 形、I 形截面)和 b_h(倒 L 形截面)。

4. 独立梁受压区的翼缘板在荷载作用下经验算沿纵肋方向可能产生裂缝时,其计算宽度应取腹板宽度 b。

2. T 形截面受弯构件正截面承载力基本公式及适用条件

根据中性轴的位置不同,T 形截面受弯构件分为两类:当中性轴位于截面翼缘内时 $(x \leqslant h_f')$,T 形截面受弯构件为第一类 T 形截面;当中性轴位于截面腹板时 $(x > h_f')$,T 形截面受弯构件为第二类 T 形截面,如图 3-20 所示。

1) 第一类 T 形截面 $(x \leqslant h_f')$(见图 3-20)

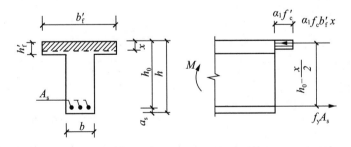

图 3-20　第一类 T 形截面计算简图

(1) 基本公式如下。

当 $\sum X = 0$ 时,
$$\alpha_1 f_c b_f' x = f_y A_s \tag{3-21}$$

当 $\sum M = 0$ 时,
$$M \leqslant M_u = \alpha_1 f_c b_f' x \left(h_0 - \frac{x}{2}\right) \tag{3-22}$$

（2）适用条件如下。

防止超筋破坏：$\xi \leqslant \xi_b$。

防止少筋破坏：$\rho \geqslant \rho_{\min}$。

 注意

验算最小配筋率时，$\rho_{\min} = \dfrac{A_s}{bh}$，这里截面宽度应为腹板宽度而不是翼缘宽度。

由于一般情况下 T 形梁的翼缘高度 h'_f 都小于 $\xi_b h_0$，而第一类 T 形截面梁的 $x \leqslant h'_f$，所以防止超筋破坏的条件通常都能满足，不必验算。

2）第二类 T 形截面$(x > h'_f)$（见图 3-21）

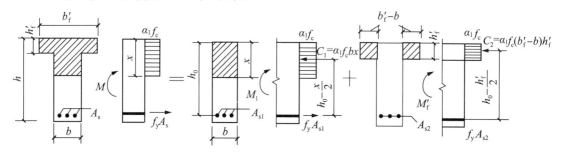

图 3-21　第二类 T 形截面计算简图

（1）基本公式如下。

当 $\sum X = 0$ 时，　　　　$\alpha_1 f_c bx + \alpha_1 f_c (b'_f - b) h'_f = f_y A_s$ 　　　　(3-23)

当 $\sum M = 0$ 时，$M \leqslant M_u = \alpha_1 f_c bx \left(h_0 - \dfrac{x}{2} \right) + \alpha_1 f_c (b'_f - b) h'_f \left(h_0 - \dfrac{h'_f}{2} \right)$ 　(3-24)

（2）适用条件如下。

防止少筋破坏：$\rho \geqslant \rho_{\min}$。

防止超筋破坏：$\xi \leqslant \xi_b$。

由于第二类 T 形截面梁的受压区高度 $x > h'_f$，梁中配筋较多，配筋率较高，所以通常都能满足防止少筋破坏的条件，因此不必验算防止少筋破坏。

3. 两种 T 形截面的判别

判断 T 形截面梁属于哪种类型，从 $x = h'_f$ 的临界状态分析。（见图 3-22）

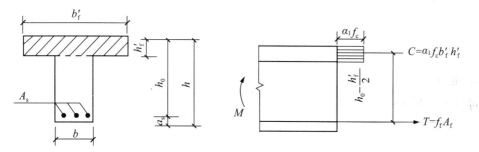

图 3-22　T 形截面临界状态受力简图

临界状态下,由 $\sum X = 0$ $\qquad$ $\alpha_1 f_c b_f' h_f' = f_y A_s$

$\qquad\qquad \sum M = 0$ $\qquad$ $M = \alpha_1 f_c b_f' h_f' \left(h_0 - \dfrac{h_f'}{2} \right)$

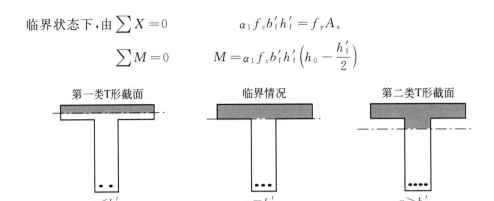

第一类T形截面 $\qquad\qquad$ 临界情况 $\qquad\qquad$ 第二类T形截面

$x < h_f'$ $\qquad\qquad\qquad$ $x = h_f'$ $\qquad\qquad\qquad$ $x > h_f'$

当 $x \leqslant h_f'$ 时,则

$$f_y A_s \leqslant \alpha_1 f_c b_f' h_f' \tag{3-25}$$

$$M \leqslant \alpha_1 f_c b_f' h_f' \left(h_0 - \frac{h_f'}{2} \right) \tag{3-26}$$

属于第一类 T 形截面。

当 $x > h_f'$ 时,则

$$f_y A_s > \alpha_1 f_c b_f' h_f' \tag{3-27}$$

$$M > \alpha_1 f_c b_f' h_f' \left(h_0 - \frac{h_f'}{2} \right) \tag{3-28}$$

属于第二类 T 形截面。

其中,式(3-26)、式(3-28)用于截面设计时判别使用,式(3-25)、式(3-27)用于截面复核时判别使用。

4. T 形截面受弯构件正截面承载力计算

1) 截面设计

已知:设计弯矩 M,截面尺寸(b、h、b_f'、h_f'),材料强度(f_c、f_y)。

求:受拉钢筋截面面积 A_s 并选配钢筋。

【第一类 T 形截面】

【解题思路】

(1) 应用式(3-26)、式(3-28)判别截面类型属于第一类 T 形截面还是属于第二类 T 形截面。

(2) 若属于第一类 T 形截面,则按 $b_f' \times h$ 的矩形截面构件计算。

① 求 x。

$$x = h_0 - \sqrt{h_0^2 - \frac{2M}{\alpha_1 f_c b_f'}}$$

② 求 A_s。

可由 $\alpha_1 f_c b_f' x = f_y A_s$ 得

$$A_s = \frac{\alpha_1 f_c b_f' x}{f_y}$$

③ 验算是否少筋。

若 $A_s \geqslant \rho_{\min} bh$，则不发生少筋破坏，截面设计结束。

若 $A_s < \rho_{\min} bh$，则发生少筋破坏，说明截面尺寸过大，可按最小配筋率配筋，即取 $A_s = \rho_{\min} bh$。

【第二类 T 形截面】

【解题思路】

（1）应用式(3-26)、式(3-28)判别截面类型属于第一类 T 形截面还是属于第二类 T 形截面。

（2）按第二类 T 形截面构件配筋计算。

① 代入式(3-24)求 x。

$$x = h_0 - \sqrt{h_0^2 - \frac{2\left[M - \alpha_1 f_c (b_f' - b) h_f' \left(h_0 - \dfrac{h_f'}{2}\right)\right]}{\alpha_1 f_c b}}$$

② 验算超筋破坏并求 A_s。

若 $x \leqslant \xi_b h_0$，说明不发生超筋破坏，代入式(3-23)求 A_s，并选配钢筋。

$$A_s = \frac{\alpha_1 f_c bx + \alpha_1 f_c (b_f' - b) h_f'}{f_y}$$

若 $x > \xi_b h_0$，说明发生超筋破坏，需增大截面尺寸或者提高材料等级重新设计。

2）截面复核

已知：设计弯矩 M，截面尺寸(b、h、b_f'、h_f')，材料强度(f_c、f_y)，钢筋面积 A_s。

求：M_u 并校核。

【第一类 T 形截面】

【解题思路】

（1）应用式(3-25)、式(3-27)判别截面类型属于第一类 T 形截面还是属于第二类 T 形截面。

（2）若属于第一类 T 形截面，则按 $b_f' \times h$ 的矩形截面构件计算 M_u。

① 代入式(3-21)求 x。

$$x = \frac{f_y A_s}{\alpha_1 f_c b_f'}$$

② 代入式(3-22)求 M_u。

（3）截面复核。

若 $M \leqslant M_u$，则截面安全；否则不安全。

【第二类 T 形截面】

【解题思路】

（1）应用式(3-25)、式(3-27)判别截面类型属于第一类 T 形截面还是属于第二类 T 形截面。

（2）按第二类 T 形截面构件配筋计算。

① 代入式(3-23)求 x。

$$x = \frac{f_y A_s - \alpha_1 f_c (b_f' - b) h_f'}{\alpha_1 f_c b}$$

② 验算超筋破坏并求 M_u。

若 $x \le \xi_b h_0$，则说明不会发生超筋破坏，代入式(3-24)求 M_u。

若 $x > \xi_b h_0$，则说明将会发生超筋破坏，此时应取 $x = \xi_b h_0$，代入式(3-24)求 M_u。

（3）截面复核。

若 $M \le M_u$，则截面安全；否则不安全。

【例 3-7】 已知 T 形截面梁承受的弯矩设计值 $M = 300$kN·m，梁的截面尺寸 $b = 250$mm，$h = 750$mm，$h'_f = 100$mm，$b'_f = 1200$mm，混凝土强度等级为 C25，采用 HRB400 级钢筋。确定该梁的纵向受力钢筋。

【解】 查表得，C25 混凝土：$f_c = 11.9$N/mm²，$f_t = 1.27$N/mm²，$\alpha_1 = 1.0$。

HRB400 级钢筋：$f_y = f'_y = 360$N/mm²，$\xi_b = 0.518$。

取 $a_s = 70$mm，则 $h_0 = 750 - 70 = 680$(mm)。

（1）判断截面类型。

$$\alpha_1 f_c b'_f h'_f \left(h_0 - \frac{h'_f}{2}\right) = 1.0 \times 11.9 \times 1200 \times 100 \times \left(680 - \frac{100}{2}\right) = 899.64 \times 10^6 (\text{N·mm})$$

$$= 899.64(\text{kN·m}) > M = 300\text{kN·m}$$

属于第一类 T 形截面。

（2）代入式(3-22)，求 x。

$$x = h_0 - \sqrt{h_0^2 - \frac{2M}{\alpha_1 f_c b'_f}} = 680 - \sqrt{680^2 - \frac{2 \times 300 \times 10^6}{1 \times 11.9 \times 1200}} = 31.63(\text{mm})$$

（3）代入式(3-24)求 A_s，选配钢筋。

$$A_s = \frac{\alpha_1 f_c b'_f x}{f_y} = \frac{1.0 \times 11.9 \times 1200 \times 31.63}{360} = 1255(\text{mm}^2)$$

选配 4Φ20 钢筋（$A_s = 1256$mm²）。

（4）验算少筋破坏。

$$\rho_{min} = \left(0.45 \frac{f_t}{f_y} \times 100\%, 0.2\%\right)_{max} = \left(0.45 \times \frac{1.27}{360} \times 100\%, 0.2\%\right)_{max} = 0.2\%$$

$$\rho = \frac{A_s}{bh} = \frac{1256}{250 \times 750} = 0.70\% > \rho_{min}$$

不发生少筋破坏，满足要求。

则最终该梁选配 4Φ20（$A_s = 1256$mm²）的纵向受拉钢筋。

【例 3-8】 T 形截面梁，承受的弯矩 $M = 615$kN·m，梁的截面尺寸 $b = 300$mm，$h = 700$mm，$b'_f = 600$mm，$h'_f = 120$mm，混凝土强度等级为 C25，钢筋等级为 HRB400 级。试为该梁配置纵向受力钢筋。

【解】 查表得，C25 混凝土：$f_c = 11.9$ N/mm²，$f_t = 1.27$N/mm²，$\alpha_1 = 1.0$。

HRB400 级钢筋：$f_y = f'_y = 360$N/mm²，$\xi_b = 0.518$。

预计需设置两排受拉钢筋，取 $a_s = 70$mm，则 $h_0 = 700 - 70 = 630$(mm)。

（1）判断截面类型。

$$\alpha_1 f_c b'_f h'_f \left(h_0 - \frac{h'_f}{2}\right) = 1.0 \times 11.9 \times 600 \times 120 \times \left(630 - \frac{120}{2}\right) = 488.38 \times 10^6 (\text{N·mm})$$

$$=488.38(kN \cdot m) < M = 615kN \cdot m$$

属于第二类 T 形截面。

（2）代入式（3-24）求 x。

由 $M = \alpha_1 f_c bx \left(h_0 - \dfrac{x}{2} \right) + \alpha_1 f_c (b'_f - b) h'_f \left(h_0 - \dfrac{h'_f}{2} \right)$ 得

$$x = h_0 - \sqrt{h_0^2 - \dfrac{2\left[M - \alpha_1 f_c (b'_f - b) h'_f \left(h_0 - \dfrac{h'_f}{2} \right) \right]}{\alpha_1 f_c b}}$$

$$= 630 - \sqrt{630^2 - \dfrac{2 \times \left[615 \times 10^6 - 1.0 \times 11.9 \times (600 - 300) \times 120 \times (630 - 60) \right]}{1.0 \times 11.9 \times 300}}$$

$$= 195.07(mm)$$

（3）验算超筋破坏。

$$\xi_b h_0 = 0.518 \times 630 = 326.34(mm) > x = 195.07mm$$

则不发生超筋破坏。

（4）求 A_s 并选配钢筋。

由 $\alpha_1 f_c bx + \alpha_1 f_c (b'_f - b) h'_f = f_y A_s$ 得

$$A_s = \dfrac{\alpha_1 f_c bx + \alpha_1 f_c (b'_f - b) h'_f}{f_y}$$

$$= \dfrac{1.0 \times 11.9 \times 300 \times 195.07 + 1.0 \times 11.9 \times (600 - 300) \times 120}{360}$$

$$= 3124(mm^2)$$

选配纵向受拉钢筋 $4\oplus20 + 4\oplus25$（$A_s = 3220mm^2$）。

【例 3-9】　已知某钢筋混凝土梁截面尺寸如图 3-23 所示，混凝土等级为 C35，采用 HRB400 级钢筋，该梁需承受弯矩设计值 $M = 400kN \cdot m$，复核截面是否安全。

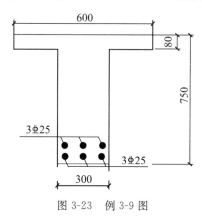

图 3-23　例 3-9 图

【解】　查表得，C35 混凝土：$f_c = 16.7N/mm^2$，$f_t = 1.57N/mm^2$，$\alpha_1 = 1.0$。

HRB400 级钢筋：$f_y = f'_y = 360N/mm^2$，$\xi_b = 0.518$；受拉钢筋 $6\oplus25$：$A_s = 2945mm^2$。

预计需设置两排钢筋，取 $A_s = 65mm^2$，则 $h_0 = 750 - 65 = 685(mm)$。

（1）判断截面类型。

$$\alpha_1 f_c b'_f h'_f = 1.0 \times 16.7 \times 600 \times 80 = 801600(N) < f_y A_s = 360 \times 2945 = 1060200(N)$$

属于第二类 T 形截面。

（2）按第二类 T 形截面构件配筋计算。

代入式(3-23)求 x。

$$x = \frac{f_y A_s - \alpha_1 f_c (b_f' - b) h_f'}{\alpha_1 f_c b} = \frac{360 \times 2945 - 1.0 \times 16.7 \times (600 - 300) \times 80}{1.0 \times 16.7 \times 300}$$

$$= 131.62 (\text{mm})$$

$\xi_b h_0 = 0.518 \times 685 = 352.24 (\text{mm}) > x = 131.62 \text{mm}$，说明不超筋。

代入式(3-24)求 M_u。

$$M_u = \alpha_1 f_c b x \left(h_0 - \frac{x}{2} \right) + \alpha_1 f_c (b_f' - b) h_f' \left(h_0 - \frac{h_f'}{2} \right)$$

$$= 1.0 \times 16.7 \times 300 \times 131.62 \times \left(685 - \frac{131.62}{2} \right) + 1.0 \times 16.7 \times (600 - 300) \times 80 \times (685 - 40)$$

$$= 666.82 \times 10^6 (\text{N} \cdot \text{m}) = 666.82 (\text{kN} \cdot \text{m})$$

$M_u = 666.82 \text{kN} \cdot \text{m} > M = 400 \text{kN} \cdot \text{m}$，则构件截面安全。

任务 3.3　钢筋混凝土受弯构件斜截面承载力计算

3.3.1　概述

受弯构件在承受弯矩作用的同时还承受着剪力的作用。试验研究和工程实践表明，在荷载作用下钢筋混凝土受弯构件不仅会出现竖向裂缝，还常常在某些区段产生斜裂缝，并可能沿斜截面发生破坏。如图 3-24 所示，梁在荷载作用下受弯的同时也受剪，通过力学分析可知构件受到弯矩和剪力复合作用，沿与构件轴线约 45°的方向会产生斜截面裂缝。斜截面破坏往往会带有脆性破坏的性质，没有明显预兆，因此实际工程要避免构件发生斜截面破坏，设计时须进行斜截面承载力计算。

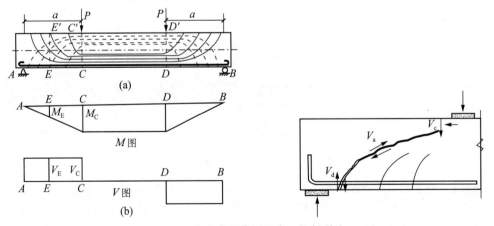

图 3-24　梁在弯剪作用下产生的斜裂缝

通过斜截面承载力计算在梁中配置与梁轴线垂直的箍筋(必要时也可用弯起钢筋，如

图 3-25 所示），以防止产生斜裂缝，发生斜截面破坏，同时要求梁的截面尺寸应满足一定的要求。斜截面裂缝是通过"混凝土＋箍筋＋弯起钢筋"来控制的。箍筋和弯起钢筋统称为腹筋。箍筋和纵向受力钢筋、架立钢筋连接形成钢筋骨架，使梁内的各种钢筋在施工时能保证正确的位置。

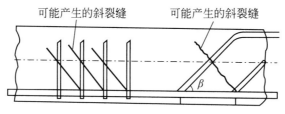

图 3-25　梁中的箍筋与弯起钢筋

3.3.2　影响斜截面受剪承载力的主要因素

1. 剪跨比

计算截面弯矩 M 与剪力 V 和相应截面有效高度 h_0 乘积的比值，称为广义剪跨比，用 λ 表示。剪跨比是无量纲量。广义剪跨比 λ 实质上反映了计算截面正应力和剪应力的比值关系，即反映了梁的应力状态。

$$\lambda = \frac{M}{Vh_0} \tag{3-29}$$

式中，λ——剪跨比；

　　M、V——分别为计算截面所承受的弯矩与剪力；

　　h_0——截面有效高度。

对集中荷载作用下的简支梁，集中荷载作用点到支座的距离 a 称为"剪跨"。如果距支座第一个集中力到支座的距离为 a，截面的有效高度为 h_0，则集中力作用处计算截面的剪跨比称为计算剪跨比，即为

$$\lambda = \frac{M}{Vh_0} = \frac{Pa}{Ph_0} = \frac{a}{h_0}$$

则
$$\lambda = \frac{a}{h_0} \tag{3-30}$$

需要注意的是，对于承受分布荷载或其他复杂荷载的梁，式(3-30)不适用，应当采用广义剪跨比式(3-29)进行计算，如图 3-26 所示的 1—1、3—3 截面可采用计算剪跨比公式计算，但 2—2 截面应当采用广义剪跨比公式进行计算。

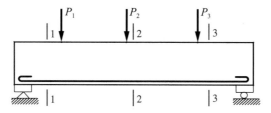

图 3-26　集中荷载作用下的简支梁

试验研究表明,对于集中荷载作用下的无腹筋梁,剪跨比是影响破坏形态和受剪承载力的主要因素之一。对有腹筋梁,在低等配箍时剪跨比的影响较大,中等配箍时剪跨比影响次之,高等配箍时剪跨比影响则较小。

2. 配箍率

箍筋截面面积与对应的混凝土面积的比值称为配箍率,用 ρ_{sv} 表示。

$$\rho_{sv} = \frac{A_{sv}}{bs} = \frac{nA_{svl}}{bs} \tag{3-31}$$

式中,ρ_{sv} ——配箍率;

　　A_{sv} ——同一截面内箍筋的面积,$A_{sv} = nA_{svl}$;其中 n 为同一截面内箍筋的肢数,A_{svl} 为单肢箍筋的面积;

　　b ——截面宽度;

　　s ——箍筋间距。

对于有腹筋梁出现斜裂缝后,箍筋不仅可以直接承受部分剪力,还能够抑制斜裂缝的开展与延伸,间接地提高梁抗剪能力。当配箍量适当时,梁的抗剪承载力随配箍量的增大和箍筋强度的提高有大幅度的提高。同时梁的纵向钢筋配筋率、混凝土的强度也会对梁的斜截面受剪承载力产生影响。

3. 斜截面破坏的主要形态

斜截面破坏主要有斜压破坏、斜拉破坏和剪压破坏三种形态。

1) 斜压破坏

当梁的剪跨比较小($\lambda < 1$ 或腹筋配置过多时),一般发生斜压破坏。其破坏特征是:当梁腹部出现若干条平行斜裂缝后,在裂缝中间形成倾斜的混凝土短柱,然后随着荷载增加,这些短柱因混凝土达到轴心抗压强度而被压碎,此破坏属于脆性破坏。为防止这种破坏,要求梁的截面尺寸不能太小,箍筋不能太多。

2) 斜拉破坏

当梁的剪跨比较大($\lambda > 3$ 或腹筋配置过少时),一般发生斜拉破坏。其破坏特征是:一旦梁腹部出现斜裂缝,很快就会形成临界斜裂缝,梁腹筋随即屈服,腹筋对斜裂缝开展的限制不起作用,导致斜裂缝迅速向梁上方剪压区延伸,梁将沿斜裂缝裂成两部分而破坏,此破坏属于脆性破坏。为防止斜拉破坏,要求梁所配置腹筋数量不能过少且间距不能过大。

3) 剪压破坏

当梁的剪跨比适中($1 \leqslant \lambda \leqslant 3$ 或腹筋配置数量适当时),一般发生剪压破坏。其破坏特征是:随着荷载的增加,截面出现多条斜裂缝,其中一条延伸长度较大,开展宽度较宽的斜裂缝称为"临界斜裂缝",破坏时与临界斜裂缝相交的箍筋首先达到屈服强度,最后由于斜裂缝顶端剪压区的混凝土达到极限强度而破坏。此破坏脆性性质不如斜压破坏明显。为防止剪压破坏,可进行斜截面抗剪承载力计算,配置适量的箍筋,应注意不宜采用高强度的钢筋做箍筋。

4. 斜截面受剪承载力计算公式

1) 计算公式

在进行梁斜截面受剪承载力计算的过程中,可以通过控制截面尺寸不能太小防止斜压破坏,通过配置适量的箍筋(即控制最小配箍率)且限制箍筋间距不能太大防止斜拉破坏。对于剪压破坏,设计时应进行必要的斜截面抗剪承载力计算。《混凝土规范》中采用下列表达式来计算。

总体公式:

$$V \leqslant V_u = V_{cs} + V_{sb} \tag{3-32}$$

式中,V_{cs}——斜截面上混凝土和箍筋共同承担的剪力,$V_{cs} = V_c + V_{sv}$;

V_{sb}——穿过斜截面的弯起钢筋承担的剪力。

当只配箍筋不配置弯起钢筋时,

$$V \leqslant V_u = V_c + V_{sv}$$

式中,V_c——斜截面上剪压区混凝土承担的剪力;

V_{sv}——穿过斜截面的箍筋承担的剪力。

计算公式:

剪跨比是影响斜截面承载力的主要原因之一,但为了简化计算,《混凝土规范》规定对集中荷载作用下(包括作用有多种荷载,其中集中荷载对支座或节点边缘所产生的剪力值占总剪力值的 75% 以上的情况)的矩形、T 形和 I 形截面的独立梁才考虑剪跨比的影响。

(1)构件中只配箍筋的情况。

根据《混凝土规范》规定,对于一般情况下的矩形、T 形和 I 形截面的受弯构件的受剪承载力计算公式为

$$V_u = 0.7 f_t b h_0 + f_{yv} \frac{A_{sv}}{s} h_0 \tag{3-33}$$

根据《混凝土规范》规定,对于以承受集中荷载为主的矩形、T 形和 I 形截面的受弯构件的受剪承载力计算公式为

$$V_{cs} = \frac{1.75}{\lambda + 1} f_t b h_0 + f_{yv} \frac{A_{sv}}{s} h_0 \tag{3-34}$$

式中,λ——计算剪跨比。当 $\lambda < 1.5$ 时,λ 取 1.5;当 $\lambda > 3$ 时,λ 取 3。

(2)构件中既配箍筋又配弯起钢筋的情况。

《混凝土规范》规定,弯起钢筋的受剪承载力计算公式为

$$V_{sb} = 0.8 f_y A_{sb} \sin\alpha_s$$

对于一般情况下的矩形、T 形和 I 形截面的受弯构件的受剪承载力计算公式为

$$V \leqslant V_u = 0.7 f_t b h_0 + f_{yv} \frac{A_{sv}}{s} h_0 + 0.8 f_y A_{sb} \sin\alpha_s \tag{3-35}$$

对于以承受集中荷载为主的矩形、T 形和 I 形截面的受弯构件的受剪承载力计算公式为

$$V \leqslant V_u = \frac{1.75}{\lambda + 1} f_t b h_0 + f_{yv} \frac{A_{sv}}{s} h_0 + 0.8 f_y A_{sb} \sin\alpha_s \tag{3-36}$$

2)计算公式的适用范围

(1)上限值——控制最小截面尺寸。

当 $\dfrac{h_w}{b} \leqslant 4.0$ 时,

$$V \leqslant 0.25\beta_c f_c bh_0 \tag{3-37}$$

当 $\dfrac{h_w}{b} \geqslant 6.0$ 时，

$$V \leqslant 0.2\beta_c f_c bh_0 \tag{3-38}$$

当 $4.0 < \dfrac{h_w}{b} < 6.0$ 时，

$$V \leqslant \left(0.35 - 0.025\frac{h_w}{b}\right)\beta_c f_c bh_0 \tag{3-39}$$

如上述条件不满足的话，则应增大截面尺寸或提高混凝土强度等级。

（2）下限值——控制最小配箍率。

为了防止出现斜拉破坏，箍筋的数量不能过少，间距不能太大。为此，《混凝土规范》规定箍筋配筋率的下限值（即最小配箍率）为

$$\rho_{sv,min} = 0.24\frac{f_t}{f_{yv}} \times 100\% \tag{3-40}$$

3）按构造配箍筋的情况

对于一般情况下的矩形、T 形和 I 形截面的受弯构件：

$$V \leqslant 0.7f_t bh_0 \tag{3-41}$$

对于以承受集中荷载为主的矩形、T 形和 I 形截面的受弯构件：

$$V \leqslant \frac{1.75}{\lambda + 1}f_t bh_0 \tag{3-42}$$

4）板类受弯构件斜截面受剪承载力

对于无腹筋梁以及不配置箍筋和弯起钢筋的一般板类受弯构件，其斜截面受剪承载力应按下列公式计算：

$$V \leqslant V_c = 0.7\beta_h f_t bh_0 \tag{3-43}$$

$$\beta_h = \left(\frac{800}{h_0}\right)^{\frac{1}{4}} \tag{3-44}$$

式中，β_h——截面高度影响系数。当 $h_0 < 800\text{mm}$ 时，取 $h_0 = 800\text{mm}$；当 $h_0 > 2000\text{mm}$ 时，取 $h_0 = 2000\text{mm}$。

5）斜截面计算截面位置选取

在计算斜截面的受剪承载力时，其剪力设计值的计算截面应按下列规定采用。

（1）支座边缘处的截面 1—1。

（2）受拉区弯起钢筋弯起点处的截面 2—2、3—3。

（3）箍筋截面面积或间距改变处的截面 4—4。

（4）腹板宽度改变处的截面 5—5。

6）斜截面受剪承载力设计

已知构件截面尺寸、剪力设计值和材料强度，要求选配箍筋和弯起钢筋数量。这里只考虑仅配置箍筋的情况。

【解题思路】

（1）验算梁截面尺寸是否满足要求。

梁的截面以及纵向钢筋通常已由正截面承载力计算初步确定，如图 3-27 所示，在进行

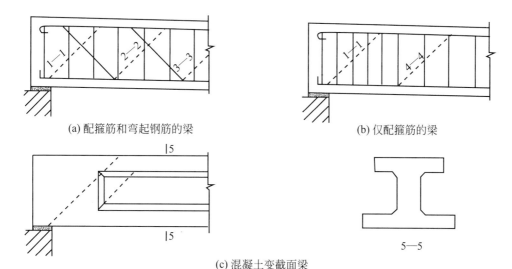

(a) 配箍筋和弯起钢筋的梁　　　　　　　　　(b) 仅配箍筋的梁

(c) 混凝土变截面梁

图 3-27　计算斜截面受剪承载力位置

斜截面受剪承载力计算时,首先按式(3-37)、式(3-38)、式(3-39)验算截面尺寸。若不满足要求应加大截面尺寸或提高混凝土强度等级,重新设计。

（2）计算箍筋。

如果梁截面尺寸满足要求,可按照式(3-41)或式(3-42)判断梁是否需要计算配置箍筋。若满足式(3-41)或式(3-42),说明剪力完全可以由混凝土承担,构造配置箍筋即可,否则需要计算配置箍筋。若需要计算配置箍筋时,代入式(3-33)或式(3-34)计算配置箍筋用量。

（3）验算最小配箍率。

$$\rho_{sv} = \frac{A_{sv}}{bs} > \rho_{sv,min} = 0.24\frac{f_t}{f_{yv}} \times 100\%$$

【例 3-10】　某钢筋混凝土矩形截面简支梁如图 3-28 所示,作用于梁上的恒荷载标准值 $g_k = 25kN/m$,活荷载标准值 $q_k = 50kN/m$,梁的跨度 $l_n = 3.56m$。梁截面尺寸 $b = 200mm$、$h = 500mm$,混凝土强度等级为 C30,若箍筋采用 HRB400 级钢筋,试确定梁中箍筋数量。

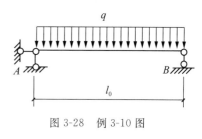

图 3-28　例 3-10 图

【解】　查附录三得,C30 级混凝土:$f_c = 14.3N/mm^2$,$f_t = 1.43N/mm^2$,$\alpha_1 = 1.0$。
HRB400 级钢筋:$f_y = f_y' = 360N/mm^2$;取 $a_s = 40mm$,则 $h_0 = 500 - 40 = 460(mm)$。

（1）内力计算。

$$V = \gamma_G V_{Gk} + \gamma_Q V_{Qk} = \gamma_G \times g_k l_n/2 + \gamma_Q \times q_k l_n/2$$
$$= (1.2 \times 25 + 1.4 \times 50) \times 3.56 \div 2 = 178(kN)$$

（2）验算梁截面尺寸。

$$\frac{h_w}{b} = \frac{460}{200} = 2.3 < 4.0$$

$0.25\beta_c f_c bh_0 = 0.25 \times 1.0 \times 14.3 \times 200 \times 460 = 328900(N) = 328.9(kN) > V = 178kN$,则截面尺寸满足要求。

（3）配置箍筋。

$0.7f_tbh_0=0.7\times1.43\times200\times460=92092(N)=92.09(kN)>V=178kN$，应按计算配置箍筋。

由于梁所承受的荷载为均布荷载，属于一般情况，选用式（3-33）配置箍筋。

$$\frac{A_{sv}}{s}=\frac{nA_{svl}}{s}\geq\frac{V-0.7f_tbh_0}{f_{yv}h_0}=\frac{178000-92092}{360\times460}=0.519$$

选用 Φ8 双肢箍，$A_{svl}=50.3mm^2$，$n=2$，代入上式得 $s\leq194mm$，取 $s=150mm<s_{max}=200mm$。

（4）验算最小配筋率。

$$\rho_{sv}=\frac{nA_{svl}}{sb}=\frac{2\times50.3}{150\times200}\times100\%=0.335\%>0.24\frac{f_t}{f_{yv}}=0.24\times\frac{1.43}{360}\times100\%=0.095\%，$$

满足要求。

则箍筋选用 Φ8@150(2)。

【例 3-11】 某钢筋混凝土矩形截面简支梁如图 3-29 所示，梁净跨 $l_n=6m$，梁上作用有均布荷载设计值为 12kN/m，梁上集中荷载设计值为 120kN。梁的截面尺寸 $b=250mm$、$h=550mm$，混凝土强度等级为 C25，箍筋采用 HRB400 级钢筋。试按仅配置箍筋的情况设计该梁。

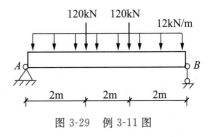

图 3-29 例 3-11 图

【解】 查附录三得，C25 级混凝土：$f_c=11.9N/mm^2$，$f_t=1.27N/mm^2$，$\alpha_1=1.0$。

HRB400 级钢筋：$f_y=f_y'=360N/mm^2$。

取 $a_s=45mm$，则 $h_0=550-45=505(mm)$。

（1）内力计算。

$$V=(120\times2+12\times6)\div2=156(kN)$$

（2）验算梁截面尺寸。

$$\frac{h_w}{b}=\frac{505}{250}=2.02<4.0$$

$0.25\beta_cf_cbh_0=0.25\times1.0\times11.9\times250\times505=375593.75(N)=375.59(kN)>V=156kN$，则截面尺寸满足要求。

（3）配置箍筋。

$\dfrac{V_p}{V}=\dfrac{120}{156}=0.76>0.75$，需要按考虑集中荷载作用的情况计算。

$\lambda=\dfrac{a}{h_0}=\dfrac{2000}{505}=3.96>3$，取 $\lambda=3$。

$\dfrac{1.75}{\lambda+1}f_tbh_0=\dfrac{1.75}{3+1}\times1.27\times250\times505=70147.66(N)=70.15(kN)<V=156kN$，需要计算配置箍筋。

选用式（3-34）配置箍筋。

$$\frac{A_{sv}}{s}=\frac{nA_{svl}}{s}\geq\frac{V-\dfrac{1.75}{\lambda+1}f_tbh_0}{f_{yv}h_0}=\frac{156000-70147.66}{360\times505}=0.472$$

选配 $\oplus 8$ 双肢箍，$A_{svl} = 50.3 \text{mm}^2$，$n = 2$，代入上式得：$s \leqslant 213 \text{mm}$，取 $s = 200 \text{mm} \leqslant s_{max} = 200 \text{mm}$。

（4）验算最小配筋率。

$$\rho_{sv} = \frac{nA_{svl}}{sb} = \frac{2 \times 50.3}{200 \times 250} \times 100\% = 0.201\% > 0.24 \frac{f_t}{f_{yv}} = 0.24 \times \frac{1.27}{360} \times 100\% = 0.085\%，满$$

足要求。

则箍筋选用 $\oplus 8 @ 200(2)$。

5. 纵向钢筋的弯起和截断

1）材料抵抗弯矩图

材料抵抗弯矩图是指按照梁实际配置纵向钢筋的数量，计算并画出的各截面所能抵抗的弯矩图。

图 3-30 所示钢筋混凝土简支梁在均布荷载作用下，跨中产生的最大弯矩为 $M_{max} = \frac{1}{8}ql^2$，根据正截面承载力计算配置了 $4\oplus 20$ 的纵向受拉钢筋。若这 4 根钢筋都直通到两边支座，则沿梁任意截面所抵抗的弯矩大小均相同，我们可以画一条水平直线来表示，称为材料抵抗弯矩图。

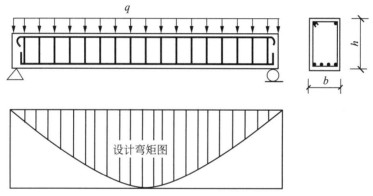

图 3-30 简支梁材料抵抗弯矩图与设计弯矩图

显然，如果梁中纵筋既不截断也不弯起而全部伸入支座的话，钢筋布置虽然简单但不经济，梁中钢筋没有被充分利用，尤其是支座附近截面上所产生的设计弯矩值很小，根本不需要按跨中截面弯矩所需钢筋用量配置，所以这种配筋方式只适用于小跨度简单构件。对于跨度较大的构件，为了能充分发挥钢筋作用，可考虑将部分纵向钢筋在弯矩较小的截面位置截断或弯起。图 3-31 是图 3-30 中简支梁的另一种钢筋布置方法，通过重新绘制材料弯矩抵抗图确定钢筋截断或弯起位置，使钢筋的布置更加经济合理。

以图 3-31 为例，绘制材料抵抗弯矩图时，首先应对钢筋进行分类，然后对已分类的钢筋分配弯矩，画出构件的弯矩图，最后用线段长度分配三种钢筋的弯矩，根据规律绘出材料抵抗弯矩图。具体步骤如下。

第一步：分类钢筋。把 $2\oplus 20$ 角筋作为①号钢筋，另外两根 $1\oplus 20$ 的钢筋分别作为②号、③号钢筋。

第二步：分配弯矩。查附录十二得为①号钢筋面积 $A_{s1} = 628 \text{mm}^2$，②号、③号钢筋面积

$A_{s2}=A_{s3}=314.2\text{mm}^2$，总面积 $A_s=1256.4\text{mm}^2$。设 $M_{u,\max}=\dfrac{1}{8}ql^2=120\text{kN}\cdot\text{m}$，则

$$M_{u1}=\frac{A_{s1}}{A_s}M_{u,\max}=\frac{628}{1256.4}\times120=60(\text{kN}\cdot\text{m})$$

$$M_{u2}=M_{u3}=\frac{A_{s2}}{A_s}M_{u,\max}=\frac{314.2}{1256.4}\times120=30(\text{kN}\cdot\text{m})$$

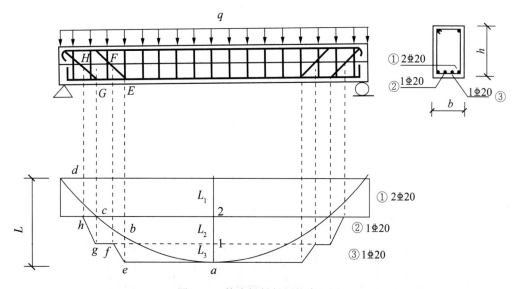

图 3-31　简支梁材料抵抗弯矩图

第三步：画弯矩图。

第四步：用线段表示分配弯矩。

按照比例绘制分配线段：①号钢筋线段长度 $L_1=\dfrac{M_{u1}}{M_{u,\max}}L$；②号钢筋线段长度 $L_2=\dfrac{M_{u2}}{M_{u,\max}}L$；③号钢筋线段长度 $L_3=\dfrac{M_{u3}}{M_{u,\max}}L$。$L$ 为最大弯矩 $M_{u,\max}$ 的高度。

第五步：画材料抵抗弯矩图。

③号钢筋的材料抵抗弯矩图与设计弯矩图相较于 a 点，a 点称为③号钢筋的"充分利用点"。过 1 点画水平线与设计弯矩图交于 b 点，b 点是②号钢筋的"充分利用点"，同时也是③号钢筋的"理论断点"。同理，过 2 点画水平线与设计弯矩图交于 c 点，c 点是①号钢筋的"充分利用点"，同时也是②号钢筋的"理论断点"。

③号钢筋在 E 点弯起，弯起钢筋与梁轴线交于 F 点，则从 E 点到 F 点梁抵抗弯矩能力逐渐减弱，则③号钢筋弯起部分的材料抵抗弯矩图是 e 点至 f 点的一条斜线。同理，②号钢筋的弯起点为 G 点，其材料抵抗弯矩图是 g 点至 h 点的一条斜线。梁的材料抵抗弯矩图如图 3-31 所示。

2）纵向钢筋的截断

梁的纵向钢筋是根据跨中或支座的最大弯矩设计值，它是按照正截面承载力计算配置的。由于受弯构件的弯矩图是变化的，离开跨中或支座后正（或负）弯矩值就会很快减小，因

此纵向钢筋的数量也应随之变化而进行切断或弯起。当纵向受拉钢筋在跨间截断时,由于钢筋面积的突然减少,使混凝土内的拉力突然增大,使得在纵向钢筋截断处出现过早和过宽的弯剪裂缝,从而可能降低构件的承载力。因此,《混凝土规范》规定纵向受拉钢筋不宜在受拉区截断。即对于梁底部承受正弯矩的纵向受拉钢筋,通常不宜在跨中截面截断,而在支座部位截断;对于梁上部承受负弯矩的纵向受拉钢筋,通常不宜在支座部位截面截断,而在跨中截面截断。而对于连续梁、框架梁构件,为了合理配筋,一般应根据弯矩图的变化,将其支座承受负弯矩的钢筋在跨中分批截断。

《国家建筑标准设计图集》(16G101—1)规定了梁中钢筋的截断位置,图 3-32 所示为楼层框架梁纵向钢筋构造。从图中可知,梁上部钢筋除通长钢筋贯通整个梁以外,其他梁上部钢筋第一排在 $l_n/3$ 处截断,第二排在 $l_n/4$ 处截断,对于边支座位置 l_n 为该跨的净跨值,对于中间支座,l_n 为支座相邻两净跨的最大值。梁下部钢筋在支座部位截面截断,钢筋进入支座的锚固要求如图 3-32 所示。

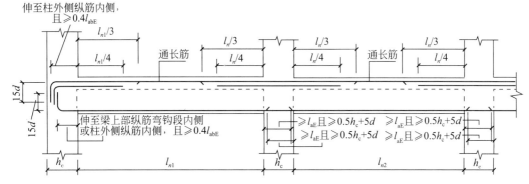

图 3-32 楼层框架梁纵向钢筋构造

6. 箍筋和弯起钢筋的构造要求

1) 箍筋的构造要求

(1) 箍筋的形式和肢数。

箍筋的形状通常有封闭式和开口式两种,如图 3-33 所示。箍筋的主要作用是作为腹筋承受剪力,除此之外,还起到固定纵筋位置,形成钢筋骨架的作用。由于箍筋属于受拉钢筋,因此箍筋必须有很好的锚固。为此,应将箍筋端部锚固在受压区内。对于封闭式箍筋,其在受压区的水平肢将约束混凝土的横向变形,有助于提高混凝土的强度。所以,在一般的梁中通常都采用封闭式箍筋。对于现浇 T 形截面梁,当不承受扭矩和动荷载,也不设置计算所需的受压钢筋时,为节约钢筋可采用开口式箍筋。

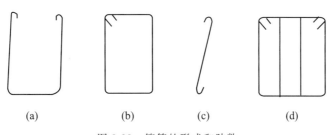

(a)   (b)   (c)   (d)

图 3-33 箍筋的形式和肢数

箍筋的肢数取决于箍筋垂直段的数目,最常用的是双肢,除此之外,还有单肢、四肢等。通常按下列原则确定箍筋的肢数:当梁的宽度 $100mm \leqslant b \leqslant 400mm$,以及一层中按计算配置的受压钢筋不超过 3 根时,采用双肢箍筋;当梁的宽度 $b > 400mm$,按计算配置的一层内的纵向受压钢筋多于 3 根(或当 $b \leqslant 400mm$ 一层内的纵向受压钢筋多于 4 根)时,应设置复合箍筋。

（2）箍筋的直径。

箍筋宜采用 HRB400、HRBF400、HPB300、HRB500、HRBF500 钢筋,也可采用 HRB335、HRBF335 钢筋。为了使钢筋骨架具有一定的刚性,箍筋的直径不宜太小,其最小直径与梁高 h 有关。对于截面高度不大于 800mm 的梁,箍筋直径不宜小于 6mm;截面高度大于 800mm 的梁,箍筋直径不宜小于 8mm。梁中配有计算需要的纵向受压钢筋时,箍筋直径尚不应小于 $0.25d$,d 为受压钢筋最大直径。《混凝土规范》规定箍筋的最小直径如表 3-6 所示。

表 3-6　箍筋的最小直径　　　　　　　　单位:mm

梁高 h	箍筋直径
$h \leqslant 800$	6
$h > 800$	8

（3）箍筋的间距。

箍筋的间距对斜裂缝的开展有显著的影响。如果箍筋的间距过大,则斜裂缝可能与箍筋不相交或者相交在箍筋不能充分发挥作用的位置,这样会导致箍筋不能有效地抑制斜裂缝的开展,从而就起不到箍筋应有的抗剪能力。所以,箍筋的间距不能太大。《混凝土规范》规定梁中箍筋的间距不能超过箍筋最大间距 $s_{\max}$。梁中箍筋的最大间距宜符合表 3-7。

表 3-7　梁中箍筋的最大间距　　　　　　　　单位:mm

梁高 h	$V > 0.7f_t bh_0$	$V \leqslant 0.7f_t bh$
$150 < h \leqslant 300$	150	200
$300 < h \leqslant 500$	250	300
$500 < h \leqslant 800$	250	350
$h > 800$	300	400

当梁中配有按计算需要的纵向受压钢筋时,箍筋应符合以下规定:箍筋应做成封闭式,且弯钩直线段长度不应小于 $5d$（d 为箍筋直径）。箍筋的间距不应大于 400mm;当一层内的纵向受压钢筋多于 5 根且直径大于 18mm 时,箍筋间距不应大于 $10d$（d 为纵向受压钢筋的最小直径）。

（4）箍筋的布置。

梁中箍筋的配置应通过计算确定。若梁中剪力很小不需要计算配置箍筋,当截面高度大于 300mm 时,应沿梁全长设置构造箍筋;当截面高度 $h = 150 \sim 300mm$ 时,可仅在构件端部 $l_0/4$ 范围内设置构造箍筋,l_0 为跨度。但当在构件中部 $l_0/2$ 范围内有集中荷载作用时,则应沿梁全长设置箍筋。当截面高度小于 150mm 时,可以不设置箍筋。

2）弯起钢筋的构造要求

当设置抗剪弯起钢筋时,为了防止弯起钢筋的间距过大,使出现弯起钢筋与相邻两排弯起钢筋之间的斜裂缝不能相交,导致弯起钢筋不能发挥作用。因此,当按计算需要设置弯起钢筋时前一排(对支座而言)弯起钢筋的弯起点到次一排弯起钢筋弯终点的距离不得大于表 3-7 中 $V>0.7f_tbh_0$ 栏规定的箍筋最大间距,且第一排弯起钢筋距支座边缘的距离也不应大于箍筋最大间距 s_{max},如图 3-34 所示。

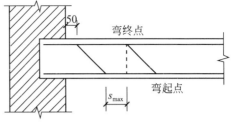

图 3-34　弯起钢筋最大间距

当采用弯起钢筋时,弯起角度宜取 $45°$ 或 $60°$。在弯折终点外应留有平行于梁轴线方向的锚固长度,且在受拉区不应小于 $20d$,在受压区不应小于 $10d$(d 为弯起钢筋的直径);梁底层钢筋中的角部钢筋不应弯起,顶层钢筋中的角部钢筋不应弯下。光圆弯起钢筋末端应设弯钩。弯起钢筋的锚固如图 3-35 所示。

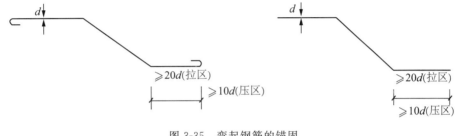

图 3-35　弯起钢筋的锚固

当为了满足材料抵抗弯矩图的需要,不能弯起纵向受拉钢筋时,可设置单独的受剪弯起钢筋。单独的受剪弯起钢筋不应采用"浮筋",否则一旦弯起钢筋滑动,将使斜裂缝开展过大,如图 3-36 所示。

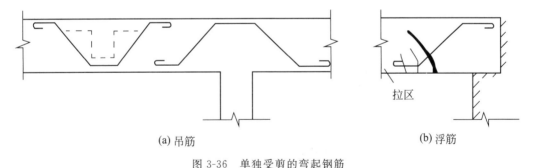

(a) 吊筋　　　　　　　　　　　　　(b) 浮筋

图 3-36　单独受剪的弯起钢筋

任务 3.4　钢筋混凝土受弯构件裂缝和变形验算

3.4.1　概述

钢筋混凝土受弯构件的正截面受弯承载力及斜截面受剪承载力计算是保证结构构件安全可靠的前提条件,满足构件安全性的要求。《混凝土规范》规定混凝土结构构件应根据其使用功能及外观要求,进行正常使用极限状态验算,以保证构件的适用性和耐久性,即对构件进行裂缝宽度及变形验算。

考虑到结构构件当其不满足正常使用极限状态时所带来的危害性比不满足承载力极限状态时要小,其相应的可靠指标也可以小些。因此《混凝土规范》规定,验算变形及裂缝宽度时荷载代表值均采用标准值,不考虑荷载分项系数。由于构件的变形及裂缝宽度都随时间而增大,所以验算变形及裂缝宽度时,应按荷载效应的标准组合或准永久组合并考虑长期作用影响来进行。标准组合是指在正常使用极限状态验算时,同时考虑长期作用影响来进行。准永久组合是指在正常使用极限状态验算时,对可变荷载采用准永久值为荷载代表值的组合。

3.4.2 受弯构件的裂缝宽度验算

1. 裂缝控制

由于混凝土的抗拉强度很低,当在荷载不大时梁的受拉区就已经开裂。引起裂缝的原因是多方面的,首先是由于荷载产生的内力所引起的裂缝;其次,由于基础的不均匀沉降、混凝土收缩和温度作用而产生的变形受到钢筋或其他构件约束时,以及因钢筋锈蚀而体积膨胀,都会在混凝土中产生拉应力,当拉应力超过混凝土的抗拉强度时即开裂。由此看来,截面上有拉应力的钢筋混凝土受弯构件在正常使用阶段出现裂缝是难以避免的,对于一般的工业与民用建筑来说,也是允许构件带裂缝工作的。之所以要对裂缝的开展宽度进行限制,主要是基于以下两个方面的理由:一是外观要求;二是耐久性要求,并以后者为主。

从外观要求考虑,裂缝过宽将给人以不安全的感觉,同时也影响到对结构质量的评价。从耐久性要求考虑,如果裂缝过宽,在有水侵入或空气相对湿度很大,或所处环境恶劣时,裂缝处的钢筋将被锈蚀甚至严重锈蚀,导致钢筋截面面积减小,使构件的承载力下降。因此,必须对构件的裂缝宽度进行控制。值得指出的是,试验研究表明,与钢筋垂直的横向裂缝处钢筋的锈蚀并不像人们通常所设想的那样严重,因此在设计时不应将裂缝宽度的限值看作是严格的界限值,而应更多看成是一种带有参考性的控制指标。从结构耐久性的角度讲,保证混凝土的密实性及保证混凝土保护层厚度满足规定,要比控制构件表面的横向裂缝宽度重要得多。

在进行结构构件设计时,应根据使用要求选用不同的裂缝控制等级。《混凝土规范》将裂缝控制等级划分为三级,等级划分及要求应符合下列规定。

(1) 一级:严格要求不出现裂缝的构件。按荷载效应标准组合进行计算时,构件受拉边缘的混凝土不应产生拉应力。

(2) 二级:一般要求不出现裂缝的构件。按荷载效应标准组合进行计算时,构件受拉边缘混凝土拉应力不应大于混凝土抗拉强度的标准值。

(3) 三级:允许出现裂缝的构件。对钢筋混凝土构件,按荷载准永久组合并考虑长期作用影响计算时,构件的最大裂缝宽度 ω_{max} 不应超过规范允许的最大裂缝宽度限值 ω_{lim}。对预应力混凝土构件,按荷载标准组合并考虑长期作用的影响计算时,构件的最大裂缝宽度不应超过规范允许的最大裂缝宽度限值。对二 a 类环境的预应力混凝土构件,尚应按荷载准永久组合计算,且构件受拉边缘混凝土的拉应力不应大于混凝土的抗拉强度标准值。

2. 受弯构件裂缝宽度的计算

钢筋混凝土构件的裂缝宽度计算是一个比较复杂的问题,各国对此进行了大量的试验分析和理论研究,提出了不同的裂缝宽度计算公式。目前我国《混凝土规范》提出的裂缝宽度计算公式主要是以黏结滑移理论为基础,同时也考虑了混凝土保护层厚度及钢筋有效约束区的影响。

受弯构件的裂缝包括由弯矩产生的正应力引起的垂直裂缝和由弯矩与剪力产生的主拉应力引起的斜裂缝。对于主拉应力引起的斜裂缝,当按斜截面抗剪承载力计算配置了足够的腹筋后,其斜裂缝的宽度一般都不会超过规范所规定的最大裂缝宽度允许值,所以在此主要讨论由弯矩引起的垂直裂缝的情况。

1) 受弯构件裂缝的出现和开展过程

如图 3-37 所示的简支梁,其 CD 段为纯弯段,设 M 为外荷载产生的弯矩,M_{cr} 为构件沿正截面的开裂弯矩,即构件垂直裂缝即将出现时的弯矩。当 $M<M_{cr}$ 时,构件受拉区边缘混凝土的拉应力小于混凝土的抗拉强度 f_{tk},构件不会出现裂缝。当 $M=M_{cr}$ 时,由于在纯弯段各截面的弯矩均相等,因此从理论上来说各截面受拉区混凝土的拉应力都同时达到混凝土的抗拉强度,各截面均进入裂缝即将出现的极限状态。然而实际上由于构件混凝土的实际抗拉强度的分布是不均匀的,因此在混凝土最薄弱的截面将首先出现第一条裂缝。

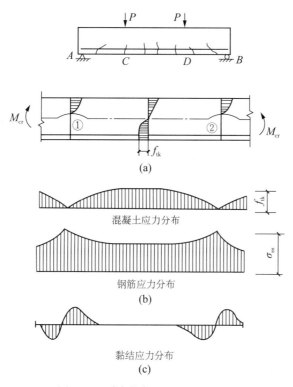

图 3-37　受弯构件裂缝的开展过程

在第一条裂缝出现之后,裂缝截面处的受拉混凝土退出工作,荷载产生拉力全部由钢筋承担,使开裂截面处纵向受拉钢筋的拉应力突然增大,而裂缝处混凝土的拉应力降为零。裂缝两侧尚未开裂的混凝土必然试图也使其拉应力降为零,从而使该处的混凝土向裂缝两侧回缩,混凝土与钢筋表面出现相对滑移并产生变形差,因此裂缝一出现即具有一定的宽度。

由于钢筋和混凝土之间存在黏结应力,因而裂缝截面处的钢筋应力又通过黏结应力逐渐传递给混凝土,钢筋的拉应力则相应减小,而混凝土拉应力则随着离开裂缝截面的距离的增大而逐渐增大。随着弯矩的增加,当 $M > M_{cr}$ 时,在离开第一条裂缝一定距离的截面的混凝土拉应力又达到了其抗拉强度,从而出现第二条裂缝。在第二条裂缝处的混凝土同样朝裂缝两侧滑移,混凝土的拉应力又逐渐增大,当其达到混凝土的抗拉强度时,又出现新的裂缝。按类似的规律,新的裂缝不断产生,裂缝间距不断减小。当减小到无法使未产生裂缝处的混凝土的拉应力增大到混凝土的抗拉强度时,这时即使弯矩继续增加,也不会产生新的裂缝,因而可以认为此时裂缝已经出现稳定。

当荷载继续增加,即 M 由 M_{cr} 增加到使用阶段荷载效应的标准组合(或准永久组合)的弯矩标准值 $M_k(M_q)$ 时,对一般梁来说,在使用荷载作用下裂缝的发展已趋于稳定,新的裂缝将不再增加。各裂缝宽度达到一定的数值,裂缝截面处受拉钢筋的应力则达到 σ_{ss}。

2)裂缝宽度计算

(1)平均裂缝间距。

计算受弯构件裂缝宽度时,需先计算裂缝的平均间距。根据试验结果,平均裂缝间距 l_{cr} 与混凝土保护层厚度及相对滑移引起的应力传递长度有关,其值可由下列半理论半经验公式计算:

$$l_{cr} = 0.9c_s + 0.08 \frac{d_{eq}}{\rho_{te}} \qquad (3\text{-}45)$$

式中,c_s——最外层纵向受拉钢筋外边缘至受拉区底边的距离。当 $c_s < 20\text{mm}$ 时,取 $c_s = 20\text{mm}$;当 $c_s > 65\text{mm}$ 时,取 $c_s = 65\text{mm}$。

ρ_{te}——按有效受拉混凝土截面计算的纵向受拉钢筋配筋率,即有效配筋率。$\rho_{te} = A_s / A_{te}$,当计算得出 $\rho_{te} < 0.01$ 时,取 $\rho_{te} = 0.01$。

A_{te}——受拉区有效混凝土的截面面积。对轴心受拉构件,取构件截面面积;对受弯、偏心受压和偏心受拉构件,取 $A_{te} = 0.5bh + (b_f - b)h_f$,其中 b_f、h_f 分别为受拉翼缘的宽度和高度。当受拉区为矩形截面时,$A_{te} = 0.5bh$。如图 3-38 所示。

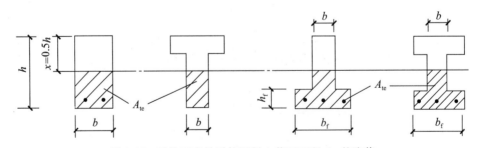

图 3-38 受拉区有效受拉混凝土截面面积 A_{te} 的取值

d_{eq}——受拉区钢筋的等效直径(mm);$d_{eq} = \sum n_i d_i^2 / \sum n_i v_i d_i$,当采用同一种纵向受拉钢筋时,$d_{eq} = d/v$。

n_i——受拉区第 i 种纵向受拉钢筋的根数。

v_i——受拉区第 i 种纵向受拉钢筋的相对黏结特性系数。带肋钢筋 $v_i = 1.0$;光圆钢筋 $v_i = 0.7$;对环氧树脂涂层的钢筋,以按前述数值的 0.8 倍采用。

（2）平均裂缝宽度。

裂缝开展后，两条裂缝之间受拉钢筋的伸长值与同一处受拉混凝土伸长值的差值就是构件的平均裂缝宽度，由此可推得受弯构件的平均裂缝宽度 ω_m 为

$$\omega_m = 0.85\psi\frac{\sigma_{sq}}{E_s}l_{cr} \tag{3-46}$$

式中，σ_{sq}——按荷载准永久组合计算的钢筋混凝土受弯构件纵向受拉普通钢筋应力，按下式计算：

$$\sigma_{sq} = \frac{M_q}{0.87h_0A_s} \tag{3-47}$$

M_q——钢筋混凝土受弯构件按荷载准永久组合计算的弯矩值。

ψ——裂缝间纵向受拉钢筋应变不均匀系数，按下式计算：

$$\psi = 1.1 - \frac{0.65f_{tk}}{\rho_{te}\sigma_{sq}} \tag{3-48}$$

当 $\psi < 0.2$ 时，取 $\psi = 0.2$；当 $\psi > 1.0$ 时，取 $\psi = 1.0$；对直接承受重复荷载的构件，取 $\psi = 1.0$。

（3）最大裂缝宽度。

试验表明，在荷载准永久组合作用下，裂缝宽度将随着时间的增长而增长，主要是因为长期荷载作用下混凝土的收缩、徐变以及混凝土与钢筋之间的滑移徐变和受拉钢筋的引力松弛等因素，使得裂缝间受拉钢筋的平均应变不断增大，导致裂缝宽度增大。

《混凝土规范》考虑了裂缝宽度的不均匀性及荷载准永久组合长期作用的影响，对于矩形、T 形、倒 T 形和 I 形截面的钢筋混凝土受弯构件最大裂缝宽度可按下列公式计算：

$$\omega_{max} = \alpha_{cr}\psi\frac{\sigma_{sq}}{E_s}\left(1.9c_s + 0.08\frac{d_{eq}}{\rho_{te}}\right) \tag{3-49}$$

式中，α_{cr}——构件受力特征系数，按表 3-8 取值。

E_s——钢筋的弹性模量，查附录一。

表 3-8　构件受力特征系数

类　　型	α_{cr}	
	钢筋混凝土构件	预应力混凝土构件
受弯、偏心受压	1.9	1.5
偏心受拉	2.4	—
轴心受拉	2.7	2.2

说明：对承受吊车荷载但不需要做疲劳验算的受弯构件，可将计算求得的最大裂缝宽度乘以系数 0.85。这是因为承受吊车荷载的受弯构件考虑承受短期荷载，满载的机会较少，且计算中裂缝间纵向受拉钢筋应变不均匀系数 ψ 取 1.0，可将最大裂缝宽度乘以系数 0.85。

（4）最大裂缝宽度限值。

对于允许出现裂缝的构件，构件的最大裂缝宽度 ω_{max} 不应超过规范允许的最大裂缝宽度限值 ω_{lim}，即

$$\omega_{max} \leqslant \omega_{lim} \tag{3-50}$$

结构构件的裂缝控制等级及最大裂缝宽度的限值详见附录十五。

【例 3-12】 某钢筋混凝土简支梁,计算跨度 $l_0 = 6.0\text{m}$,矩形截面尺寸为 $b \times h = 250\text{mm} \times 650\text{mm}$,混凝土强度等级为 C20($E_c = 2.55 \times 10^4 \text{N/mm}^2$,$f_{tk} = 1.54\text{N/mm}^2$),采用 HRB400 级钢筋($E_s = 2 \times 10^5 \text{N/mm}^2$)。经分析,梁上承受均布恒荷载标准值(含梁自重)$g_k = 18\text{kN/m}$,承受均布活荷载标准值 $q_k = 16\text{kN/m}$。梁中配置受拉钢筋 2Φ22+2Φ20($A_s = 1388\text{mm}^2$)。混凝土保护层厚度 $c = 20\text{mm}$,箍筋直径为 8mm,准永久系数 $\psi_q = 0.5$,采用普通带肋钢筋,该梁处于室内正常环境,最大裂缝宽度限值 $\omega_{\lim} = 0.3\text{mm}$。试验算此梁裂缝宽度是否满足要求。

【解】 (1)计算梁内最大准永久组合弯矩 M_q。

$$M_q = \frac{1}{8}(g_k + \psi_q q_k)l_0^2 = \frac{1}{8} \times (18 + 0.5 \times 16) \times 6^2 = 121.5(\text{kN} \cdot \text{m})$$

(2)计算裂缝截面处的钢筋应力 σ_{sq}。

混凝土强度等级 C20<C25,$h_0 = h - a_s = 650 - 45 = 605(\text{mm})$。

$$\sigma_{sq} = \frac{M_q}{0.87 h_0 A_s} = \frac{121.5 \times 10^6}{0.87 \times 605 \times 1388} = 166.31(\text{N/mm}^2)$$

(3)计算纵向受拉钢筋配筋率 ρ_{te}。

$$A_{te} = 0.5bh = 0.5 \times 250 \times 650 = 81250(\text{mm}^2)$$

$$\rho_{te} = \frac{A_s}{A_{te}} = \frac{1388}{81250} = 0.0171 > 0.01,取 \rho_{te} = 0.0171。$$

(4)计算纵向受拉钢筋应变不均匀系数 ψ。

$$\psi = 1.1 - \frac{0.65 f_{tk}}{\rho_{te}\sigma_{sq}} = 1.1 - \frac{0.65 \times 1.54}{0.0171 \times 166.31} = 0.748,0.2 < \psi < 1.0,取 \psi = 0.748。$$

(5)计算钢筋的等效直径 d_{eq}。

该梁的纵向受拉钢筋为普通带肋钢筋,相对黏结特性系数 $v_i = 1.0$,则

$$d_{eq} = \frac{\sum n_i d_i^2}{\sum n_i v_i d_i} = \frac{2 \times 22^2 + 2 \times 20^2}{2 \times 1 \times 22 + 2 \times 1 \times 20} = 21.05(\text{mm})$$

(6)计算最大裂缝宽度 $\omega_{\max}$。

查表 3-8 可得,受弯构件受力特征系数 $\alpha_{cr} = 1.9$。

混凝土保护层厚度 $c = 20\text{mm}$,箍筋直径为 8mm,$c_s = 20 + 8 = 28(\text{mm})$,则

$$\omega_{\max} = \alpha_{cr}\psi \frac{\sigma_{sq}}{E_s}\left(1.9c_s + 0.08\frac{d_{eq}}{\rho_{te}}\right)$$

$$= 1.9 \times 0.748 \times \frac{166.31}{2.0 \times 10^5} \times \left(1.9 \times 28 + 0.08 \times \frac{21.05}{0.0171}\right)$$

$$= 0.179(\text{mm}) < \omega_{\lim} = 0.3\text{mm}$$

因此最大裂缝宽度满足要求。

3. 减小裂缝宽度的措施

从影响裂缝宽度的主要因素以及裂缝宽度计算公式中发现,当设计计算发现裂缝宽度超限,或要求减小裂缝宽度时,最简便有效的措施:一是采用变形钢筋,因为变形钢筋和混凝土之间的黏结力大,可使裂缝间距缩短,裂缝即多而密,裂缝间距内钢筋与混凝土之间的变

形差就小,裂缝宽度减小;二是选择较细直径的钢筋,因为同样面积的钢筋,直径小则其周长与面积比就大,增加了钢筋和混凝土的接触面积,这就提高了钢筋与混凝土之间的黏结力,从而达到减小裂缝宽度的目的。此外,改变截面形状、提高混凝土的强度,也可以减小裂缝宽度,但效果甚微,一般不宜采用。

3.4.3　受弯构件的挠度验算

1. 受弯构件挠度验算的特点

在建筑力学中,前面已经学习了匀质弹性材料受弯构件变形的计算方法。如跨度为 l_0 的简支梁其跨中的最大挠度计算公式为

$$f_{max} = \beta \frac{Ml_0^2}{EI} \leqslant f_{lim} \tag{3-51}$$

式中,EI——匀质弹性材料梁的截面抗弯刚度,当梁截面尺寸及材料确定后,EI 是常数;

$\qquad M$——跨中最大弯矩,$M = \dfrac{1}{8}(g+q)l_0^2$;

$\qquad \beta$——与构件的支承条件及所受荷载形式有关的挠度系数。均布荷载作用时,$\beta = 5/48$;集中荷载作用在跨中时,$\beta = 4/48$(即 $1/12$)。

在本项目的任务 3.2 中讲到,受弯构件适筋梁从加荷到破坏的三个阶段:当梁在荷载不大的第一阶段末 I_a,受拉区的混凝土就已开裂,随着荷载的增加,裂缝的宽度和高度也随之增加,使得裂缝处的实际截面减小,即梁的惯性矩 I 减小,导致梁的刚度下降。随着弯矩的增加,梁的塑性变形发展,变形模量也随之减小,即 E 也随之减小。由此可见,钢筋混凝土梁的截面抗弯刚度不是一个常数,而是随着弯矩的大小而变化,且与裂缝的出现和开展有关。同时,随着荷载作用持续时间的增加,钢筋混凝土梁的截面抗弯刚度还将进一步减小,梁的挠度还将进一步增大。因此不能用 EI 来表示钢筋混凝土的抗弯刚度。为了区别于匀质弹性材料受弯构件的抗弯刚度,用 B 代表钢筋混凝土受弯构件的刚度。钢筋混凝土梁在荷载准永久组合计算的截面抗弯刚度,简称为短期刚度,用 B_s 表示。钢筋混凝土梁在荷载准永久组合作用下并考虑荷载长期作用的截面抗弯刚度,简称为长期刚度,用 B 表示。

计算钢筋混凝土受弯构件的挠度,实质上是计算它的抗弯刚度 B,一旦求出抗弯刚度 B 后,就可以用 B 代替 EI,然后按照弹性材料梁的变形公式即可算出梁的挠度。

2. 采用荷载准永久组合时的短期刚度 B_s

在建筑力学中,截面刚度 EI 与截面内力 M 及变形(曲率 $1/\rho$)有如下关系。

$$M = \frac{EI}{\rho}$$

对钢筋混凝土受弯构件,上式可通过建立下面三个关系式。

(1)几何关系——根据平截面假定得到的应变与曲率的关系,即

$$\frac{\varepsilon}{y} = \frac{1}{\rho}$$

(2)物理关系——根据虎克定律给出的应力与应变的关系,即

$$\frac{\sigma}{\varepsilon} = E$$

（3）平衡关系——根据应力与内力的关系，即

$$\sigma = \frac{My}{I}$$

根据这三个关系式，并考虑钢筋混凝土的受力变形特点，最后得出钢筋混凝土受弯构件短期刚度 B_s 的计算公式为

$$B_s = \frac{E_s A_s h_0^2}{1.15\psi + 0.2 + \dfrac{6\alpha_E \rho}{1 + 3.5\gamma_f'}} \tag{3-52}$$

式中，E_s——钢筋的弹性模量，查附录一；

$\quad A_s$——纵向受拉钢筋截面面积；

$\quad h_0$——梁截面有效高度；

$\quad \psi$——裂缝间纵向受拉钢筋应变不均匀系数，按式（3-48）计算；

$\quad \alpha_E$——钢筋弹性模量与混凝土弹性模量的比值，$\alpha_E = E_s/E_c$；

$\quad \rho$——纵向受拉钢筋配筋率，$\rho = A_s/bh_0$；

$\quad \gamma_f'$——T形、I形截面受压翼缘面积与腹板有效面积的比值。

$$\gamma_f' = \frac{(b_f' - b)h_f'}{bh_0} \tag{3-53}$$

式中，b_f'、h_f'——分别为受压区翼缘的宽度、厚度。

3. 采用荷载准永久组合时的长期刚度 B

在长期荷载作用下，钢筋混凝土梁的挠度将随时间而不断缓慢增长，抗弯刚度随时间而不断降低，这一过程往往要持续很长时间。

在长期荷载作用下，钢筋混凝土梁的挠度不断增长的原因主要是由于受压区混凝土的徐变，使混凝土的压应变随时间而增长。另外，裂缝之间受拉区混凝土的应力松弛、受拉钢筋和混凝土之间黏结滑移徐变，都使受拉混凝土不断退出工作，从而使受拉钢筋平均应变随时间增大。因此，凡是影响混凝土徐变和收缩的因素包括受压钢筋配筋率、加荷龄期、使用环境的温湿度等，都对长期荷载作用下构件挠度的增长有影响。长期荷载作用下受弯构件挠度的增长可用考虑荷载长期作用对挠度增大的影响系数 θ 来表示，θ 为长期荷载作用下挠度 f_l 与短期荷载作用下挠度 f_s 的比值，它可由试验确定。影响 θ 的主要因素是受压钢筋，因为受压钢筋对混凝土的徐变有约束作用，可减少构件在长期荷载作用下的挠度增长。《混凝土规范》根据试验的结果，规定当 $\rho' = 0$ 时，$\theta = 2.0$；当 $\rho' = \rho$ 时，$\theta = 1.6$；当 ρ 为中间数值时，按线性内插法取用。此处 ρ' 为受压钢筋的配筋率，$\rho' = A_s'/bh_0$；ρ 为受拉钢筋的配筋率，$\rho = A_s/bh_0$。对翼缘位于受拉区的 T 形截面，θ 应增大 20%。对预应力混凝土受弯构件，取 $\theta = 2.0$。

《混凝土规范》规定钢筋混凝土受弯构件的最大挠度应按荷载的准永久组合，并应考虑荷载长期作用的影响进行计算。矩形、T形、倒 T 形和 I 形截面受弯构件考虑荷载长期作用影响的刚度（即长期刚度）B 按下式计算：

$$B = \frac{B_s}{\theta} \tag{3-54}$$

4. 最小刚度原则

由以上分析可知，钢筋混凝土构件截面的抗弯刚度随弯矩的增大而减小。即使是等截

面梁,由于梁的弯矩一般沿梁长方向是变化的,因此梁各个截面的抗弯刚度也是不一样的,弯矩大的截面抗弯刚度小,弯矩小的截面抗弯刚度大,即梁的刚度沿梁长为变值。变刚度梁的挠度计算是十分复杂的。在实际设计中为了简化计算通常采用最小刚度原则,即在同号弯矩区段采用其最大弯矩(绝对值)截面处的最小刚度作为该区段的抗弯刚度 B 来计算变形。如对于简支梁即取最大正弯矩截面计算截面刚度,并以此作为全梁的抗弯刚度。

当计算跨度内的支座截面刚度不大于跨中截面刚度的 2 倍或不小于跨中截面刚度的 1/2 时,该跨也可按等刚度构件进行计算,其构件刚度可取跨中最大弯矩截面的刚度。

计算钢筋混凝土受弯构件的挠度,先要求出在同一符号弯矩区段内的最大弯矩,而后求出该区段弯矩最大截面的刚度 B,然后根据梁的支座类型套用相应的力学挠度公式,按式(3-51)计算钢筋混凝土受弯构件的挠度(公式中的截面刚度 EI 用 B 代入)。求得的挠度值不应大于《混凝土规范》规定的挠度限值 $f_{\lim}$。$f_{\lim}$ 可根据受弯构件的类型及计算跨度查附录十四。

【例 3-13】　某矩形截面简支梁,计算跨度 $l_0 = 6.0\text{m}$,矩形截面尺寸为 $b \times h = 250\text{mm} \times 600\text{mm}$,混凝土强度等级为 C30($E_c = 3.0 \times 10^4 \text{N/mm}^2$,$f_{tk} = 2.1\text{N/mm}^2$)。经分析,梁上承受均布恒荷载标准值(含梁自重)$g_k = 15\text{kN/m}$,承受均布活荷载标准值 $q_k = 12\text{kN/m}$。梁中配置受拉钢筋 4Φ22($E_s = 2.0 \times 10^5 \text{N/mm}^2$,$A_s = 1520\text{mm}^2$)。混凝土保护层厚度 $c = 20\text{mm}$,箍筋直径为 8mm,准永久系数 $\psi_q = 0.4$,采用普通带肋钢筋,该梁处于室内正常环境,梁的挠度限值 $f_{\lim} = l_0/200\text{mm}$,试验算此梁挠度是否满足要求。

【解】　(1)计算梁内最大准永久组合弯矩 M_q。

$$M_q = \frac{1}{8}(g_k + \psi_q q_k)l_0^2 = \frac{1}{8} \times (15 + 0.4 \times 12) \times 6.6^2 = 107.81(\text{kN} \cdot \text{m})$$

(2)计算裂缝截面处的钢筋应力 σ_{sq}。

混凝土强度等级为 C30>C25,$h_0 = h - a_s = 600 - 40 = 560(\text{mm})$。

$$\sigma_{sq} = \frac{M_q}{0.87h_0 A_s} = \frac{107.81 \times 10^6}{0.87 \times 560 \times 1520} = 145.58(\text{N/mm}^2)$$

(3)计算纵向受拉钢筋配筋率 ρ_{te}。

$$A_{te} = 0.5bh = 0.5 \times 250 \times 600 = 75000(\text{mm}^2)$$

$$\rho_{te} = \frac{A_s}{A_{te}} = \frac{1520}{75000} = 0.0203 > 0.01,\text{取 } \rho_{te} = 0.0203。$$

(4)计算纵向受拉钢筋应变不均匀系数 ψ。

$$\psi = 1.1 - \frac{0.65 f_{tk}}{\rho_{te}\sigma_{sq}} = 1.1 - \frac{0.65 \times 2.1}{0.0203 \times 145.58} = 0.638, 0.2 < \psi < 1.0,\text{取 } \psi = 0.638。$$

(5)计算刚度 B_s 及 B。

钢筋弹性模量与混凝土弹性模量的比值:$\alpha_E = \dfrac{E_s}{E_c} = \dfrac{2.0 \times 10^5}{3.0 \times 10^4} = 6.66$;

纵向受拉钢筋配筋率:$\rho = \dfrac{A_s}{bh_0} = \dfrac{1520}{250 \times 560} = 0.0108$;

矩形截面,受压翼缘面积与腹板有效面积的比值 $\gamma_f' = 0$,则

$$B_s = \frac{E_s A_s h_0^2}{1.15\psi + 0.2 + \dfrac{6\alpha_E \rho}{1 + 3.5\gamma_f'}} = \frac{2 \times 10^5 \times 1520 \times 560^2}{1.15 \times 0.638 + 0.2 + \dfrac{6 \times 6.66 \times 0.0108}{1 + 3.5 \times 0}}$$

$$= 698.28 \times 10^{11} (\text{N} \cdot \text{mm}^2)$$

因为 $\rho' = 0, \theta = 2.0$，则

$$B = \frac{B_s}{\theta} = \frac{698.28 \times 10^{11}}{2} = 349.14 \times 10^{11} (\text{N} \cdot \text{mm}^2)$$

（6）验算构件挠度。

$$f_{max} = \beta \frac{M l_0^2}{B} = \frac{5}{48} \times \frac{107.81 \times 10^6 \times 6.6^2 \times 10^5}{349.14 \times 10^{11}} = 13.45 (\text{mm})$$

$$< f_{lim} = \frac{l_0}{200} = \frac{6600}{200} = 33 (\text{mm})$$

因此该梁挠度满足要求。

5. 减小构件挠度的措施

减小构件挠度实质就是提高构件的抗弯刚度。而提高受弯构件抗弯刚度最有效的措施就是增大截面高度，也可以加大钢筋的截面面积。此外，提高混凝土强度等级，合理选用截面形状也可减小构件挠度，但效果不显著。

思 考 题

1. 什么是混凝土保护层？混凝土保护层的作用是什么？钢筋混凝土构件最小保护层厚度如何确定？

2. 什么是钢筋的锚固？什么是钢筋的基本锚固长度和锚固长度？如何求解？

3. 什么是钢筋的连接？钢筋的连接方式有哪些？

4. 一般民用建筑的板的截面尺寸如何确定？简述板中钢筋的相关构造。

5. 一般民用建筑的梁的截面尺寸如何确定？简述梁的钢筋的相关构造。

6. 什么是配筋率？如何确定受弯构件最小配筋率？

7. 钢筋混凝土梁正截面有哪些破坏形式？简述其破坏特征。

8. 钢筋混凝土受弯构件正截面承载力计算有哪些基本假定？

9. 什么是相对受压区高度？什么是界限相对受压区高度？

10. 画出单筋矩形截面梁正截面承载力计算的计算简图及计算公式，并简述适用条件。

11. 什么是双筋截面？在什么情况下采用双筋截面？

12. 画出双筋矩形截面梁正截面承载力计算的计算简图及计算公式，并简述适用条件。

13. 设计双筋矩形截面时，当 $x < 2a'_s$ 时，应该如何计算？

14. T形截面的受压翼缘计算宽度如何确定？

15. 如何判别第一类 T 形截面和第二类 T 形截面？为什么第一类 T 形截面梁可按 $b'_f \times h$ 的矩形截面计算？

16. T形截面梁在什么情况下按矩形截面计算，在什么情况下按 T 形截面计算？

17. 引起梁斜截面开裂的主要原因是什么？

18. 有腹筋梁斜截面受剪破坏形态有几种？如何防止这些破坏的发生？

19. 什么是剪跨比？剪跨比对梁的斜截面破坏产生哪些影响？

20. 钢筋混凝土简支梁斜截面受剪承载力计算公式的适用条件有哪些？

21. 斜截面承载力计算的两套公式分别适用于哪种情况？

22. 限制箍筋的最大间距 s_{max} 的目的是什么？当箍筋间距满足 s_{max} 时，是否一定满足最小配箍率？如有矛盾，如何处理？

23. 在什么情况下按照构造配置箍筋？此时如何确定箍筋的直径和间距？

24. 什么是材料抵抗弯矩图？如何绘制材料抵抗弯矩图？

25. 简述梁中纵向钢筋的截断位置。

26. 验算受弯构件挠度和裂缝宽度的目的是什么？验算时应采用荷载的哪种组合计算内力。

27. 裂缝控制等级如何划分？各等级应符合哪些规定？

28. 简述最大裂缝宽度的验算步骤。

29. 减小裂缝宽度的措施有哪些？

30. 钢筋混凝土受弯构件挠度验算时，为什么截面抗弯刚度用 B 而不用 EI？

31. 什么是受弯构件短期刚度和长期刚度？如何计算？

32. 钢筋混凝土受弯构件挠度验算时，为什么采用最小刚度原则？减小构件挠度的措施有哪些？

习　题

1. 已知矩形截面梁 $b \times h = 250\text{mm} \times 500\text{mm}$，采用 C30 级混凝土，HRB400 级钢筋。由荷载设计值产生的弯矩设计值 $M = 170\text{kN} \cdot \text{m}$。求梁受拉区所需纵向受力钢筋截面面积。

2. 某钢筋混凝土简支梁（见图 3-39），结构安全等级为二级，承受的恒荷载标准值 $g_k = 6\text{kN/m}$，活荷载标准值 $q_k = 15\text{kN/m}$，经计算梁的计算跨度 $l_0 = 5.6\text{m}$，混凝土强度等级为 C20，钢筋强度等级为 HRB335 级，梁的截面尺寸 $b \times h = 250\text{mm} \times 500\text{mm}$。计算梁纵向受拉钢筋截面面积。

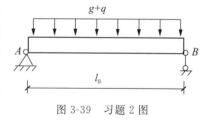

图 3-39　习题 2 图

3. 已知某钢筋混凝土梁的截面尺寸 $b \times h = 250\text{mm} \times 600\text{mm}$，采用 HRB400 级钢筋 6⏀22。试按下列条件计算该梁所能承受的极限弯矩设计值。

(1) 混凝土强度等级为 C30。

(2) 由于施工原因，混凝土强度等级仅达 C25。

4. 某钢筋混凝土简支梁，截面尺寸为 $b \times h = 200\text{mm} \times 500\text{mm}$，配置有 HRB400 级纵向受拉钢筋 4⏀18，采用 C30 级混凝土，梁承受的最大弯矩设计值为 $M = 120\text{kN} \cdot \text{m}$，验算该梁是否安全。

5. 某教学楼的内廊为简支在砖墙上的现浇钢筋混凝土平板，计算跨度 $l_0 = 2.38\text{m}$，板上作用的均布活荷载标准值 $q_k = 2\text{kN/m}^2$。水磨石地面及细石混凝土垫层共 30mm 厚（重力密度为 22kN/m^3），板底粉刷白灰砂浆 12mm 厚（重力密度为 17kN/m^3）。采用 C20 级混凝土，HPB300 级钢筋。试确定板厚并计算板中受拉钢筋截面面积。

6. 已知梁截面尺寸 $b \times h = 200\text{mm} \times 500\text{mm}$，采用 C30 级混凝土，HRB400 级钢筋。由荷载设计值产生的弯矩设计值 $M = 250\text{kN} \cdot \text{m}$。求该梁受压钢筋面积 A'_s 和受压钢筋面积 A_s。

7. 已知矩形截面梁的截面尺寸 $b \times h = 200\text{mm} \times 600\text{mm}$，混凝土强度等级为 C30，钢筋强度等级为 HRB400 级钢筋。梁承受的弯矩设计值为 $M = 150\text{kN} \cdot \text{m}$，若梁受压区已配置 2$\Phi$14 的钢筋，确定梁中纵向受拉钢筋。

8. 已知某矩形截面尺寸 $b \times h = 200\text{mm} \times 500\text{mm}$，配置有 HRB400 级受压钢筋 2$\Phi$16，受拉钢筋 4$\Phi$18，采用 C35 级混凝土，计算该梁能够承受的最大弯矩设计值。

9. 已知 T 形截面梁承受的弯矩设计值 $M = 105\text{kN} \cdot \text{m}$，梁的截面尺寸 $b = 200\text{mm}$、$h = 600\text{mm}$、$b'_f = 2000\text{mm}$、$h'_f = 80\text{mm}$，混凝土强度等级为 C25，采用 HRB400 级钢筋。试求该梁的纵向受力钢筋。

10. 某肋形楼盖多跨连续梁，间距为 2400mm，计算跨度为 5.7m，截面尺寸如图 3-40 所示。跨中最大弯矩设计值为 110kN · m，采用 C30 级混凝土，HRB400 级钢筋，箍筋采用 HPB300 级。试求该梁跨中截面纵向受拉钢筋截面面积。

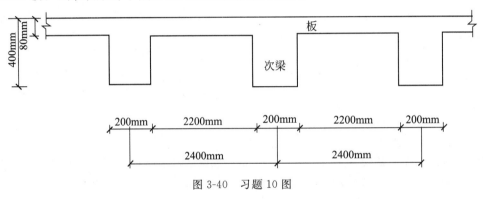

图 3-40 习题 10 图

11. 某 T 形截面梁截面尺寸 $b = 200\text{mm}$、$h = 500\text{mm}$、$b'_f = 400\text{mm}$、$h'_f = 100\text{mm}$，混凝土强度等级为 C30，采用 HRB400 级钢筋，承受的弯矩设计值 $M = 295\text{kN} \cdot \text{m}$。试求该梁的纵向受力钢筋截面面积。

12. 某 T 形截面梁截面尺寸 $b = 250\text{mm}$、$h = 700\text{mm}$、$b'_f = 400\text{mm}$、$h'_f = 100\text{mm}$，混凝土强度等级为 C25，梁中配置 4Φ25 纵向受拉钢筋。若截面承受的弯矩设计值 $M = 320\text{kN} \cdot \text{m}$，试验算该梁正截面抗弯承载力是否满足要求。

13. 已知某矩形截面简支梁，仅承受有均布荷载，经计算荷载在支座边缘面引起的剪力设计值 $V = 98\text{kN}$。梁截面尺寸 $b \times h = 180\text{mm} \times 450\text{mm}$，混凝土强度等级为 C25，箍筋采用 HPB300 级钢筋。若仅配置箍筋，试配置梁中箍筋。

14. 钢筋混凝土矩形截面简支梁，梁的截面尺寸 $b = 250\text{mm}$，$h = 500\text{mm}$，混凝土强度等级为 C30，箍筋采用 HPB300 级钢筋。梁的跨度与荷载情况如图 3-41 所示。

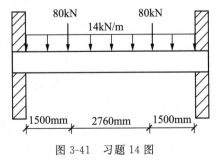

图 3-41 习题 14 图

图 3-41 所示，由正截面强度计算已配置 4Φ25。试按仅配置箍筋的情况设计该梁。

15. 钢筋混凝土矩形截面简支梁,梁的截面尺寸 $b=250\text{mm}$、$h=550\text{mm}$,作用于梁上的荷载设计值 $q=82\text{kN/m}$(含自重),梁的跨度 $l_n=6.6\text{m}$。混凝土强度等级为 C25,箍筋采用 HPB300 级钢筋,已配置纵向受拉钢筋 $4\oplus25+2\oplus22$。要求:①仅配置箍筋时,试配置梁中箍筋。②既配置箍筋又配置弯起钢筋时,试配置梁中腹筋。

16. 某钢筋混凝土简支梁,计算跨度 $l_0=6.3\text{m}$,矩形截面尺寸为 $b\times h=250\text{mm}\times660\text{mm}$,混凝土强度等级为 C30,采用 HRB400 级钢筋。经分析,梁上承受均按荷载标准组合求得的弯矩 $M_q=128.71\text{kN}\cdot\text{m}$。梁中配置受拉钢筋 $4\oplus20$。混凝土保护层厚度 $c=20\text{mm}$,箍筋直径为 8mm,准永久系数 $\psi_q=0.5$,采用普通带肋钢筋,该梁处于室内正常环境,最大裂缝宽度限值 $\omega_{\lim}=0.30\text{mm}$。要求:①试验算梁裂缝宽度是否满足要求。②若梁的挠度限值 $f_{\lim}=l_0/250\text{mm}$,验算此梁的挠度是否满足要求。

项目 4 钢筋混凝土受压构件

教学目标

通过本项目的学习,了解受压构件纵向受力钢筋和箍筋的作用,掌握受压构件的材料、截面形式尺寸以及配筋构造要求,掌握轴心受压构件的承载力计算,掌握偏心受压构件的基本概念,掌握偏心受压破坏的受力特点及破坏特征,掌握矩形截面偏心受压构件的正截面承载力计算方法。

教学要求

能力目标	知识目标	权重/%
受压构件材料、构造要求	受压构件的分类;材料强度等级、截面形式和尺寸;纵筋的作用、配筋率、间距、直径的要求;箍筋作用、形式、直径、间距要求	20
轴心受压构件	轴心受压构件受力特点;正截面受压承载力计算	30
偏心受压构件	偏心受压构件的受力特点、破坏特征;计算基本原则;划分大小偏心受压的界限;矩形截面偏心受压构件的正截面承载力计算	50

承受轴向压力的构件称为受压构件。一般房屋的钢筋混凝土受压构件是指柱子和桁架的受压构件。在高层建筑中,还有钢筋混凝土墙,这里不做介绍。

轴向压力与构件轴线重合(截面上仅有轴心压力)的构件称为轴心受压构件。轴向压力与构件轴线不重合(截面上既有轴心压力,又有弯矩)的构件称为偏心受压构件,偏心受压构件可分为单向偏心受压构件和双向偏心受压构件。单向偏心受压构件根据破坏形态不同又可分为大偏心受压构件与小偏心受压构件。

在实际结构中,理想的轴心受压构件几乎不存在。但在设计桁架的受压腹杆、恒载为主的等跨多层为主的内柱时,因弯矩较小可忽略不计,近似简化为轴心受压构件计算。其余情况一般需按偏心受压构件计算。

 说明

由于施工误差、荷载作用位置的变化、混凝土质量的不均匀性等原因,往往存在一定的初始偏心距。所以实际结构中几乎是偏心受压构件。

任务 4.1　受压构件构造要求

4.1.1　材料的强度等级

受压构件的截面受压面积一般较大,承载力主要取决于混凝土的强度,因此采用较高强度等级的混凝土是经济合理的(一般不低于 C30 级)。纵向受压钢筋级别不宜过高(一般为 HRB400 级),原因在于高强钢筋再与混凝土共同受压时,不能发挥其高强作用。

4.1.2　截面形式和尺寸

柱的截面形式有正方形、矩形、圆形、I 形、多边形、环形等。为了制作方便,截面一般采用矩形。其中,从受力合理性方面考虑,轴心受压构件和在两个方向偏心距大小接近的双向偏心受压构件宜采用正方形,单向偏心受压构件和主要在一个方向偏心的双向偏心受压构件宜采用矩形,较大弯矩方向一般为长边,这是因为构件长边方向抵抗弯矩的能力较短边方向强。

构件截面的尺寸应能满足承载力、刚度、配筋率、建筑使用和经济等方面的要求,不能过小,也不宜过大。可根据每层构件的高度、荷载大小和两端支撑情况来选用。矩形截面的宽度一般为 250~500mm,截面高度一般为 400~800mm。考虑到施工过程中模板的规格,柱截面尺寸宜为整数,在 800mm 以下,取 500mm 的倍数;在 800mm 以上,取 100mm 的倍数。

4.1.3　纵向钢筋

1. 受力纵筋的作用

对于轴心受压构件和截面上不存在拉力的偏心受压构件,纵向受力钢筋主要用来帮助混凝土承担纵向压力,以减少截面尺寸;也可以增强构件的延性,防止构件突然脆裂破坏。对于偏心距较大,部分截面承担有拉力的偏心受压构件,纵向受力钢筋还需要承受拉力,同时还能承受由于混凝土收缩和温度变形引起的拉应力。

2. 受力纵筋的配筋率

为满足上述要求,受压构件纵向受力钢筋的截面面积不能太小。除满足计算要求外,还需满足最小配筋率要求(见附录八)。考虑到经济、施工及受力性能等方面的影响,《混凝土规范》规定的受压构件全部纵向钢筋的配筋率不宜大于 5%。常用配筋率:轴心受压及小偏心受压为 0.5%~2%;大偏心受压为 1%~2.5%。

 提示

轴心受压构件在加载后荷载维持不变的条件下,由于混凝土的徐变,则随着荷载作用时间的增加,混凝土的压应力逐渐变小,钢筋的压应力逐渐变大,一开始变化较快,经过一段时间后趋于稳定。在荷载突然卸载时,构件回弹,由于混凝土的徐变变形的大部分不可恢复,因此当荷载为零时,会使柱中钢筋受压而混凝土受拉;若柱的配筋率过大,可能将混凝土拉裂。

3. 受力纵筋的直径

为了减少钢筋在施工时可能产生的纵向弯曲,宜采用直径较大的钢筋。钢筋直径不宜小于12mm,通常在16～32mm范围内选用。

4. 纵筋的布置和间距

为使柱子能有效地抵抗偶然因素或偏心受压所产生的拉力,钢筋应尽可能靠近柱边,但也应具有足够的保护层厚度,混凝土保护层厚度也必须满足规范要求。轴心受压柱的受力纵筋原则上沿截面周边均匀、对称布置,且每角需至少布置一根。因此对于矩形截面,钢筋根数不得少于4根且为偶数,偏心受压柱的纵向受力钢筋沿着与弯矩方向垂直的两条边布置,如图4-1(a)所示。

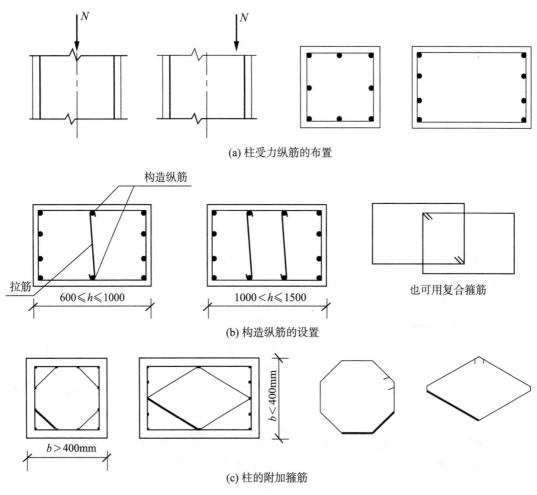

图 4-1　柱中钢筋的布置

为保证混凝土施工质量,钢筋的净距不得小于 50mm(若浇筑的预制柱,要求同梁);为保证受力钢筋在截面内正常发挥作用,受力钢筋间距不能过大,其间距不宜大于 300mm,当截面高度 $h \geq 600mm$ 时,在侧面应设置直径为 $10 \sim 16mm$ 的纵向构造钢筋,并设置相应的复合箍筋或者拉筋,如图 4-1(b)所示。

4.1.4　箍筋

1. 箍筋的作用

在受压构件中配置箍筋的目的主要是约束受压纵筋,防止其受压后外凸,与纵筋形成骨架,固定纵筋的位置;某些剪力较大的偏心受压构件也可能需要箍筋来抗剪。对于密排环式箍筋,还有约束内部混凝土以及提高其强度的作用。

2. 箍筋的形式

柱中箍筋应做成封闭式,采用搭接或者焊接。当截面短边大于 400mm,每边的纵向受力钢筋多于 3 根(或当短边尺寸 $b \leq 400mm$,纵筋多于 4 根),应设置附加箍筋如图 4-1(c)所示。

对于截面形状复杂的构件,当柱截面有内折角时,不可采用具有内折角的箍筋,以避免产生向外的拉力,致使折角处的混凝土崩裂,如图 4-2 所示。

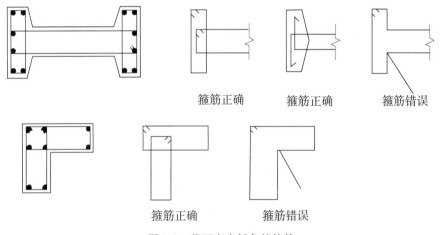

图 4-2　截面有内折角的箍筋

3. 箍筋的直径和间距

箍筋直径不应小于 6mm,且不应小于 $d/4$(d 为纵筋最大尺寸)。

箍筋的间距 s 不应大于 $15d$,同时不应大于 400mm 和构件横截面的短边尺寸。在柱内纵筋绑扎搭接长度范围内的箍筋间距应加密至 $5d$,且不大于 100mm。

4. 纵筋高配筋率时对箍筋的要求

当柱中全部纵向受力钢筋配筋率超过 3% 时,箍筋直径不应小于 8mm,间距不应大于 $10d$,且不应大于 200mm,d 为纵向受力钢筋的最小直径。钢筋末端应做成 135° 弯钩,且弯钩末端平直端长度不应小于 75mm,且不应小于箍筋直径的 10 倍。

任务 4.2 　轴心受压构件的承载力计算

钢筋混凝土轴心受压构件按箍筋的形式包括配置普通箍筋和配置密排环式箍筋两种类型，在工程中一般采用前者，因此本任务重点讲解配置普通箍筋的承载力计算。

4.2.1 　受力特点

由于理想的轴心受压构件几乎不存在，因此在轴心受压构件（见图 4-3）的截面上也会存在一定的弯矩而导致构件发生侧向弯曲，即纵向弯曲问题。理想的轴心受压构件实际上并不存在，由于实际制作的构件轴线不可能是理想的直线，压力作用线也不可能毫无偏差地完全与轴线重合，此外材料的不均匀性也可能使构件的实际形心线变弯曲，所以轴心受压构件的截面上会存在一定弯矩使构件发生侧向弯曲，这就是所谓的纵向弯曲。纵向弯曲会使受压构件的承载力降低，其降低程度取决于构件长细比的大小。

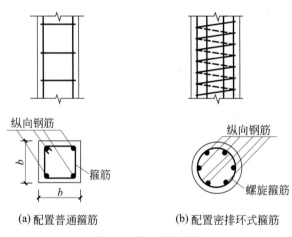

　　　　（a）配置普通箍筋　　　　　（b）配置密排环式箍筋

图 4-3 　轴心受压构件

根据纵向弯曲对构件承载力的降低是否可以忽略不计，可将钢筋混凝土受压构件分为"短柱"和"长柱"两种。当长细比满足以下要求时为短柱，否则为长柱。

（1）矩形截面：$l_0/b \leqslant 8$。

（2）圆形截面：$l_0/d \leqslant 7$。

（3）任意截面：$l_0/i \leqslant 28$。

其中：l_0 为构件的计算长度；b 为矩形截面的短边尺寸；d 为圆形截面的直径；i 为任意截面的最小回转半径。构件计算长度 l_0 与两端支撑情况有关。

试验研究表明，钢筋混凝土轴心受压短柱的纵向弯曲影响很小，可以忽略不计。构件破坏时，混凝土的强度达到轴心抗压强度 f_c，其应变约为 0.002。受压钢筋的应变与混凝土相同，对于 300～400 级钢筋，此时已经进入流幅阶段，即其应力为屈服强度；而对于 500 级以上的高强钢筋，此时的应力仅为 $\sigma'_s = \varepsilon_0 E_s = 0.002 \times 2 \times 10^5 = 400 (\text{N/mm}^2)$，并未达到其屈服强度。尽管钢筋的应力还可以增加,却因混凝土已经达到最大应力使柱达到承载能力而被破坏。由此可见,高强钢筋在与混凝土共同受压时,并不能发挥其高强度作用。

钢筋混凝土轴心受压长柱的试验表明,纵向弯曲的影响不可忽略,其承载力低于条件完全相同的短柱。当构件长细比过大时还会发生失稳破坏。《混凝土规范》采用稳定系数 φ 来反映长柱承载力的降低程度。短柱 $\varphi=1$;长柱 $\varphi<1$,并随构件长细比的增大而减小,具体数值可查表 4-1。

表 4-1　钢筋混凝土受压构件的稳定系数 φ

l_0/b	≤8	10	12	14	16	18	20	22	24	26	28	30	32	34	36	38
l_0/d	≤7	8.5	10.5	12	14	15.5	17	19	21	22.5	24	26	28	29.5	31	33
l_0/i	≤28	35	42	48	55	62	69	76	83	90	97	104	111	118	125	132
φ	1.00	0.98	0.95	0.92	0.87	0.81	0.75	0.70	0.65	0.60	0.56	0.52	0.48	0.44	0.40	0.36

注:l_0 为构件的计算长度;b 为矩形截面的短边尺寸;d 为圆形截面的直径;i 为任意截面的最小回转半径,$i=\sqrt{I/A}$。

4.2.2　正截面承载力计算公式

根据试验研究结果分析,《混凝土规范》采用以下的计算公式:

$$N \leqslant N_u \tag{4-1}$$

$$N_u = 0.9\varphi(f_c A + f_y' A_s') \tag{4-2}$$

式中,N——轴向压力设计值;

N_u——构件破坏时所能承受的轴向力,也可简称为构件的极限承载力;

f_c——混凝土轴心抗压强度设计值;

A——构件的截面面积;

f_y'——钢筋抗压强度设计值;

A_s'——全部纵向钢筋的截面面积。

应该指出,上式中的 A 理应为除去钢筋面积后的混凝土净面积 A_n。一般情况下,钢筋截面面积较小,因此,为简化计算一般可用构件截面面积 A 代替;但纵向钢筋的配筋率大于 3% 时,式中 A 应改为 A_n,$A_n = A - A_s'$。

4.2.3　截面设计与截面复核

1. 截面设计

已根据构造要求确定材料强度等级和截面尺寸,并已求得截面上的轴向压力设计值和柱的计算长度,求钢筋截面面积并配筋。

此时,可先由构件的长细比确定稳定系数 φ,然后根据式(4-1)求 $N_u=N$ 时所需的纵向钢筋的截面面积:

$$A_s' = \frac{\dfrac{N}{0.9\varphi} - f_c A}{f_y'} \tag{4-3}$$

求得纵筋面积之后,便可对照构造要求选配纵筋,箍筋根据构造要求配置。

2. 截面复核

已知构件计算长度、截面尺寸、材料强度等级和纵向钢筋。求柱的极限承载力(轴向压力设计值)。

此时,同样由构件的长细比确定稳定系数 φ,然后根据公式求截面的极限承载力 N_u。

若在已知条件中还有轴向力设计值 N,要求判断是否安全时,可再判断 N 和 N_u 是否满足式(4-1),满足时为安全,否则为不安全,应进一步加强。

【例 4-1】 某层钢筋混凝土轴心受压柱,截面尺寸 $b \times h = 400\text{mm} \times 400\text{mm}$,采用 C30 级混凝土;纵筋、箍筋均为 HRB400 级,已求得构件长度的计算长度 $l_0 = 4.8\text{m}$,柱底截面的轴心压力设计值(包括自重)$N = 2200\text{kN}$。试选配纵筋和箍筋。

【解】 (1)材料强度。

查附录三、附录一可得:C30 级混凝土,$f_c = 14.3\text{N/mm}^2$,HRB400 级纵筋,$f'_y = 360\text{N/mm}^2$。

(2)稳定系数 φ。

长细比:$\dfrac{l_0}{b} = \dfrac{4800}{400} = 12 > 8$。

查表 4-1,得 $\varphi = 0.95$。

(3)求 A'_s,配置纵筋,验算配筋率。

$$A'_s = \frac{\dfrac{N}{0.9\varphi} - f_c A}{f'_y} = \frac{\dfrac{2200000}{0.9 \times 0.95} - 14.3 \times 400 \times 400}{360} = 792(\text{mm}^2)$$

$$\rho = \frac{A'_s}{A} = \frac{792}{400 \times 400} = 0.00495 = 0.495\% < \rho'_{min} = 0.55$$

不满足最小配筋率,应根据最小配筋率和构造要求配纵筋。

$$A'_s \geqslant \rho'_{min} bh = 0.55\% \times 400 \times 4 = 880(\text{mm}^2)$$

按构造要求柱纵筋不少于 4⌀12,即 $A'_s \geqslant 452\text{mm}^2$。

故取 $A'_s = 880\text{mm}^2$。

考虑到受压纵筋间距不宜大于 300mm,因此选用 8⌀12($A'_s = 904\text{mm}^2$)。

(4)箍筋(采用绑扎骨架)。

直径 $\begin{cases} \geqslant \dfrac{d}{4} = \dfrac{12}{4} = 3(\text{mm}) \\ \geqslant 6\text{mm} \end{cases}$ 取 6mm

间距 $\begin{cases} \leqslant 15d = 15 \times 12 = 180(\text{mm}) \\ \leqslant 短边尺寸 = 400\text{mm} \\ \leqslant 400\text{mm} \end{cases}$ 取 150mm

即选用 ⌀6@150。

【例 4-2】 某层钢筋混凝土轴心受压柱,截面尺寸 $b \times h = 300\text{mm} \times 300\text{mm}$,由两端支撑情况决定其计算高度为 $l_0 = 3\text{m}$,柱内纵筋配有 HRB400 级钢筋 4⌀18,$A'_s = 1017\text{mm}^2$,混凝土强度等级为 C30。求该柱的极限承载力 N_u,并判断当该柱承受轴心受压设计值为 1200kN 时是否安全。

【解】 （1）材料强度。

查附录三、附录一可得：C30 级混凝土，$f_c = 14.3 \text{N/mm}^2$，HRB400 级纵筋，$f'_y = 360 \text{N/mm}^2$。

（2）稳定系数。

$$\frac{l_0}{b} = \frac{3000}{300} = 10 > 8$$

查表 4-1，得 $\varphi = 0.98$。

（3）验算 ρ' 并求 N_u。

$$\rho' = \frac{A'_s}{A} = \frac{1017}{300 \times 300} = 0.0113 = 1.13\%$$

$\rho' > \rho'_{\min} = 0.55\%$，满足最小配筋要求。

$\rho' < 3\%$，可用以下公式求 N_u。

$$
\begin{aligned}
N_u &= 0.9\varphi(f_c A + f'_y A'_s) \\
&= 0.9 \times 0.98 \times (14.3 \times 300 \times 300 + 360 \times 1017) \\
&= 1458052(\text{N}) = 1458.052(\text{kN})
\end{aligned}
$$

（4）判定是否安全。

$N = 1300 \text{kN} < N_u = 1458.052 \text{kN}$，所以安全。

任务 4.3　偏心受压构件的承载力计算

偏心受压构件分为单向偏心受压和双向偏心受压两种，本书主要介绍工程中常见的单向偏心受压构件。

4.3.1　偏心受压构件正截面受压破坏形态

偏心受压构件截面上既有轴力又有弯矩，从正截面的受力性能来看，是轴心受压与受弯构件的叠加。受弯构件的平截面假定对偏心受压构件同样适用。

偏心受压构件的截面破坏特征与压力的相对偏心距（偏心距 e_0 与截面有效高度 h_0 之比）、纵筋的数量、钢筋与混凝土的强度等因素有关。按不同破坏形态，偏心受压构件一般可分为大偏心受压破坏（又称受拉破坏）和小偏心受压破坏（又称受压破坏）两类。

1. 大偏心受压破坏（受拉破坏）

大偏心受压破坏在压力的偏心距较大，且受拉钢筋不是太多时发生。截面的破坏特征是：受拉钢筋首先屈服，最终受压边缘的混凝土也因大应变达到极限值 ε_{cu} 而破坏。而受压钢筋，在受压区高度不是太小的情况下，也能达到屈服。其破坏特征与适筋的双筋受弯构件相似，破坏情况如图 4-4 所示。

由于这种破坏一般发生在偏心距较大时，因此习惯上称为大偏心受压破坏；又由于这种破坏始于受压钢筋的屈服，因此又称为受拉破坏。

2. 小偏心受压破坏（受压破坏）

当压力的偏心率较小，或虽偏心率不小，但受拉纵筋配置过多时，会发生此种破坏。截面破坏特征是：压力近侧的受压区边缘的混凝土压应变首先达到极限值而被压坏，该侧的受

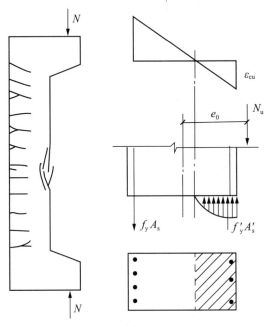

图 4-4　大偏心受压破坏

压钢筋屈服;而压力远侧的钢筋受拉但并未屈服,甚至还可能受压(可能屈服,也可能不屈服,这时截面全部受压)。该破坏特征与超筋的双筋受弯构件或轴心受压构件类似,构件破坏及其截面应力情况如图 4-5 所示。

需要注意的是,当压力的偏心距很小且压力近侧的纵筋多于远侧的纵筋时,混凝土和纵筋的压坏有可能发生在压力远侧而不是近侧。如果采用对称配筋,则可避免发生此种情况。

上述两种破坏形态都有一个共同之处,即偏心距较小,破坏始于混凝土压坏而不是钢筋拉坏。所以它们属于同类破坏,习惯上称为小偏心受压破坏,又称受压破坏。

理论上还存在一种特殊的破坏形态:当受拉钢筋屈服的同时,受压区边缘混凝土正好达到极限压应变 ε_{cu},这种特殊形态称为界限破坏。界限破坏是大偏心受压破坏和小偏心受压破坏的分解,也可看成是大偏心受压破坏中的极端情况。

4.3.2　偏心受压构件正截面承载力计算的基本原则

1. 计算的基本假定和计算应力图

如前所述,偏心受压构件的破坏特征介于受弯构件和轴心受压构件之间。大偏心受压的破坏与适筋受弯构件相似,而小偏心受压构件则与超筋受弯构件或轴心受压构件相似。截面破坏时的混凝土最大压应变及其压应力实际上随偏心距的大小而变化。

为简化计算,《混凝土规范》采用了与受弯构件正截面承载力相同的计算假定。对受压区混凝土的曲线应力图也采用等效矩形的应力图来代替。

2. 附加偏心距 e_a

当偏心受压构件正截面上的弯矩 M 和轴力 N 求得后,便可求得轴向力的偏心距($e_0 = M/N$)。但在正截面承载力计算时,考虑到荷载作用位置的不确定性、混凝土质量的不均匀

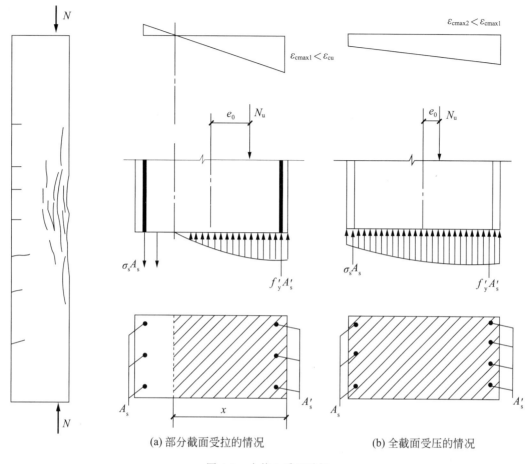

(a) 部分截面受拉的情况　　　　　(b) 全截面受压的情况

图 4-5　小偏心受压破坏

性以及构件尺寸偏差等因素产生的偏心距的增大。《混凝土规范》给出了附加偏心距 e_a 的近似计算式：

$$e_a = \frac{h}{30} \text{且} \ e_a \geqslant 20\text{mm}, h \ \text{为偏心方向的截面尺寸} \tag{4-4}$$

考虑了附加偏心距后的偏心距称为计算初始偏心距，为简便起见，以下简称为初始偏心距，并以符号 e_i 表示。

$$e_i = e_a + e_0 \tag{4-5}$$

3. 弯矩对初始偏心距的影响——偏心距增大系数 η

偏心受压构件的截面上存在弯矩，此弯矩会使构件产生侧向挠度，从而使荷载的初始偏心距增大，因此导致截面上的弯矩增大，该效应也称二阶效应。通过推导可以得出：

$$\eta = 1 + \frac{1}{1300 e_i / h_0} \left(\frac{l_0}{h}\right)^2 \zeta_c \tag{4-6}$$

式中，e_i——初始偏心距；

　　　h_0——截面有效高度；

　　　h——截面高度；

　　　l_0——构件的计算长度；

ζ_c——考虑荷载截面距对截面曲率的修正系数，$\zeta_c = \dfrac{0.5f_c A}{N} \leqslant 1$；当 $e_0 \geqslant 0.3h_0$ 时，可

直接取 $\zeta_c = 1$。

此公式适用于矩形、T 形、I 形、环形及圆形截面受压构件。

上述 η 公式的试用范围是 $5 < l_0/h_0 \leqslant 30$ 的长柱。对于 $l_0/h_0 \leqslant 5$ 或 $l_0/i \leqslant 17.5$ 的短柱，纵向弯曲影响可忽略不计，即可取 $\eta = 1$。而对于 $l_0/h_0 > 30$ 的细长柱，此公式不在适用范围，此时，宜增大截面尺寸。

4. 大、小偏心受压的界限

由于大偏心受压构件的破坏特征及计算基本假定与适筋受弯构件相同，因此大偏心受压的界限受压区高度也与受弯构件相同 $x_b = \xi_b h_0$。即 $x \leqslant \xi_b h_0$ 时，为大偏心受压；$x > \xi_b h_0$ 时，为小偏心受压。对于 HRB300 级钢筋，$\xi_b = 0.576$；对于 HRB335 级钢筋，$\xi_b = 0.550$；对于 HRB400 级钢筋，$\xi_b = 0.518$。

5. 垂直于弯矩作用平面的受压承载力验算

当偏心受压构件的偏心距较小，且截面长边 h 比短边 b 大得多时，虽然短边方向没有弯矩，但因构件长细比较大，破坏有可能发生在短边方向。因此偏心受压构件除应计算弯矩作用平面的受压承载力外，还应按照轴心受压验算垂直于弯矩作用平面的受压承载力。此时，可不考虑弯矩的作用，计算过程同轴心受压承载力计算。

在实际工程中，偏心受压构件的高宽比一般不超过 2，构件在短边方向的柱端约束能力一般不低于长边方向，此情况下的大偏心受压构件不会发生上述现象。因此，对弯矩作用在截面长边方向的小偏心受压构件才需要做此验算。

4.3.3　矩形截面偏心受压构件正截面承载力计算

1. 基本计算公式及其适用条件

1) 大偏心受压（$x \leqslant \xi_b h_0$）

计算应力图如图 4-6 所示。其中，纵向钢筋的应力因大偏压破坏时受拉钢筋 A_s 总是屈服的，因此其应力可计为抗拉强度 f_y。而受压钢筋 A_s' 则与双筋受弯构件类似，仅当 $x \geqslant 2a_s'$ 时才能屈服，应力记为 f_y'。图 4-6 所示是按照此假定形成的结果。如不满足要求，A_s' 不能屈服，其应力记为 σ_s'。按图 4-6 所示的计算应力图，由平衡条件可得以下基本公式：

$$N = \alpha_1 f_c bx + f_y' A_s' - f_y A_s \tag{4-7}$$

$$Ne = \alpha_1 f_c bx \left(h_0 - \frac{x}{2}\right) + f_y' A_s' (h_0 - a_s') \tag{4-8}$$

式中，e——轴向力作用点至受拉钢筋 A_s 合力点的距离，即 $e = \eta e_i + \dfrac{h}{2} - a_s$。

为保证受拉、受压钢筋都屈服，求得的 x 必须满足下列条件。

$x \leqslant \xi_b h_0$，保证受拉钢筋屈服。

$x \geqslant 2a_s'$，保证受压钢筋屈服。

当不满足条件 $x \leqslant \xi_b h_0$ 时，说明截面发生小偏心受压破坏，应按小偏压公式计算。

当不满足条件 $x \geqslant 2a_s'$ 时，说明虽然是大偏压，但是受压钢筋 A_s' 并未屈服，此时可对未

屈服的受压钢筋合力点取矩,并忽略受压混凝土对此点的力矩(偏安全),则可得

$$Ne' = f_y A_s (h_0 - a'_s) \tag{4-9}$$

式中,e'——轴向力作用点至受拉钢筋 A'_s 合力点的距离,即 $e' = \eta e_i - \dfrac{h}{2} + a'_s$。

2) 小偏心受压($x > \xi_b h_0$)

小偏心受压破坏时的截面应力情况前面已做过介绍。其主要特征是压力远侧的纵向钢筋 A_s 受拉未屈服甚至还可能受压。混凝土压应力的分布也不同于大偏心受压。但《混凝土规范》为简化,采用与大偏压相同的混凝土压应力计算图,并将压力远侧的纵筋 A_s 的应力不论拉、压一概画为受拉,以 σ_s 表示,计算结果如为正值则是拉应力,如为负值则是压应力。这样处理后的计算应力如图 4-7 所示,按照此图,由平衡条件可得出以下基本计算公式:

$$N = \alpha_1 f_c bx + f'_y A'_s - \sigma_s A_s \tag{4-10}$$

$$Ne = \alpha_1 f_c bx \left(h_0 - \frac{x}{2}\right) + f'_y A'_s (h_0 - a'_s) \tag{4-11}$$

或
$$Ne' = \alpha_1 f_c bx \left(\frac{x}{2} - a'_s\right) - \sigma_s A_s (h_0 - a'_s) \tag{4-12}$$

式中,$e' = \dfrac{h}{2} - \eta e_i - a'_s$。

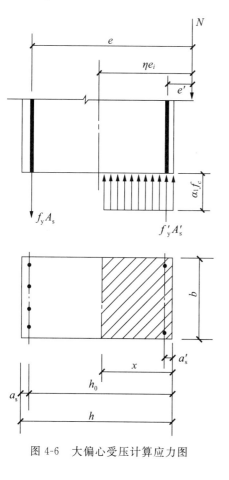

图 4-6　大偏心受压计算应力图

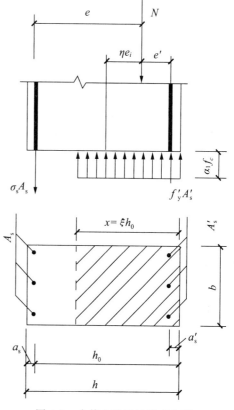

图 4-7　小偏心受压计算应力图

该组公式与大偏压公式不同的是,压力远侧的钢筋 A_s 的应力为 σ_s,其大小和方向有待确定。

σ_s 计算公式虽然可以根据平截面假定推得,但是在求解过程中会出现 ξ 的三次方程,计算复杂。为简化计算,根据《混凝土规范》规定,采用以下直线方程:

$$\sigma_s = \frac{\xi - 0.8}{\xi_b - 0.8} f_y \qquad (4\text{-}13)$$

σ_s 计算值为正号时,表示拉应力;为负号时,表示压应力。其取值范围为 $-f'_y \leqslant \sigma_s \leqslant f_y$。当 $\xi = \xi_b$ 时,则为界限破坏,$\sigma_s = f_y$;而当 $\xi = 0.8$,即实际受压区高度 $x_a = h_0$ 时,$\sigma_s = 0$。

需要说明,上述介绍的小偏压公式仅适用于压力近侧先破坏的一般情况。当压力偏心距很小,且压力近侧的纵筋多于压力远侧时,构件的受压破坏有可能先发生在压力远侧,如图 4-8 所示。计算分析表明,当压力远侧仅按最小配筋率配筋时,构件的极限承载力仅为 $f_c bh$。为防止此种破坏,《混凝土规范》规定,对非对称配筋的受压构件,当 $N > f_c bh$ 时,应按下列公式进行验算:

$$Ne' = \alpha_1 f_c bh \left(h'_0 - \frac{h}{2} \right) + f'_y A_s (h'_0 - a_s) \qquad (4\text{-}14)$$

式中,e'——轴力作用点至受压钢筋合力点的距离,取 $e' = h/2 - a'_s - e'_i$;在这种情况下,轴向力作用点和截面重心靠近,因此不再考虑偏心距增大系数,且将初始偏心距取为 $e'_i = e_0 - e_a$。

h'_0——钢筋 A'_s 合力点至离纵向力较远一侧边缘的距离,即 $h'_0 = h - a'_s$。

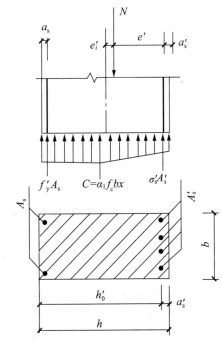

图 4-8　在压力远侧破坏的小偏心受压情况

2. 矩形截面大小偏心受压的判别

由于大偏压破坏和小偏压破坏的计算公式不同,因此要进行计算,首先必须判别类型。

本项目第 4.3.2 小节介绍过,大、小偏压的界限,当 $x \leqslant \xi_b h_0$(或 $\xi \leqslant \xi_b$)时为大偏压,否则为小偏压,但是该式只适用于已经知道 x 或者 ξ 的情况。在刚开始计算时,大多数情况无法得知 x 或者 ξ 的大小,可以选用某一公式求得 x 或者 ξ,反过来对公式选用的正确性进行判断。这样的做法很可能因选错公式而进行计算返工。因此,可先根据轴向压力的偏心距大小来初步判别类型。

在设计时,一般可根据以下方法初步判别矩形截面偏心受压的类型。

当 $\eta e_i \leqslant 0.30 h_0$ 时,按小偏压计算。

当 $\eta e_i > 0.30 h_0$ 时,可先按大偏压计算。若求得的 ξ 满足 $\xi \leqslant \xi_b$,则确实为大偏压;否则,需改按小偏压计算。

3. 矩形截面非对称配筋的计算方法

计算分为截面设计和截面复核两类,计算方法与双筋梁类似,但因为截面上不仅有弯矩,还有压力,因此计算方法比双筋梁复杂。鉴于非对称配筋在实际工程中应用极少,所以不再介绍该种方法。

4. 矩形截面对称配筋的计算方法

对称配筋是指压力近侧和远侧的纵筋级别、数量完全相同的一种配筋方式,即 $f_y = f_y'$ 且 $A_s = A_s'$。采用这种配筋方式的偏心受压构件,可抵抗变号弯矩,施工和设计也较为简单,采用装配式时,还可避免因吊错方向而造成的事故。基于以上优点,工程中多采用对称配筋。它的缺点是:当恒荷载为主且偏心距较大时,经济性稍差于非对称配筋。

对称配筋的计算和非对称配筋一样,也分截面设计和截面复核两类。截面设计的问题较多,且截面复核问题同样可以用截面设计的方法来解决,所以仅介绍截面设计的方法。

已知截面尺寸 $b \times h$、混凝土强度等级、钢筋种类、轴向设计值 N 及弯矩设计值 M,计算长度 l_0,求单侧纵向钢筋截面面积 $A_s = A_s'$。

1) 大偏心受压破坏

当 $\eta e_i \geqslant 0.30 h_0$ 时,可先按大偏压计算。

根据大偏压计算公式,因对称配筋,式中 $f_y A_s = f_y' A_s'$,因此 $N = \alpha_1 f_c b \xi h_0$,求得

$$\xi = \frac{N}{\alpha_1 f_c b h_0} \tag{4-15}$$

用该式求得的 ξ 值必须满足适用条件 $\dfrac{2a_s'}{h_0} \leqslant \xi \leqslant \xi_b$,以保证截面破坏时受压和受拉钢筋能屈服。

此时,由式(4-8)求得 A_s',由于对称配筋,$A_s = A_s'$,则

$$A_s = A_s' = \frac{Ne - \alpha_1 f_c b h_0^2 \xi (1 - 0.5\xi)}{f_y'(h_0 - a_s')} \tag{4-16}$$

式中,$e = \eta e_i + \dfrac{h}{2} - a_s$。

下面就 ξ 值不满足 $\dfrac{2a_s'}{h_0} \leqslant \xi \leqslant \xi_b$ 的情况进行讨论。

(1) 若 $\xi < \dfrac{2a_s'}{h_0}$,此时 $\xi < \xi_b$,则由式(4-9)求得 A_s',$A_s = A_s'$,则

$$A_s = A_s' = \frac{Ne'}{f_y(h_0 - a_s')} \tag{4-17}$$

式中,$e' = \eta e_i - \dfrac{h}{2} + a_s'$

(2) 若 $\xi > \xi_b$,则应改按小偏心受压计算。

2) 小偏心受压破坏

若 $\eta e_i < 0.30 h_0$,或 $\eta e_i \geqslant 0.30 h_0$,由计算所得 $\xi > \xi_b$ 时,按小偏压计算。

根据小偏心受压的计算公式,当 $A_s = A_s'$,$f_y = f_y'$ 时,可得

$$N = \alpha_1 f_c b h_0 \xi + f_y' A_s' - \frac{\xi - 0.8}{\xi_b - 0.8} f_y' A_s' \tag{4-18}$$

$$Ne = \alpha_1 f_c b h_0^2 \xi (1 - 0.5\xi) + f_y' A_s'(h_0 - a_s') \tag{4-19}$$

当联立求解时，将出现 ξ 的三次方程，计算较为复杂。为了简化计算，《混凝土规范》介绍了 ξ 的近似计算式：

$$\xi = \frac{N - \xi_b \alpha_1 f_c b h_0}{\dfrac{Ne - 0.43 \alpha_1 f_c b h_0^2}{(0.8 - \xi_b)(h_0 - a_s')} + \alpha_1 f_c b h_0} + \xi_b \qquad (4\text{-}20)$$

代入式(4-19)后可求得钢筋面积 A_s'，并求得 $A_s = A_s'$，具体计算过程如图 4-9 所示。

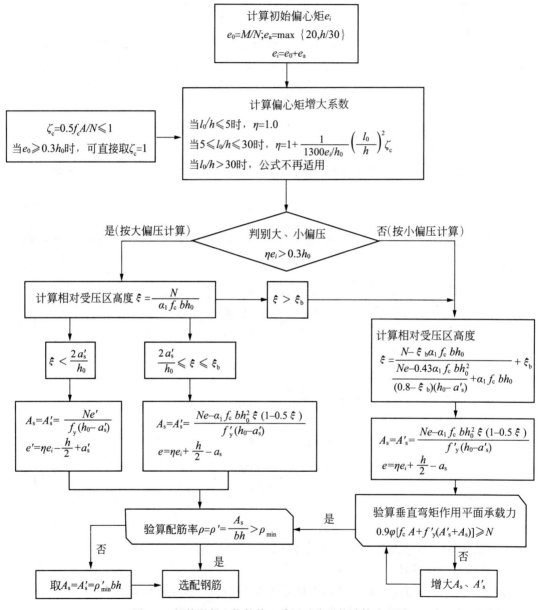

图 4-9　钢筋混凝土构件偏心受压对称配筋计算流程图

【例 4-3】　某矩形截面偏压柱，截面尺寸 $b \times h = 300\text{mm} \times 400\text{mm}$，柱的计算长度 $l_0 = 6.4\text{m}$，$a_s = a_s' = 40\text{mm}$，混凝土强度等级为 C30($\alpha_1 f_c = 14.3\text{N/mm}^2$)，纵向钢筋为 HRB400

级($f_y = f_y' = 360 \text{N/mm}^2$),承受轴向压力的设计值 $N = 380 \text{kN}$,弯矩设计值 $M = 190 \text{kN} \cdot \text{m}$,采用对称配筋,求 $A_s = A_s'$,并选配钢筋。

【解】 (1)计算 ηe_i 并判别类型。

$$h_0 = h - a_s = 400 - 40 = 360 (\text{mm})$$

$$e_0 = \frac{M}{N} = \frac{190 \times 10^6}{380 \times 10^3} = 500 (\text{mm}) > 0.3 h_0 = 0.3 \times 360 = 108 (\text{mm})$$

$e_a = \frac{h}{30} = \frac{400}{30} = 13.3 (\text{mm}) < 20 \text{mm}$,取 $e_a = 20 \text{mm}$。

$$e_i = e_0 + e_a = 500 + 20 = 520 (\text{mm})$$

$\frac{l_0}{h} = \frac{6400}{400} = 16 > 5$,需计算 η。

$e_0 > 0.3 h_0$,取 $\zeta_c = 1$。

$$\eta = 1 + \frac{1}{1300 \frac{e_i}{h_0}} \left(\frac{l_0}{h}\right)^2 \zeta_c = 1 + \frac{1}{1300 \times \frac{520}{360}} \times 16^2 \times 1 = 1.136$$

则

$$\eta e_i = 1.136 \times 520 = 590.72 (\text{mm})$$

$\eta e_i > 0.3 h_0 = 108 (\text{mm})$,可按大偏压计算:

$$\xi = \frac{N}{\alpha_1 f_c b h_0} = \frac{380000}{14.3 \times 300 \times 360} = 0.246$$

$\xi < \xi_b = 0.518$,确为大偏压。

(2)计算 $A_s = A_s'$。

$$e = \eta e_i + \frac{h}{2} - a_s = 590.72 + \frac{400}{2} - 40 = 750.72 (\text{mm})$$

$$A_s = A_s' = \frac{Ne - \xi(1 - 0.5\xi)\alpha_1 f_c b h_0^2}{f_y (h_0 - a_s')}$$

$$= \frac{380000 \times 750.72 - 0.246 \times (1 - 0.5 \times 0.246) \times 14.3 \times 300 \times 360^2}{360 \times (360 - 40)}$$

$$= 1435 (\text{mm}^2)$$

(3)验算配筋率并选配钢筋。

$$\rho = \rho' = \frac{A_s'}{bh} = \frac{1435}{300 \times 400} = 0.0120 = 1.20\% > \rho'_{min} = 0.2\%$$

$\rho + \rho' = 2.4\% < 3\%$(可用普通箍筋)

两侧各选用 3Φ25,$A_s = A_s' = 1473 \text{mm}^2$。

【例 4-4】 例 4-3 中的 N 改为 140kN,M 改为 70kN $\cdot$ m,其余条件相同($b \times h = 300 \text{mm} \times 400 \text{mm}, l_0 = 6.4 \text{m}, a_s = a_s' = 40 \text{mm}$,C30 级混凝土,HRB400 级钢筋,采用对称配筋)。求 $A_s = A_s'$,并选配钢筋。

【解】 (1)计算 ηe_i 并判别类型。

ηe_i 的计算过程同例 4-3,这里不做介绍。计算结果为 $\eta e_i = 594 \text{mm}$。

$\eta e_i > 0.3 h_0 = 108 (\text{mm})$,可按大偏压考虑:

$$\xi = \frac{N}{\alpha_1 f_c b h_0} = \frac{140000}{14.3 \times 300 \times 360} = 0.091$$

$\xi < \xi_b$，确为大偏压。

（2）计算 $A_s = A'_s$。

应采用式(4-17)求 A_s 和 A'_s。

$\zeta = \dfrac{2a'_s}{h_0} = \dfrac{2 \times 40}{360} = 0.222$，$A'_s$ 不能屈服。

$$e' = \eta e_i - \frac{h}{2} + a'_s = 594 - \frac{400}{2} + 40 = 434 \text{(mm)}$$

$$A_s = A'_s = \frac{Ne'}{f_y(h_0 - a'_s)} = \frac{140000 \times 434}{360 \times (360 - 40)} = 528 \text{(mm}^2)$$

（3）验算配筋率并选配钢筋。

$$\rho = \rho' = \frac{A'_s}{bh} = \frac{528}{300 \times 400} = 0.0044 = 0.44\% > \rho'_{\min} = 0.2\%$$

$\rho + \rho' = 0.88\% < 3\%$（可用普通箍筋）

两侧各选用 3Φ16，$A_s = A'_s = 603\text{mm}^2$。

【例 4-5】 某矩形截面偏压柱，截面尺寸 $b \times h = 300\text{mm} \times 500\text{mm}$，$a_s = a'_s = 40\text{mm}$，柱的计算长度 $l_0 = 6.4\text{m}$，采用 C30 级混凝土、HRB400 级钢筋，轴向压力设计值 $N = 1600\text{kN}$，弯矩设计值 $M = 200\text{kN} \cdot \text{m}$，采用对称钢筋，求 $A_s = A'_s$，并选配钢筋。

【解】 （1）计算 ηe_i 并判别类型。

$$h_0 = h - a_s = 500 - 40 = 460 \text{(mm)}$$

$$e_0 = \frac{M}{N} = \frac{200 \times 10^6}{1600 \times 10^3} = 125 \text{(mm)}$$

$e_a = \dfrac{h}{30} = \dfrac{500}{300} = 16.7 \text{(mm)} < 20\text{mm}$，取 $e_a = 20\text{mm}$。

$$e_i = e_0 + e_a = 125 + 20 = 145 \text{(mm)}$$

$\dfrac{l_0}{h} = \dfrac{6400}{500} = 12.8 > 5$，需计算 η。

$\zeta_c = \dfrac{0.5 f_c A}{N} = \dfrac{0.5 \times 14.3 \times 300 \times 500}{1600 \times 10^3} = 0.670 < 1$，取 $\zeta_c = 0.670$。

则 $\quad \eta = 1 + \dfrac{1}{1300 \dfrac{e_i}{h_0}} \left(\dfrac{l_0}{h}\right)^2 \zeta_c = 1 + \dfrac{1}{1300 \times \dfrac{145}{460}} \times 12.8^2 \times 0.670 = 1.268$

$\eta e_i = 1.268 \times 145 = 183.86 \text{(mm)}$

因 $\eta e_i > 0.3 h_0 = 138 \text{(mm)}$，则先按大偏压计算：

$$\xi = \frac{N}{\alpha_1 f_c b h_0} = \frac{1600000}{14.3 \times 300 \times 460} = 0.811$$

$\xi > \xi_b = 0.518$，为小偏心受压（以上 ξ 为假，需重新计算）。

（2）计算 $A_s = A'_s$。

用规范近似公式计算 ξ：

$$e = \eta e_i + \frac{h}{2} - a_s = 183.86 + \frac{500}{2} - 40 = 393.86 \text{(mm)}$$

$$\xi = \frac{N - \xi_b \alpha_1 f_c b h_0}{\dfrac{Ne - 0.43\alpha_1 f_c b h_0^2}{(0.8 - \xi_b)(h_0 - a'_s)} + \alpha_1 f_c b h_0} + \xi_b$$

$$= \frac{1600000 - 0.518 \times 14.3 \times 300 \times 460}{\dfrac{1600000 \times 393.86 - 0.43 \times 14.3 \times 300 \times 460^2}{(0.8 - 0.518) \times (460 - 40)} + 14.3 \times 300 \times 460} + 0.518$$

$$= 0.663$$

由式(4-16)求 A'_s 并取 $A_s = A'_s$：

$$A_s = A'_s = \frac{Ne - \xi(1 - 0.5\xi)\alpha_1 f_c b h_0^2}{f_y(h_0 - a'_s)}$$

$$= \frac{1600000 \times 393.86 - 0.663 \times (1 - 0.5 \times 0.663) \times 14.3 \times 300 \times 460^2}{360 \times (460 - 40)}$$

$$= 1507(\text{mm}^2)$$

（3）验算垂直于弯矩作用平面的承载力（按轴心受压验算）。

$$\frac{l_0}{b} = \frac{6400}{300} = 21.33$$

查表 4-1 得 $\varphi = 0.717$。

$N_u = 0.9\varphi[f_c A + f'_y(A'_s + A_s)] = 0.9 \times 0.717 \times [14.3 \times 300 \times 500 + 360 \times (1507 + 1507)] = 2084344(\text{N}) = 2084.344(\text{kN}) > N = 1600\text{kN}$，$A_s$ 和 A'_s 足够。

（4）验算配筋率并选配纵筋。

$$\rho = \rho' = \frac{A'_s}{bh} = \frac{1507}{300 \times 500} = 0.0101 = 1.01\% > \rho'_{min} = 0.2\%$$

$\rho + \rho' = 2.02\% < 3\%$，说明所用公式正确且可用普通箍筋。

两侧各选用 4Φ22（$A_s = A'_s = 1520\text{mm}^2$）。

【例 4-6】 某矩形截面偏心受压柱，截面尺寸 $b \times h = 300\text{mm} \times 600\text{mm}$，柱的计算长度为 4.8m，采用 C30 级混凝土，HRB400 级钢筋，轴向压力设计值 $N = 1000\text{kN}$，弯矩设计值 $M = 100\text{kN} \cdot \text{m}$。采用对称钢筋，试确定所需的纵向钢筋。

【解】 （1）计算 ηe_i 并判别类型。

$$h_0 = h - a_s = 600 - 40 = 560(\text{mm})$$

$$e_0 = \frac{M}{N} = \frac{100 \times 10^6}{1000 \times 10^3} = 100(\text{mm})$$

$$e_a = \frac{h}{30} = \frac{600}{30} = 20(\text{mm})$$

$$e_i = e_0 + e_a = 100 + 20 = 120(\text{mm})$$

$\dfrac{l_0}{h} = \dfrac{4800}{600} = 8 > 5$，则需计算 η。

$$\zeta_c = \frac{0.5 f_c A}{N} = \frac{0.5 \times 14.3 \times 300 \times 600}{1000 \times 10^3} = 1.287 > 1，取 \zeta_c = 1。$$

则

$$\eta = 1 + \frac{1}{1300\dfrac{e_i}{h_0}}\left(\frac{l_0}{h}\right)^2 \zeta_c = 1 + \frac{1}{1300 \times \dfrac{120}{560}} \times 8^2 \times 1 = 1.230$$

$\eta e_i = 1.230 \times 120 = 148 (\text{mm}) < 0.3h_0 = 0.3 \times 560 = 168 (\text{mm})$，为小偏心受压。

（2）计算 $A_s = A'_s$。

$$e = \eta e_i + \frac{h}{2} - a_s = 148 + \frac{600}{2} - 40 = 408 (\text{mm})$$

$$\xi = \frac{N - \xi_b \alpha_1 f_c b h_0}{\dfrac{Ne - 0.43\alpha_1 f_c b h_0^2}{(0.8 - \xi_b)(h_0 - a'_s)} + \alpha_1 f_c b h_0} + \xi_b$$

$$= \frac{1000000 - 0.518 \times 14.3 \times 300 \times 560}{\dfrac{1000000 \times 408 - 0.43 \times 14.3 \times 300 \times 560^2}{(0.8 - 0.518) \times (560 - 40)} + 14.3 \times 300 \times 560} + 0.518$$

$$= 0.421$$

$$A_s = A'_s = \frac{Ne - \xi(1 - 0.5\xi)\alpha_1 f_c b h_0^2}{f_y(h_0 - a'_s)}$$

$$= \frac{1000000 \times 408 - 0.421 \times (1 - 0.5 \times 0.421) \times 14.3 \times 300 \times 560^2}{360 \times (560 - 40)}$$

$$= -209 (\text{mm}^2)$$

此时，截面尺寸较大，不需要配置钢筋，仍要按最小配筋率配筋。

$$A_s = A'_s = \rho'_{\min} bh = 0.002 \times 300 \times 600 = 360 (\text{mm}^2)$$

选用 $2\Phi16(A_s = A'_s = 402\text{mm}^2)$，由于截面高度 $h \geqslant 600\text{mm}$ 还需在侧面设置 $2\Phi12$ 的构造钢筋。

（3）垂直于弯矩作用平面的承载力验算。

$$\frac{l_0}{b} = \frac{4800}{300} = 16 > 8$$

查表 4-1，得 $\varphi = 0.87$。

$N_u = 0.9\varphi[f_c A + f'_y(A'_s + A_s)] = 0.9 \times 0.87 \times [14.3 \times 300 \times 600 + 360 \times (402 + 402)] = 2242073(\text{N}) = 2242.073(\text{kN}) > N = 1000\text{kN}$，安全。

4.3.4 偏心受压构件斜截面受剪承载力计算

偏心受压构件除承受轴向压力和弯矩外，一般还承受剪力。目前，我国房屋的高度逐渐增加。多层框架受水平地震作用和高层框架风荷载作用时，由于作用在柱上的剪力较大，受剪所需的箍筋数量很可能就超过受压构件的构造要求。因此，也需进行受剪承载力计算。

与受弯构件相比，偏心构件截面上还存在着轴向压力。试验表明，适当的轴向压力可抑制裂缝的出现，增加了截面剪压区的高度，从而提高了混凝土的受剪承载力。但当轴向压力 N 超过 $0.3f_c A$ 后，承载力的提高并不明显；当轴向压力 N 超过 $0.5f_c A$ 后，承载力还呈下降趋势。

根据试验结果，《混凝土规范》提出了以下的偏心受压构件承载力计算方法。

矩形截面的钢筋混凝土偏心受压构件，其受剪截面应符合下列条件：

$$V \leqslant 0.25\beta_c f_c b h_0 \tag{4-21}$$

矩形截面的钢筋混凝土偏心受压构件，其斜截面受剪承载力应按下列公式计算：

$$V \leqslant \frac{1.75}{\lambda + 1} f_t b h_0 + f_{yv} \frac{A_{sv}}{s} h_0 + 0.07N \tag{4-22}$$

计算截面的剪跨比应按下列规定取用。

(1) 对框架柱,取 $\lambda = H_n / 2h_0$。当 $\lambda < 1$ 时,取 $\lambda = 1$;当 $\lambda > 3$ 时,取 $\lambda = 3$。

(2) 对其他偏心受压构件,当承受均布荷载时,取 $\lambda = 1.5$;当承受几种荷载时(包括作用很多荷载,且集中荷载对支座截面或节点边缘所产生的剪力值占总剪力值的 75% 以上的情况),取 $\lambda = a/h_0$;当 $\lambda < 1.5$ 时,取 $\lambda = 1.5$;当 $\lambda > 3$ 时,取 $\lambda = 3$;此处,a 为集中荷载至支座和节点边缘的距离。

矩形截面的钢筋混凝土偏心受压构件符合下列公式的要求时:

$$V \leqslant \frac{1.75}{\lambda + 1} f_t b h_0 + 0.07N \tag{4-23}$$

则可不进行斜截面受剪承载力计算,而仅需根据偏心受压构件的构造要求配置箍筋。

非抗震设防区的多层框架结构房屋在风荷载作用下的柱剪力一般不会太大,计算结果通常按构造要求配置箍筋。

思 考 题

1. 在工程设计中,哪些受压构件可视为轴心受压?

2. 为什么在实际结构中,理想的轴心受压构件几乎不存在?

3. 为什么受压构件宜采用强度等级较高的混凝土,而钢筋的级别却不宜过高?

4. 受压构件中纵筋的作用是什么? 箍筋的作用是什么?

5. 受压构件中纵筋的配筋率、直径、间距有哪些要求?

6. 受压构件中箍筋的直径、间距有哪些要求?

7. 当截面具有内折角时,箍筋应如何处理? 为什么不能采用带内折角的箍筋?

8. 轴心受压普通箍筋短柱与长柱的破坏形态有什么不同? 轴心受压长柱的稳定性系数 φ 如何确定?

9. 偏心受压构件根据特征可分为哪两类? 各有哪些截面破坏特征?

10. 为什么采用附加偏心距? 如何取值?

11. 偏心距增大系数 η 计算公式的适用范围是什么? 何时取 $\eta = 1$?

12. 矩形截面大偏心受压构件正截面承载力的计算应力图、计算公式和适用条件是什么?

13. 矩形截面小偏心受压构件正截面承载力的计算应力图、计算公式是什么?

14. 偏心受压构件何时考虑垂直于弯矩作用平面的受压承载力验算? 如何验算?

15. 为什么在工程中,偏心受压构件常采用对称配筋?

16. 如何判别矩形截面偏心受压构件的类型?

17. 如何进行矩形截面对称配筋偏心受压柱的正截面承载力计算?

习　题

1. 某层钢筋混凝土轴心受压柱，截面尺寸 $b \times h = 300\text{mm} \times 300\text{mm}$，轴心压力设计值 $N = 1600\text{kN}$，构件的计算长度 $l_0 = 4.2\text{m}$；混凝土强度等级为 C35，采用 HRB400 级钢筋，求所需纵筋。

2. 某层钢筋混凝土轴心受压柱，截面尺寸 $b \times h = 600\text{mm} \times 600\text{mm}$，轴心压力设计值 $N = 2200\text{kN}$，构件的计算长度 $l_0 = 4.8\text{m}$；混凝土强度等级为 C30，配有 8Φ18 纵向钢筋，检验构件是否安全。

3. 已知柱的轴向力设计值 $N = 800\text{kN}$，弯矩 $M = 150\text{kN} \cdot \text{m}$；截面尺寸 $b \times h = 300\text{mm} \times 600\text{mm}$；$a_s = a_s' = 40\text{mm}$；混凝土强度等级为 C30，采用 HRB400 级钢筋；计算长度 $l_0 = 3.5\text{m}$，对称配筋。求 A_s 和 A_s'，并选配钢筋。

4. 已知 $N = 500\text{kN}$，弯矩 $M = 400\text{kN} \cdot \text{m}$，截面尺寸 $b \times h = 300\text{mm} \times 500\text{mm}$；$a_s = a_s' = 45\text{mm}$；计算长度 $l_0 = 7\text{m}$；混凝土强度等级为 C30，采用 HRB400 级钢筋，对称配筋。求 A_s 和 A_s'，并选配钢筋。

项目 5 钢筋混凝土受扭构件和受拉构件

通过本项目的学习,掌握矩形截面纯扭构件承载力计算,掌握矩形截面弯剪扭构件承载力计算,掌握受扭构件的构造要求。掌握轴心受拉构件承载力计算,了解偏心受拉构件正截面承载力计算,了解偏心受拉构件斜截面承载力计算。

能 力 目 标	知 识 目 标	权重/%
钢筋混凝土受扭构件	矩形截面纯扭构件承载力计算,矩形截面弯剪扭构件承载力计算,受扭构件的构造要求	60
钢筋混凝土受拉构件	轴心受拉构件承载力计算,偏心受拉构件正截面承载力计算,偏心受拉构件斜截面承载力计算	40

任务 5.1 受扭构件承载力计算

钢筋混凝土受扭构件是指处于扭矩作用下的受力构件。结构在扭矩作用下,根据扭矩形成的原因,可以分为两种类型:一是平衡扭转;二是协调扭转。若结构的扭矩是由荷载产生的,其扭矩可根据平衡条件求得,与构件的抗扭刚度无关,这种扭转称为平衡扭转。若静定结构中由于变形的协调使截面产生了扭转,称为协调扭转。本节介绍的内容主要是针对平衡扭转类型,有关协调扭转的计算方法可查阅规范。

钢筋混凝土结构中,处于纯扭矩作用的结构很少,大多数情况下都是处于弯矩、剪力和扭矩的共同作用下。如雨篷梁[见图 5-1(a)]、框架边梁[见图 5-1(b)]等。

按构件上的作用,受扭构件分为纯扭、剪扭、弯扭和弯剪扭构件,其中以弯剪扭构件最为常见。

5.1.1 受扭构件的受力特点和破坏形态

1. 受扭构件的受力特点

以纯扭矩作用下的钢筋混凝土矩形截面构件为例,研究纯扭构件的受力状态及破坏特征。当结构扭矩内力较小时,截面内的应力也较小,其应力与应变关系处于弹性阶段。在纯

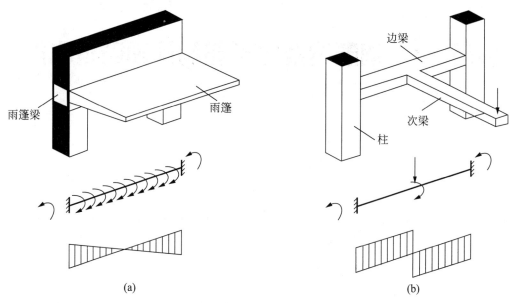

图 5-1 钢筋混凝土受扭构件

扭构件的正截面上仅有切应力 τ 作用,且切应力 τ 在截面形心处等于零,在截面边缘处较大,其中截面长边中点处切应力值为最大。

截面在切应力 τ 的作用下,相应产生的主拉应力 σ_{tp} 与主压应力 σ_{cp} 及最大切应力 τ_{max},截面主拉应力 σ_{tp} 与构件纵轴线呈 45° 角;主拉应力 σ_{tp} 与主压应力 σ_{cp} 互成 90° 角,且纯扭构件截面上的最大切应力、主拉应力和主压应力均相等,而混凝土的抗拉强度 f_t 低于受剪强度 f_τ,混凝土的受剪强度 f_τ 低于抗压强度 f_c,也就是混凝土的开裂是拉应力达到混凝土抗拉强度引起的。因此,当截面主拉应力达到混凝土抗拉强度后,结构在垂直于主拉应力 σ_{tp} 作用的某一长边侧面产生与纵轴呈 45° 角的斜裂缝 ab[见图 5-2(a)],该裂缝在构件的底部和顶部分别延伸至 c 和 d,最后构件将沿三面受拉、一边受压的斜向空间扭曲面破坏[见图 5-2(b)]。

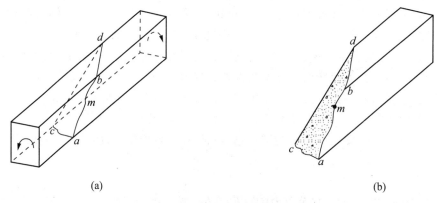

图 5-2 纯扭构件斜裂缝及破坏面

2. 受扭构件的破坏形态

受扭构件的破坏形态可以分为以下四类。

(1)少筋破坏:当受扭构件中的箍筋和纵筋数量配置较少时,结构在扭矩作用下,混凝土开裂并退出工作,混凝土承担的拉力转移给钢筋,由于结构配置钢筋数量较少,钢筋应力立即达到或超过屈服点,结构立即破坏,属于脆性破坏,其破坏类似于受弯构件的少筋梁,在工程设计中应避免。因此,应控制受扭构件箍筋和纵筋的最小配筋率。

(2) 适筋破坏:当混凝土受扭构件按正常数量配筋时,结构在扭矩作用下,混凝土开裂并退出工作,钢筋应力增加但没有达到屈服点。随着扭矩不断增加,结构纵筋及箍筋相继达到屈服点,进而混凝土裂缝不断开展,最后由于受压区混凝土达到抗压强度而破坏。结构破坏时,其变形及混凝土裂缝宽度均较大,其破坏类似于受弯构件的适筋梁,属于延性破坏。在工程设计中应尽可能设计成具有这种破坏特征的构件。

(3) 完全超筋破坏:当混凝土受扭构件配筋数量过大或混凝土强度等级过低时,结构破坏时纵筋及箍筋均未达到屈服点,受压区混凝土首先达到抗压强度而破坏。结构破坏时其变形及混凝土裂缝宽度均较小,其破坏类似于受弯构件的超筋梁,属于脆性破坏,在工程设计中应避免。

(4) 部分超筋破坏:当混凝土受扭构件的纵筋与箍筋比率相差较大时,即一种钢筋配置数量较多,另一种钢筋配置数量较少,随着扭矩的不断增加。配筋数量较少的钢筋达到屈服点,最后受压区混凝土达到抗压强度而破坏。结构破坏时配置数量较多的钢筋并没有达到屈服点,破坏特征并非完全脆性,而是具有一定的延性性质。所以这类构件在设计中允许采用,但不经济。

试验研究表明,为了使箍筋和纵筋相互匹配,共同发挥抗扭作用,应将两种钢筋的用量比控制在合理的范围内。采用纵向钢筋与箍筋的配筋强度比值 ζ 进行控制:

$$\zeta = \frac{f_y A_{stl}/u_{cor}}{f_{yv} A_{st1}/s} = \frac{f_y A_{stl} s}{f_{yv} A_{st1} u_{cor}} \tag{5-1}$$

式中,A_{stl}——受扭计算中取对称布置的全部纵向钢筋截面面积;

A_{st1}——受扭计算中沿截面周边配置的箍筋单肢截面面积;

f_y——受扭纵筋抗拉强度设计值;

f_{yv}——受扭箍筋抗拉强度设计值;

s——箍筋间距;

b_{cor}——箍筋内表面范围内截面核心部分的短边;

h_{cor}——箍筋内表面范围内截面核心部分的长边;

u_{cor}——截面核心部分的周长,$u_{cor}=2(b_{cor}+h_{cor})$。

《混凝土规范》要求 $0.6{\leqslant}\zeta{\leqslant}1.7$,当 $\zeta>1.7$ 时,取 1.7。试验表明,最佳配筋强度比为 $\zeta=1.2$。

5.1.2　矩形截面钢筋混凝土纯扭构件承载力计算

钢筋混凝土纯扭构件的试验结果表明,构件的抗扭承载力由混凝土的抗扭承载力 T_c 和箍筋与纵筋的抗扭承载力 T_s 两部分构成,即

$$T_u = T_c + T_s \tag{5-2}$$

混凝土的抗扭承载力和箍筋与纵筋的抗扭承载力并非彼此完全独立的变量,而是相互关联的。因此,应将构件的抗扭承载力作为一个整体来考虑。《混凝土规范》采用的方法是先确定有关的基本变量然后根据大量的实测数据进行回归分析,从而得到抗扭承载力计算

的经验公式。

对于混凝土的抗扭承载力 T_c，可以借用 $f_t W_t$ 作为基本变量；而对于箍筋与纵筋的抗扭承载力 T_s，则根据试验数据的分析，选取 $f_{yv} A_{st1} A_{cor}/s$ 作为基本变量，再用 $\sqrt{\zeta}$ 来反映纵筋与箍筋的共同工作，则上式可进一步表达为

$$T \leqslant T_u = \alpha_1 f_t W_t + \alpha_2 \sqrt{\zeta} \frac{f_{yv} A_{st1}}{s} A_{cor}$$

式中，α_1、α_2 系数可由试验实测数据确定。

考虑到设计应用上的方便，《混凝土规范》在式中取 $\alpha_1 = 0.35$，$\alpha_2 = 1.2$，则矩形截面钢筋混凝土纯扭构件的抗扭承载力计算公式为

$$T \leqslant T_u = 0.35 f_t W_t + 1.2 \sqrt{\zeta} f_{yv} \frac{A_{st1} A_{cor}}{s_t} \tag{5-3}$$

式中，T——扭矩设计值；

$\quad f_t$——混凝土的抗拉强度设计值；

$\quad W_t$——截面的抗扭塑性抵抗矩；

$\quad f_{yv}$——箍筋抗拉强度设计值；

$\quad A_{st1}$——箍筋单肢截面面积；

$\quad s_t$——钢筋混凝土纯扭构件箍筋间距；

$\quad A_{cor}$——截面核心部分的面积，$A_{cor} = b_{cor} h_{cor}$；

$\quad \zeta$——抗扭纵筋与箍筋的配筋强度比。

5.1.3　矩形截面钢筋混凝土弯剪扭构件承载力计算

弯剪扭构件是指构件上同时承受弯矩、剪力和扭矩三种内力的作用。构件在弯矩、剪力和扭矩作用下，其受力状态及破坏形态十分复杂。同时试验表明，扭矩与弯矩或剪力同时作用于构件时，一种承载力会因另一种内力的存在而降低，这种现象称为承载力之间的相关性。由于弯、剪、扭三种承载力之间的相关性太过复杂，目前仅考虑剪扭相关性和弯扭相关性。

1. 矩形截面剪扭构件承载力计算

剪扭构件的受力性能比较复杂，完全按照其相关性进行承载力计算也是很困难的。《混凝土规范》在试验研究的基础上，采用混凝土部分相关而钢筋部分不相关的近似计算方法。箍筋分别按照受剪承载力和受扭承载力计算其用量，然后再进行叠加。混凝土部分为了防止双重利用而降低承载力，需考虑其相关性，在这里，用降低系数 β_t 来进行考虑。

对于一般剪扭构件：

$$\beta_t = \frac{1.5}{1 + 0.5 \dfrac{V W_t}{T b h_0}} \tag{5-4}$$

对于集中荷载作用下的独立剪扭构件：

$$\beta_t = \frac{1.5}{1 + 0.2(\lambda + 1) \dfrac{V W_t}{T b h_0}} \tag{5-5}$$

β_t 称为剪扭构件混凝土受扭承载力降低系数。当 $\beta_t < 0.5$ 时,取 0.5;当 $\beta_t > 1.0$ 时,取 1.0。

抗剪承载力计算式中混凝土作用项乘以 $(1.5 - \beta_t)$,而对抗扭承载力计算式中混凝土作用项乘以 β_t。

对一般受扭构件的受剪承载力和受扭承载力按下列公式进行计算:

$$V \leqslant (1.5 - \beta_t) 0.7 f_t b h_0 + f_{yv} \frac{n A_{svl}}{s_v} h_0 \tag{5-6}$$

$$T \leqslant 0.35 \beta_t f_t W_t + 1.2 \sqrt{\zeta} f_{yv} \frac{A_{stl} A_{cor}}{s_t} \tag{5-7}$$

对于集中荷载作用下的独立剪扭构件,其受剪承载力和受扭承载力按下列公式计算:

$$V \leqslant (1.5 - \beta_t) \frac{1.75}{\lambda + 1} f_t b h_0 + f_{yv} \frac{n A_{svl}}{s_v} h_0 \tag{5-8}$$

$$T \leqslant 0.35 \beta_t f_t W_t + 1.2 \sqrt{\zeta} f_{yv} \frac{A_{stl} A_{cor}}{s_t}$$

 注意

此时式中 β_t 应按式(5-5)计算。

式中,λ——计算截面的剪跨比,按项目 3 中规定取用。

由以上公式求得 A_{svl}/s_v 和 A_{stl}/s_t 后,可叠加得到弯剪扭构件的单肢箍筋的总用量:

$$\frac{A_{svtl}}{s} = \frac{A_{svl}}{s_v} + \frac{A_{stl}}{s_t} \tag{5-9}$$

2. 矩形截面弯扭构件承载力计算

通过弯扭构件承载力计算配置弯剪扭构件中的纵向钢筋。《混凝土规范》近似地采用叠加法进行计算,即按照受弯和受扭分别计算纵向受力钢筋,然后将所得纵向钢筋数量叠加。对于受弯计算,应按照项目 3 中受弯构件正截面承载力计算,求出抗弯纵向受力钢筋截面面积 A_{sm}。对于受扭计算可根据配筋强度比值 ζ 求得抗扭纵向受力钢筋,取 $\zeta = 1.2$。在剪扭构件承载力计算中已求出 A_{stl}/s_t,将其数值代入式(5-1)便可求出抗扭纵向受力钢筋截面面积 A_{stl}。

最终所求出的纵向受力钢筋按以下原则叠加并布置。

(1)抗弯纵筋(A_{sm})布置在截面的受拉侧。

(2)抗扭纵筋(A_{stl})沿截面核心周边均匀、对称布置。

3. 矩形截面弯剪扭构件承载力计算适用条件

1)截面尺寸限制条件

为防止因截面尺寸太小而导致"完全超筋破坏"现象,《混凝土规范》规定在弯矩、剪力、扭矩共同作用下,$h_0/b \leqslant 6$ 的矩形截面,其截面应符合下列条件。

当 $h_0/b \leqslant 4$ 时,

$$\frac{V}{b h_0} + \frac{T}{0.8 W_t} \leqslant 0.25 \beta_c f_c \tag{5-10}$$

当 $h_0/b \geqslant 6$ 时,

$$\frac{V}{bh_0} + \frac{T}{0.8W_t} \leqslant 0.2\beta_c f_c \tag{5-11}$$

当 $4 < h_0/b < 6$ 时,按线性内插法确定。

2) 最小配筋率

(1) 为防止构件发生少筋破坏,纵向钢筋满足最小配筋率:

$$\rho = \frac{A_{sm} + A_{stl}}{bh} \geqslant \rho_{sm,min} + \rho_{stl,min} \tag{5-12}$$

受弯纵向钢筋的最小配筋率查附录八,受扭纵向钢筋的最小配筋率 $\rho_{stl,min}$ 应符合下列规定:

$$\rho_{stl,min} = 0.6\sqrt{\frac{T}{Vb}}\frac{f_t}{f_y} \tag{5-13}$$

当 $T/(Vb) > 2.0$ 时,取 $T/(Vb) = 2.0$。

式中,$\rho_{stl,min}$——受扭纵向钢筋的最小配筋率,取 $A_{stl}/(bh)$;

b——受剪的截面宽度;

A_{stl}——沿截面周边布置的受扭纵向钢筋总截面面积。

沿截面周边布置受扭纵向钢筋的间距不应大于 200mm 及构件截面短边长度;受扭纵向钢筋宜沿截面周边均匀对称布置。受扭纵向钢筋应按受拉钢筋锚固在支座内。

在弯剪扭构件中,配置在截面弯曲受拉边的纵向受力钢筋,其截面面积不应小于受弯构件受拉钢筋最小配筋率计算的钢筋截面面积与按受扭纵向钢筋配筋率计算并分配到弯曲受拉边的钢筋截面面积之和。

(2) 为防止构件发生少筋破坏,在弯剪扭构件中,箍筋的配筋率 ρ_{svt} 不得小于最小配筋率 $\rho_{svt,min}$。

$$\rho_{svt} = \frac{nA_{svtl}}{bs} \geqslant \rho_{svt,min} = 0.28\frac{f_t}{f_{yv}} \tag{5-14}$$

箍筋间距应符合规范规定,其中受扭所需的箍筋应做成封闭式,且应沿截面周边布置。当采用复合箍筋时,位于截面内部的箍筋不应计入受扭所需的箍筋面积。受扭所需箍筋的末端应做成 135° 弯钩,弯钩端头平直段长度不应小于 $10d$,d 为箍筋直径。

4. 矩形截面弯剪扭构件简化

在弯矩、剪力、扭矩共同作用下的矩形截面弯剪扭构件,可按下列规定进行承载力计算。

当 $\dfrac{V}{bh_0} + \dfrac{T}{W_t} \leqslant 0.7f_t$ 时,可不进行剪扭计算,而按构造要求配置箍筋和抗扭纵筋。

当 $V \leqslant 0.35f_t bh_0$(一般剪扭构件)或 $V \leqslant \dfrac{0.875}{\lambda+1}f_t bh_0$(集中荷载作用下的独立剪扭构件)时,可不考虑剪力,仅计算受弯构件的正截面受弯承载力和纯扭构件的受扭承载力。

当 $T \leqslant 0.175f_t W_t$ 时,可不考虑扭矩,仅计算受弯构件的正截面受弯承载力和斜截面受剪承载力。

由于在弯矩、剪力和扭矩的共同作用下,各项承载力是相互关联的,其相互影响十分复杂。配筋计算的一般原则:矩形截面弯剪扭构件其纵向钢筋截面面积应分别按受弯构件的正截面受弯承载力和剪扭构件的受扭承载力计算确定,并应配置在相应的位置;箍筋截面面积应分别按剪扭构件的受剪承载力和受扭承载力计算确定,并应配置在相应的位置。

5.矩形截面弯剪扭构件的截面设计计算步骤

当已知截面的内力 M、V、T,截面尺寸和材料强度等级后,按下列步骤进行计算。

1)验算截面尺寸

(1)求 W_t。

(2)验算截面尺寸,如其截面尺寸不满足要求时,应增大截面尺寸或提高混凝土强度等级。

2)确定是否需进行受扭和受剪承载力计算

(1)确定是否需进行剪扭承载力计算,若满足,则不需计算,不必进行 2)、3)步骤,按照构造要求选配箍筋和受扭钢筋。

(2)确定是否需要进行受剪承载力计算。

(3)确定是否需要进行受扭承载力计算。

3)确定箍筋用量

(1)选定受扭纵筋和受扭箍筋的配筋强度比 ζ,计算混凝土受扭承载力降低系数 β_t。

(2)计算受剪所需单肢箍筋的用量。

(3)计算受扭所需单肢箍筋的用量。

(4)计算受剪扭箍筋的单肢总用量。

(5)验算箍筋的最小配箍率,并选配箍筋。

4)确定纵筋筋用量

(1)计算受扭纵筋的截面面积,并验算最小配筋量。

(2)计算受弯纵筋的截面面积,并验算最小配筋量。

(3)弯扭钢筋用量叠加,并选配钢筋;叠加的原则是受弯纵筋配在受拉边,受扭纵筋沿截面核心周边均匀、对称布置。

【例 5-1】　某办公楼的雨篷梁,截面尺寸 $b \times h = 250\text{mm} \times 300\text{mm}$,采用 C25 级混凝土,纵筋采用 HRB400 级钢筋,箍筋采用 HPB300 级钢筋,雨篷梁上作用着均布荷载,且弯矩、剪力、扭矩设计值分别为:$M = 18\text{kN} \cdot \text{m}$,$V = 30\text{kN}$,$T = 9.8\text{kN} \cdot \text{m}$,环境类别为二 a 类,$a_s = a_s' = 50\text{mm}$。试设计该雨篷梁的截面。

【解】　查附录三、附录一得 $f_c = 11.9\text{N/mm}^2$,$f_t = 1.27\text{N/mm}^2$,$f_y = 360\text{N/mm}^2$,$\alpha_1 = 1.0$,$f_{yv} = 270\text{N/mm}^2$,$\xi_b = 0.518$。

(1)验算截面尺寸

$$\frac{h_0}{b} = \frac{h - a_s}{b} = \frac{250}{250} = 1 < 4.0$$

$$W_t = \frac{b^2}{6}(3h - b) = \frac{250^2}{6} \times (3 \times 300 - 250) = 6.77 \times 10^6 (\text{mm}^3)$$

$$\frac{V}{bh_0} + \frac{T}{0.8W_t} = \frac{25 \times 10^3}{250 \times 250} + \frac{9.8 \times 10^6}{0.8 \times 6.77 \times 10^6} = 2.21(\text{N/mm}^2) < 0.25\beta_c f_c$$

$$= 0.25 \times 1.0 \times 11.9 = 2.975(\text{N/mm}^2)$$

因此截面尺寸满足要求。

（2）确定是否需要进行受扭和受剪承载力计算

① 验算是否需要考虑剪扭。

$$\frac{V}{bh_0}+\frac{T}{W_t}=\frac{25\times10^3}{250\times250}+\frac{9.8\times10^6}{6.77\times10^6}=1.85(\text{N/mm}^2)$$

$$>0.7f_t=0.7\times1.27=0.89(\text{N/mm}^2)，需要剪扭计算。$$

② 验算是否需要考虑剪力。

$$0.35f_tbh_0=0.35\times1.27\times250\times250=27.78(\text{kN})<V=30\text{kN}，需要受剪计算。$$

③ 验算是否需要考虑扭矩。

$$0.175f_tW_t=0.175\times1.27\times6.77\times10^6=1.50(\text{kN}\cdot\text{m})<T=9.8\text{kN}\cdot\text{m}，需要受扭计算。$$

（3）确定箍筋用量

$$\beta_t=\frac{1.5}{1+0.5\dfrac{VW_t}{Tbh_0}}=\frac{1.5}{1+0.5\dfrac{30\times10^3\times6.67\times10^6}{9.8\times10^6\times250\times250}}=1.29>1$$

取 $\beta_t=1$，采用双肢箍。

$$V=0.7\times(1.5-\beta_t)f_tbh_0+f_{yv}\frac{nA_{svl}}{s_v}h_0$$

$$30000=0.7\times(1.5-1)\times1.27\times250\times250+270\times\frac{2A_{svl}}{s_v}\times250$$

$$\frac{A_{svl}}{s_v}=\frac{30000-27781}{270\times2\times250}=0.016$$

$$T=0.35\beta_tf_tW_t+1.2\sqrt{\zeta}\,\frac{f_{yv}A_{stl}A_{cor}}{s_t}$$

$$9.8\times10^6=0.35\times1\times1.27\times6.77\times10^6+1.2\times\sqrt{1.2}\times\frac{270\times A_{stl}\times200\times250}{s_t}$$

$$\frac{A_{stl}}{s_t}=\frac{9.8\times10^6-3.0\times10^6}{17.746\times10^6}=0.383$$

所以

$$\frac{A_{svtl}}{s}=\frac{A_{svl}}{s_v}+\frac{A_{stl}}{s_t}=0.016+0.383=0.399$$

选用 $\phi8$ 箍筋，$A_{svtl}=50.3\text{mm}^2$，则

$$s=\frac{50.3}{0.399}=126(\text{mm})$$

取 $s=120\text{mm}$。则实配箍筋配筋率为

$$\rho_{svt}=\frac{nA_{svtl}}{bs}=\frac{2\times50.3}{250\times120}=0.0034>\rho_{svt,\min}=0.28\times\frac{1.27}{270}=0.0013$$

满足要求，选配箍筋为 $\phi8@120(2)$。

（4）确定纵筋用量

$$A_{stl}=\frac{\zeta f_{yv}A_{stl}u_{cor}}{f_ys_t}=\frac{1.2\times270\times0.383\times2\times(200+250)}{360}=310(\text{mm}^2)$$

$$T/(Vb)=9.8\times10^6\div(30\times10^3\times250)=1.31<2.0$$

$$\rho_{tl,\min}bh=0.6\sqrt{\frac{T}{Vb}}\frac{f_t}{f_y}bh=0.6\times\sqrt{1.31}\times\frac{1.27}{360}\times250\times300=181(\text{mm}^2)<A_{stl}$$

$$\alpha_s = \frac{M}{\alpha_1 f_c b h_0^2} = \frac{18 \times 10^6}{1.0 \times 11.9 \times 250 \times 250^2} = 0.097$$

$$\xi = 1 - \sqrt{1 - 2\alpha_s} = 1 - \sqrt{1 - 2 \times 0.097} = 0.102 < \xi_b = 0.518$$

$$A_{sm} = \frac{\alpha_1 f_c b \xi h_0}{f_y} = \frac{1.0 \times 11.9 \times 250 \times 0.102 \times 250}{360}$$

$$= 211(mm^2) > \rho_{min} bh = 0.002 \times 250 \times 300 = 150(mm^2)$$

（5）选配钢筋

受拉区：

$$A_{sm} + \frac{1}{3} A_{stl} = 211 + \frac{1}{3} \times 310 = 314(mm^2)$$

选用 3$\underline{\Phi}$12（339mm²）。

受压区和腹部纵筋为

$$\frac{1}{3} A_{stl} = \frac{1}{3} \times 310 = 103(mm^2)$$

选用 2$\underline{\Phi}$10（157mm²），如图 5-3 所示。

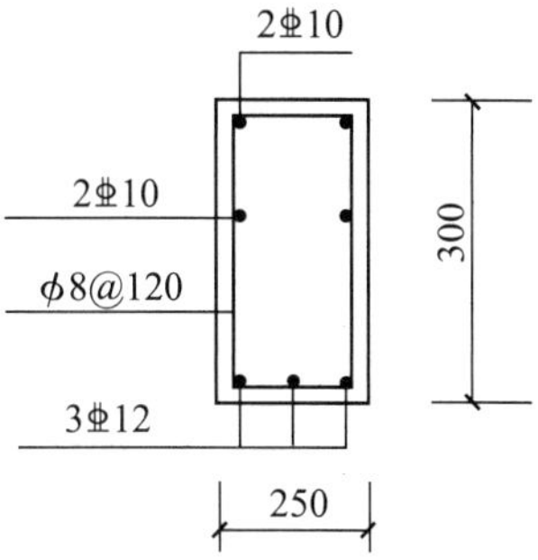

图 5-3　例 5-1 配筋图

任务 5.2　受拉构件承载力计算

5.2.1　受拉构件的分类

在钢筋混凝土结构中,当构件上作用轴向拉力时,称为受拉构件。受拉构件可以分为两类:一类称为轴心受拉构件,也就是轴向拉力作用线和构件截面形心轴线重合的构件,如钢筋混凝土桁架或拱拉杆、受内压力作用的环形截面管壁及圆形贮液池的筒壁等;另一类称为偏心受拉构件,也就是轴向拉力作用线和构件截面形心轴线不重合的构件,如矩形水池的池壁、矩形剖面料仓或煤斗的壁板、受地震作用的框架边柱,以及双肢柱的受拉肢,承受节间荷载的屋架下弦杆等。由于混凝土是一种非匀质材料,再加上施工中的误差,因此实际工程中真正的轴心受拉构件是很少见的。但是为了计算,当构件上轴向力的偏心距很小时,也可将此类构件看作是轴心受拉构件来进行设计。

5.2.2　轴心受拉构件的正截面承载力计算

混凝土轴心受拉构件在破坏时,混凝土早已开裂,因此混凝土不承受拉力,全部拉力由钢筋来承受,其正截面受拉承载力计算公式如下:

$$N \leqslant f_y A_s \tag{5-15}$$

式中,N——轴向拉力设计值;

f_y——钢筋抗拉强度设计值;

A_s——纵向钢筋的全部截面面积。

5.2.3 偏心受拉构件的正截面承载力计算

1. 偏心受拉构件的分类

与受压构件相似,偏心受拉构件按照偏心拉力 N 的作用位置不同,可以分为小偏心受拉构件和大偏心受拉构件。

如图 5-4(a)所示,当偏心拉力 N 作用在 A_s 合力点与 A_s' 合力点以内$\left(偏心距 e_0 \leqslant \dfrac{h}{2} - a_s\right)$时,称为小偏心受拉。

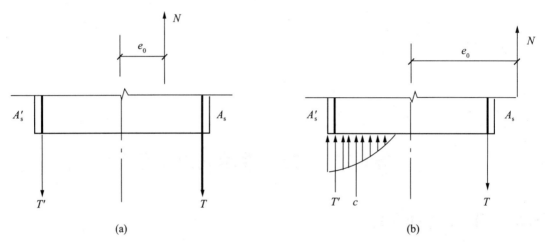

图 5-4 偏心受拉构件

如图 5-4(b)所示,当偏心拉力 N 作用在 A_s 合力点与 A_s' 合力点以外$\left(偏心距 e_0 > \dfrac{h}{2} - a_s\right)$时,称为大偏心受拉。

2. 小偏心受拉构件的正截面承载力计算

小偏心受拉构件在截面达到极限承载力时,混凝土开裂,且整个截面裂通,拉力全部由钢筋承受,其应力均达到屈服强度 f_y,如图 5-5 所示。根据平衡条件,可得小偏心受拉构件的正截面承载力计算公式:

$$Ne \leqslant f_y A_s'(h_0 - a_s')$$
$$Ne' \leqslant f_y A_s(h_0' - a_s) \tag{5-16}$$

式中,e——偏心拉力至钢筋 A_s 合力作用点之间的距离,$e = \dfrac{h}{2} - a_s - e_0$。

e'——偏心拉力至钢筋 A_s' 合力作用点之间的距离,$e' = \dfrac{h}{2} - a_s' + e_0$。

当对称配筋时,离轴向拉力作用点较远一侧的钢筋 A_s' 的应力达不到抗拉强度设计值。截面设计时,两侧钢筋均按 A_s 设置。此时:

$$A_s = A_s' = \frac{Ne'}{f_y(h_0 - a_s')} \tag{5-17}$$

3. 大偏心受拉构件的正截面承载力计算

大偏心受拉构件在截面达到极限承载力时,混凝土开裂后,截面不会裂通,离纵向力较远一侧保留有受压区,否则对拉力 N 作用点取矩将不满足平衡条件,如图 5-6 所示。破坏特征与 A_s 的数量有关。

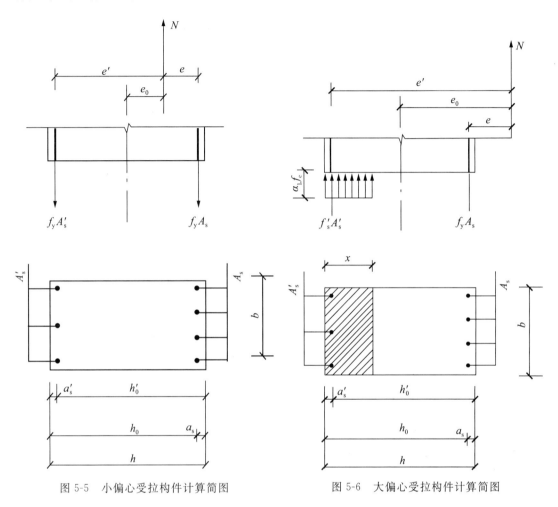

图 5-5　小偏心受拉构件计算简图　　　　图 5-6　大偏心受拉构件计算简图

当 A_s 适当时,A_s 先屈服,然后 A_s' 屈服,混凝土受压边缘达到 ε_{cu} 而破坏,与大偏心受压破坏特征类似。设计时以这种破坏为依据。当 A_s 过多时,A_s 不屈服,受压区混凝土先被压坏,这时,A_s' 能够达到屈服强度,这种破坏形式是没有预兆和脆性的,设计时应予以避免。

大偏心受拉构件的正截面承载力可按下式计算:

$$N \leqslant f_y A_s - f_y' A_s' - \alpha_1 f_c bx$$

$$Ne \leqslant \alpha_1 f_c bx\left(h_0 - \frac{x}{2}\right) + f_y' A_s'(h_0 - a_s') \tag{5-18}$$

式中,e——偏心力至 A_s 合力点之间的距离,$e = e_0 - \dfrac{h}{2} + a_s$。

为了保证构件不发生超筋和少筋破坏,上述公式的适用条件为

$$2a'_s \leqslant x \leqslant x_b = \varepsilon_b h_0 \tag{5-19}$$

5.2.4 偏心受拉构件的斜截面承载力计算

对于偏心受拉构件,截面通常在受到弯矩 M 和轴向拉力 N 共同作用的同时,还受到比较大的剪力 V 的作用,因此除了验算正截面承载力之外,还需验算斜截面受剪承载力。

试验表明,由于轴向拉力 N 的存在,斜裂缝将提前出现,在小偏心受拉情况下甚至形成贯通全截面的斜裂缝,使斜截面受剪承载力降低。受剪承载力的降低与轴向拉力 N 近乎成正比。《混凝土规范》规定对矩形截面偏心受拉构件斜截面受剪承载力按下式计算:

$$V \leqslant \frac{1.75}{\lambda+1} f_t b h_0 + f_{yv} \frac{A_{sv}}{s} h_0 - 0.2N \tag{5-20}$$

式中,N——与剪力设计值 V 相应的轴向拉力设计值;

λ——计算截面的剪跨比。当构件承受均布荷载时,取 1.5;当承受集中荷载时,取为 a/h_0(a 为集中荷载到支座截面或节点边缘的距离)。且当 $\lambda < 1.5$ 时,取 1.5;当 $\lambda > 3$ 时,取 3。

当上式右边的计算值小于 $f_{yv} A_{sv} h_0/s$ 时,应取 $f_{yv} A_{sv} h_0/s$,且 $f_{yv} A_{sv} h_0/s$ 的值不应小于 $0.36 f_t b h_0$。

思 考 题

1. 受扭构件扭矩产生的原因有哪几类?
2. 受扭构件的破坏形态有哪几种?
3. 受扭构件中为什么要对配筋强度比值 ζ 进行控制?
4. 纯扭构件的抗扭承载力由哪几部分组成?
5. 受扭构件有哪些构造要求?
6. 受拉构件分为哪几类?
7. 偏心受拉构件按照偏心拉力 N 的作用位置不同可以分为哪几类?
8. 大偏心受拉构件和小偏心受拉构件如何划分?
9. 大偏心受拉构件的正截面承载力计算公式的适用条件是什么?
10. 偏心受拉构件的斜截面承载力计算公式中的剪跨比 λ 如何取值?

习 题

1. 钢筋混凝土连续梁受均布荷载作用,截面尺寸为 $b \times h = 300\text{mm} \times 600\text{mm}$,$a_s = a'_s = 45\text{mm}$,混凝土保护层厚度为 25mm;在支座处承受的内力:$M = 90\text{kN} \cdot \text{m}$,$V = 900\text{kN}$,$T =$

28.3kN·m。采用的混凝土强度等级为 C25,纵向钢筋为 HRB400 级,箍筋为热轧 HPB300 级钢筋。试确定该截面配筋。

2. 钢筋混凝土偏心受拉构件,截面尺寸 $b \times h = 250\text{mm} \times 400\text{mm}$,$a_s = a'_s = 40\text{mm}$,柱承受轴向拉力设计值 $N = 26\text{kN}$,弯矩设计值 $M = 45\text{kN·m}$,混凝土等级为 C25,纵向钢筋采用 HRB400 级,混凝土保护层厚度 $c = 30\text{mm}$。求钢筋面积 A_s 和 A'_s。

项目 6 预应力混凝土构件

教学目标

通过本项目的学习,掌握预应力混凝土的基本概念和施加预应力的方法,理解预应力混凝土的特点;预应力混凝土的材料要求;掌握张拉控制应力的概念及确定原则,掌握预应力损失及预应力损失产生的原因,理解减少预应力损失的措施;理解预应力混凝土结构的一般构造要求,先张法预应力混凝土构件的要求及后张法预应力混凝土构件的要求。

教学要求

能 力 目 标	知 识 目 标	权重/%
预应力混凝土概念	预应力混凝土的基本概念;施加预应力的方法;预应力混凝土的特点;预应力混凝土构件对材料的要求	40
张拉控制应力和预应力损失	张拉控制应力;预应力损失;预应力损失产生的原因;预应力损失的计算和组合方法;减少预应力损失的措施	40
预应力混凝土构件的构造要求	一般构造要求;先张法预应力混凝土构件的要求;后张法预应力混凝土构件的要求	20

任务 6.1　预应力混凝土概述

6.1.1　预应力混凝土的基本概念

普通钢筋混凝土结构或构件,由于混凝土的抗拉强度及极限拉应变很小(其极限拉应变为 $0.1 \times 10^{-3} \sim 0.15 \times 10^{-3}$),所以在使用荷载作用下,一般均带裂缝工作。对使用上不允许开裂的构件,相应的受拉钢筋的应力仅为 $20 \sim 30 \mathrm{N/mm^2}$;对于允许开裂的构件,当受拉钢筋应力达到 $250 \mathrm{N/mm^2}$ 时,裂缝宽度已达 $0.2 \sim 0.3 \mathrm{mm}$。因此,普通钢筋混凝土构件不宜用作处在高湿度或侵蚀性环境中的构件,且不能应用高强钢筋。为克服上述缺点,可以设法在结构构件受外荷载作用之前,预先对由外荷载引起的混凝土受拉区施加压力,以此产生的预压应力来减小或抵消外荷载所引起的混凝土拉应力。这种在混凝土构件受荷载以前预先对构件使用时的混凝土受拉区施加压应力的结构称为"预应力混凝土结构"。

现以图 6-1 所示预应力简支梁受力分析为例,说明预应力混凝土的基本概念。

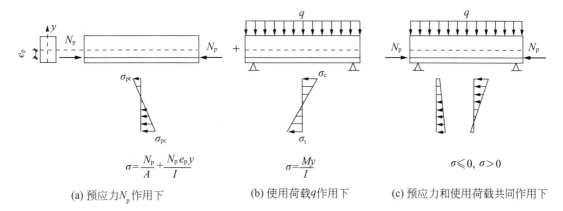

图 6-1　预应力混凝土构件受力分析

在外荷载作用之前,预先在梁的受拉区施加一对大小相等、方向相反的偏心压力 N_p,使梁截面下边缘产生预压应力 σ_{pc}[见图 6-1(a)]。在外荷载(包括自重)作用下,梁截面下边缘混凝土产生拉应力 σ_c[见图 6-1(b)],在预应力 N_p 和外荷载的共同作用下,梁截面的应力图形是上述两种情况的叠加,梁的下边缘拉应力将减至 σ_c—σ_p。如果增大预应力 N_p,则在外荷载作用下梁的下边缘拉应力可以很小,甚至变为压应力。

综上所述,预应力混凝土的基本原理是:在结构承载时产生拉应力的部位,预先用某种方法对混凝土施加一定的压应力,当结构承载而产生拉应力时,必须先抵消混凝土的预压应力,然后才能随着荷载的增加而使混凝土受拉,进而出现裂缝,即预应力的作用可部分或全部抵消外荷载的拉应力。因此,预应力混凝可以延缓受拉混凝土的开裂或裂缝开展,提高混凝土的抗裂性,使混凝土结构在使用荷载作用下不出现裂缝或不产生过宽裂缝。

6.1.2　预应力混凝土的特点

与钢筋混凝土结构相比,预应力混凝土结构具有如下特点。

1. 改善结构的使用性能和耐久性

由于对构件的受拉区施加了预压应力,延缓了裂缝的出现,使结构在使用荷载下不开裂或减小裂缝宽度,从而可使钢筋避免或较少受外界有害介质的影响,提高了耐久性,而且使构件的弹性范围增大,相应地提高了构件的截面刚度。同时,施加预应力可使受弯构件产生一定的反拱,使构件的变形大大降低。因此,预应力混凝土结构可用于对裂缝有严格要求的核电站安全壳、水池等特种结构,也适用于大跨度、长悬臂等对变形控制要求较严格的结构,扩大了混凝土结构的使用范围。

2. 节省材料、降低自重

预应力混凝土结构采用高强度材料,可减少混凝土和钢筋用量,减小构件截面尺寸,降低结构自重,一般可节省 $20\%\sim40\%$ 的混凝土,可节省 $30\%\sim60\%$ 的钢筋。对于一般大跨度或重荷载结构,采用预应力混凝土是比较经济合理的,同时还可解决结构的跨高比限值造成的使用净空等问题。

3. 提高构件的抗剪能力

预压应力的作用使荷载作用下的主拉应力减小,延缓斜裂缝的产生,提高构件的抗剪能力。因此,可以采用较小的预应力混凝土截面来承受同样的外部剪力,有利于减小薄壁梁腹板的厚度,进一步减轻自重。

4. 提高构件的抗疲劳强度

预应力的作用使得使用阶段因加载或卸载引起的应力相对变化幅度减小,即疲劳应力变化的幅度较小,因此引起疲劳破坏的可能性也小,相应地提高了构件的抗疲劳强度。

5. 提高工程质量

施加预应力时,预应力钢筋和混凝土都将承受一次强度检验,能及时发现结构件的薄弱点,有利于工程质量控制。

但预应力混凝土也存在一些不足之处:工艺较复杂,需要专门的张拉和锚固装置等;预应力反拱不易控制;施工费用较大,施工周期较长等。

6.1.3 施加预应力的方法

预应力的建立方法有多种,目前最常用、简便的方法是通过张拉配置在结构构件内的纵向受力钢筋并使其产生回缩,达到对构件施加预应力的目的。按照张拉钢筋与混凝土浇筑的先后次序,施加预应力的方法可分为先张法和后张法两类。

1. 先张法预应力混凝土

先张法是在浇筑混凝土之前利用永久或临时台座张拉预应力钢筋,并将张拉后的预应力钢筋用夹具固定在台座[见图 6-2(a)],然后浇筑混凝土[见图 6-2(b)],待混凝土达到一定强度(一般不低于设计值的 75%)后,切断预应力钢筋,在预应力钢筋回缩的过程中利用其与混凝土之间的黏结力,对混凝土施加预压应力[见图 6-2(c)]。因此,先张法是靠预应力钢筋与混凝土之间的黏结力来传递预应力的。

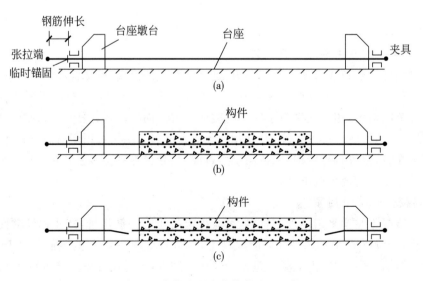

图 6-2 先张法预应力构件施工工艺

2. 后张法预应力混凝土

后张法是先浇筑混凝土构件,同时在构件中预留孔道[见图6-3(a)];待混凝土达到一定强度(一般不低于设计的混凝土强度等级值的75%)后,将预应力钢筋穿入孔道,利用构件自身作为台座张拉预应力钢筋,同时压缩混凝土[见图6-3(b)]。张拉完成后,用锚具将预应力钢筋固定在构件上,然后在孔道内灌浆使预应力钢筋和混凝土形成一个整体[见图6-3(c)]。后张法中预应力的建立主要靠构件两端的锚具,锚具下存在很大的局部集中力。

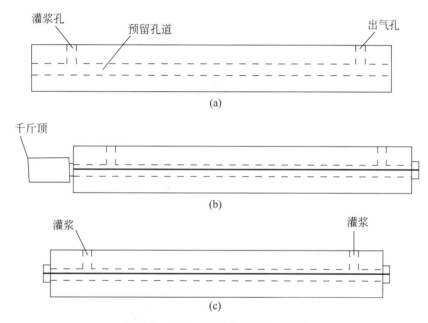

图 6-3　后张法预应力构件施工工艺

两种方法比较而言,先张法适用于在长线台座上批量生产,效率高,施工简单质量易保证。但其需要专门台座,基建投资较大。为了便于运输,一般只用于中小型预应力混凝土构件的施工,如楼板、中小型吊车梁等。后张法不需要专门台座,便于在现场制作大型构件,预应力钢筋易于布置成直线或曲线形状。但其需要留孔、灌浆,施工工艺较复杂,锚具要附在构件内,耗钢量大,成本较高。

6.1.4　锚具与夹具

为了阻止被张拉的钢筋发生回缩,必须将钢筋端部进行锚固。锚具和夹具是预应力混凝土结构和构件中用于锚固或夹持预应力钢筋的工具,是预应力混凝土结构的关键部件。在构件制作完成后能重复使用的称为夹具;永久锚固在构件端部,与构件一起承受荷载,不能重复使用的称为锚具。

锚具、夹具的种类很多,图6-4所示为几种常用锚具、夹具。其中,图6-4(a)所示为锚固钢丝用的套筒式夹具,图6-4(b)所示为锚固粗钢筋用的螺丝端杆锚具,图6-4(c)所示为锚固直径12mm的钢筋或钢筋绞线束的JMI2夹片式锚具。

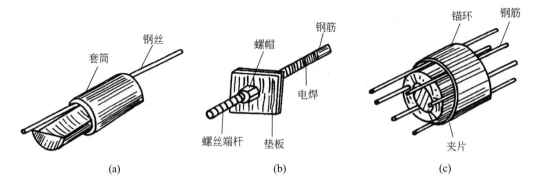

图 6-4　几种常见的锚具、夹具

6.1.5　预应力混凝土构件对材料的要求

1. 混凝土

预应力混凝土结构对混凝土有如下要求。

1）高强度

预应力混凝土要求采用高强度混凝土,因为采用与高强预应力钢筋相匹配的高强混凝土,可使混凝土中建立尽可能高的预压应力,提高构件的抗裂性和刚度;高强混凝土与钢筋间有更高的黏结力,有利于先张法预应力混凝土中的预应力钢筋在混凝土中锚固,较好地传递应力;高强度混凝土具有较高的局部抗压强度,有利于承受后张法中构件端部锚具下很大的集中压力;有利于减小构件的截面尺寸和自重。

《混凝土规范》规定,预应力混凝土结构的混凝土强度等级不宜低于 C40 级,且不应低于 C30 级。

2）低收缩、低徐变

混凝土会由于水分蒸发及其他物理、化学原因而使体积缩小,构件缩短。预应力混凝土构件中,由于混凝土长期承受着预压应力,因此混凝土会产生徐变从而也使构件缩短。混凝土的收缩和徐变使预应力混凝土构件缩短,引起预应力钢筋中的预应力下降,称为预应力损失。显然,预应力损失也将使混凝土中的预压应力减小,降低预应力效果。混凝土的收缩、徐变越大,预应力损失也越大,这对结构是不利的,因此应采用低收缩、低徐变的混凝土。

3）快硬、早强

预应力混凝土结构中的混凝土应具有快硬、早强的性质,可尽早施加预应力,加快施工进度、提高设备及模板的周转率。

2. 钢筋

预应力混凝土结构中的钢筋包括预应力钢筋和非预应力钢筋。其中,非预应力钢筋与钢筋混凝土结构中的要求相同,对预应力钢筋有如下要求。

1）高强度

预应力混凝土结构中预压应力的大小主要取决于预应力钢筋的数量及其张拉应力。预应力钢筋的张拉应力在构件的制作和使用过程中会由于混凝土的收缩、徐变及钢筋的松弛等多种原因引起预应力损失,必须使用高强度钢筋,才能建立较高的预应力值,达到预期效果。

2）较好的塑性和良好的加工性能

为保证构件在破坏前有较大的变形能力,要求预应力钢筋有足够的塑性性能。在施工中,预应力钢筋需要弯曲和转折,在锚具、夹具中预应力钢筋会受到较高的局部应力,要求预应力钢筋满足一定的拉断伸长率和弯折次数的规定。另外,良好的焊接性能是保证钢筋加工质量的重要条件。

3）较好的黏结性能

在先张法预应力混凝土构件中预应力钢筋中的预加力是通过黏结力传递至混凝土中的;而后张法有黏结预应力混凝土构件中,预应力钢筋与孔道后灌水泥浆间应有较高的黏结强度,才能保证预应力钢筋与周围的混凝土形成一个整体来共同承受外荷载。

另外,预应力钢筋还应具有低松弛、耐腐蚀等性能。

任务 6.2 张拉控制应力和预应力损失

6.2.1 张拉控制应力

张拉控制应力是指预应力钢筋张拉时需要达到的最大应力值,即用张拉设备所控制的总张拉力除以预应力钢筋截面积所得出的应力值,以 σ_{con} 表示。张拉控制应力的大小与预应力钢筋的强度标准值 f_{pyk}（软钢）或 f_{ptk}（硬钢）有关。其确定的原则如下。

（1）张拉控制应力应尽量定得高一些。张拉控制应力定得越高,在预应力混凝土构件配筋相同的情况下产生的预应力就越大,构件的抗裂性越好。若欲使构件具有同样的抗裂性,则 σ_{con} 越高所需的预应力钢筋面积越小。

（2）张拉控制应力又不能定得过高。张拉控制应力定得过高时,又会产生以下不良后果:由于钢材材质的不均匀,钢筋强度又具有一定的离散性,有可能在起张拉过程中使个别钢筋的应力超过其屈服强度,从而使钢筋产生塑性变形,甚至发生钢筋拉断。构件抗裂能力过高时,开裂荷载将接近破坏荷载,使构件破坏前缺乏预兆,构件延性较差,在施工阶段会使构件的某些部位受到拉力甚至开裂,对后张法构件则可能造成端部混凝土局部受压破坏。

因此,预应力钢筋的张拉控制应力 σ_{con} 不能定得过高,应留有适当的余地。

《混凝土规范》规定,预应力钢筋的张拉控制应力 σ_{con} 应符合下列规定。

消除应力钢丝、钢绞线:

$$\sigma_{con} \leqslant 0.75 f_{ptk} \tag{6-1}$$

中强度预应力钢丝:

$$\sigma_{con} \leqslant 0.70 f_{ptk} \tag{6-2}$$

预应力螺纹钢筋:

$$\sigma_{con} \leqslant 0.85 f_{pyk} \tag{6-3}$$

式中,f_{ptk}——预应力钢筋的极限强度标准值;

f_{pyk}——预应力螺纹钢筋的屈服强度标准值。

消除应力钢丝、钢绞线、中强度预应力钢丝的张拉控制应力值不应小于 $0.4 f_{ptk}$;预应力螺纹的张拉控制应力值不宜小于 $0.5f_{pyk}$。

当符合下列情况时,上述张拉控制应力限值可提高 $0.05f_{ptk}$ 或 $0.05f_{pyk}$。

(1) 要求提高构件在施工阶段的抗裂性能而在使用阶段受压区内设置的预应力钢筋。

(2) 要求部分抵消由于应力松弛、摩擦、钢筋分批张拉以及预应力钢筋与张拉台座之间的温差因素产生的预应力损失。

6.2.2 预应力损失及减少预应力损失的措施

按照某一控制应力值张拉的预应力钢筋,其初始的张拉应力会由于各种原因降低,这种预应力降低的现象称为预应力损失,用 σ_l 表示。预应力损失会降低预应力效果,降低构件的抗裂度和刚度,因此在设计和施工中应设法降低预应力损失。

引起预应力损失的原因很多,产生的时间也先后不一,不同的施工工艺产生的预应力损失也不完全相同。对预应力损失的计算,我国规范采用的是将各种因素造成的预应力损失值分别计算,然后叠加的方法。下面对这些预应力损失分别介绍。

1. 张拉端锚具变形和预应力钢筋内缩引起的预应力损失 σ_{l1}

预应力钢筋张拉完毕后,用锚具固定在台座或构件上,由于锚具压缩变形、垫板与构件间的缝隙被挤紧以及钢筋和楔块在锚具内的滑移等,将使得预应力钢筋产生预应力损失,记为 σ_{l1}。计算该项损失时,只考虑张拉端,不考虑锚固端,因为锚固端的锚具变形在张拉过程中已经完成。

1) 直线预应力钢筋

$$\sigma_{l1} = \frac{a}{l}E_s \tag{6-4}$$

式中,a——张拉端锚具变形和预应力钢筋内缩值(mm),按表 6-1 采用;

l——张拉端至锚固端之间的距离(mm);

E_s——预应力钢筋的弹性模量(N/mm^2)。

表 6-1 锚具变形和预应力钢筋内缩值 a

锚 具 类 型		a/mm
支撑式锚具(钢丝束镦头锚具等)	螺母缝隙	1
	每块后加垫板的缝隙	1
夹片式锚具	有顶压时	5
	无顶压时	6～8

注:1. 表中的锚具变形和预应力钢筋内缩值也可根据实测数据确定。

2. 其他类型的锚具变形和预应力钢筋内缩值应根据实测数据确定。

 说明

块体拼成的结构,其预应力损失尚应考虑块体间填缝的预压变形。当采用混凝土或砂浆为填缝材料时,每条填缝的预压变形值可取为 1mm。

2) 后张法曲线预应力钢筋

预应力钢筋回缩时受到指向张拉端的摩阻力(反向摩阻力)作用,由锚具变形和预应力钢筋内缩引起的预应力损失值 σ_{l1} 沿构件长度不是均匀分布的,而是集中在张拉端附近一定长度(即反向摩擦影响长度 l_f)范围内。计算 l_f 范围内的 σ_{l1} 时,应根据预应力钢筋与孔道壁之间 l_f 范围内的预应力钢筋变形值等于锚具变形和预应力钢筋内缩值的条件确定。

当预应力钢筋为圆弧形曲线(抛物线可近似为圆弧线),且圆弧对应的圆心角不大于 $45°$ 时,距构件端部 $x(x \leqslant l_f)$ 处的 σ_{l1} 可按下列近似公式计算:

$$\sigma_{l1} = 2\sigma_{con}l_f\left(\frac{\mu}{r_c} + \kappa\right)\left(1 - \frac{x}{l_f}\right) \tag{6-5}$$

式中,x——从张拉端至计算截面的孔道长度(m),可近似取该段孔道在纵轴上投影长度,且不大于 l_f;

l_f——反向摩擦影响长度(m),按式(6-6)计算;

r_c——圆弧形曲线预应力钢筋的曲率半径(m);

μ——预应力钢筋与孔道壁之间的摩擦系数,按表 6-2 采用;

κ——考虑孔道每米长度局部偏差的摩擦系数,按表 6-2 采用。

$$l_f = \sqrt{\frac{aE_s}{1000\sigma_{con}\left(\dfrac{\mu}{r_c} + \kappa\right)}} \tag{6-6}$$

减小 σ_{l1} 的措施如下。

(1) 选择锚具变形小或使预应力钢筋防内缩小的锚具、夹具,并尽量少用垫板。

(2) 增加台座长度。

表 6-2　摩擦系数

孔道成型方式	κ	μ	
		钢绞线、钢丝束	预应力螺纹钢筋
预埋金属波纹管	0.0015	0.25	0.50
预埋塑料波纹管	0.0015	0.15	—
预埋钢管	0.0010	0.30	—
抽芯成型	0.0014	0.55	0.60
无黏结预应力钢筋	0.0040	0.09	

注:表中系数也可根据实测数据确定。

2. 预应力钢筋与孔道壁之间的摩擦引起的预应力损失 σ_{l2}

后张法构件在张拉钢筋时,预应力钢筋与孔道之间的摩擦引起的预应力损失 σ_{l2} 可按下列公式计算:

$$\sigma_{l2} = \sigma_{con}\left(1 - \frac{1}{e^{\kappa x + \mu\theta}}\right) \tag{6-7}$$

当 $\kappa x + \mu\theta \leqslant 0.3$ 时,可按下列近似公式计算:

$$\sigma_{l2} = \sigma_{con}(\kappa x + \mu\theta) \tag{6-8}$$

提示

当采用夹片式群锚体系时,在 σ_{con} 中宜扣除锚口摩擦损失。

式中,x——从张拉端至计算截面的孔道长度,可近似取该段孔道在纵轴上投影长度(m);

θ——从张拉端至计算截面曲线孔道部分切线的夹角之和(rad)。

其他参数(如 κ、μ)意义及取值方法同式(6-5)。

在上述公式中,对按抛物线、圆弧曲线变化的空间曲线及可分段后叠加的广义空间曲线,夹角之和 θ 可按下列近似公式计算。

抛物线、圆弧曲线:

$$\theta = \sqrt{\alpha_v^2 + \alpha_h^2} \tag{6-9}$$

广义空间曲线:

$$\theta = \sum \Delta\theta = \sum \sqrt{\Delta\alpha_v^2 + \Delta\alpha_h^2} \tag{6-10}$$

式中,α_v,α_h——分别为按抛物线、圆弧曲线变化的空间曲线预应力钢筋在竖直向、水平向投影所形成抛物线、圆弧曲线的弯转角;

$\Delta\alpha_v$,$\Delta\alpha_h$——分别为广义空间曲线预应力钢筋在竖直向、水平向投影所形成的分段曲线的弯转角增量。

减小 σ_{l2} 的措施如下。

(1)对较长的构件进行两端张拉,构件长度的中间截面处,摩擦损失最大。

(2)采用超张拉。超张拉的张拉程序为从应力为零开始,张拉至 $1.05\sigma_{con}$,持荷两分钟后卸载至 σ_{con},这是因为张拉至 $1.05\sigma_{con}$ 时,端部应力最大,传至跨中截面的预应力也大。但当卸载至 σ_{con} 时,由于反向摩擦的影响,这个回缩的应力并没有传到跨中截面,仍保持较大的超拉应力。

(3)尽量避免使用连续弯束及超长束。

3. 预应力钢筋与台座之间温差引起的预应力损失 σ_{l3}

这项损失仅发生在采用蒸汽或其他方法加热养护混凝土的先张法构件中。为了缩短生产周期,先张法施工常采用加热措施养护混凝土。在升温时,混凝土与预应力钢筋之间尚未建立黏结力,预应力钢筋将受热伸长,而张拉台座未受温度影响仍维持原相对距离,使得预应力钢筋被放松而发生应力下降;当降温时,预应力钢筋已与混凝土结成整体,无法恢复到原来的应力状态,于是产生了应力损失 σ_{l3}。

设预应力钢筋的有效长度为 l,预应力钢筋与台座之间的温差为 Δt,则预应力钢筋因温度升高而产生的伸长变形 $\Delta l = \alpha \Delta t l$。

预应力钢筋的应力损失 σ_{l3} 为

$$\sigma_{l3} = \frac{\Delta l}{l} E_p = \alpha \Delta t E_p$$

式中,α——预应力钢筋的线膨胀系数,钢材一般可取 $\alpha = 1 \times 10^{-5} \, ^\circ\mathrm{C}^{-1}$。

由于钢筋的弹性模量 $E_p \approx 2 \times 10^5 \, \mathrm{N/mm^2}$,因此 σ_{l3} 的计算公式为

$$\sigma_{l3} = 2\Delta t \tag{6-11}$$

减小 σ_{l3} 的措施如下。

（1）两次升温养护，即先升温 20～25℃，待混凝土达到一定强度后，再逐渐升温至养护温度，此时预应力钢筋与混凝土已黏结为整体，能够一起伸缩而不引起应力变化。

（2）采用钢台座（在钢模上张拉钢筋），可消除温差。

4. 预应力钢筋应力松弛引起的预应力损失 σ_{l4}

在钢筋长度保持不变的情况下，钢筋拉应力随着时间的增长而逐渐降低，这种现象称为钢筋的应力松弛。

预应力钢筋应力松弛引起的预应力损失 σ_{l4} 可按下列方法计算。

1）消除应力钢丝、钢绞线

普通松弛：

$$\sigma_{l4}=0.4\left(\frac{\sigma_{con}}{f_{ptk}}-0.5\right)\sigma_{con} \tag{6-12}$$

低松弛：

$\sigma_{con}\leqslant 0.7f_{ptk}$ 时，

$$\sigma_{l4}=0.125\left(\frac{\sigma_{con}}{f_{ptk}}-0.5\right)\sigma_{con} \tag{6-13}$$

$0.7f_{ptk}<\sigma_{con}\leqslant 0.8f_{ptk}$ 时，

$$\sigma_{l4}=0.2\left(\frac{\sigma_{con}}{f_{ptk}}-0.575\right)\sigma_{con} \tag{6-14}$$

2）预应力螺纹钢筋

$$\sigma_{l4}=0.03\sigma_{con} \tag{6-15}$$

3）中强度预应力钢丝

$$\sigma_{l4}=0.08\sigma_{con} \tag{6-16}$$

减小 σ_{l4} 的措施如下。

（1）采用低松弛预应力钢筋。

（2）进行超张拉。

5. 混凝土的收缩和徐变引起受拉区与受压区纵向预应力钢筋的预应力损失 σ_{l5}、σ'_{l5}

一般情况下，混凝土的收缩和徐变引起受拉区和受压区纵向预应力钢筋的预应力损失 σ_{l5} 和 σ'_{l5} 可按下述方法计算。

先张法构件：

$$\sigma_{l5}=\frac{60+340\dfrac{\sigma_{pc}}{f'_{cu}}}{1+15\rho} \tag{6-17}$$

$$\sigma'_{l5}=\frac{60+340\dfrac{\sigma_{pc}}{f'_{cu}}}{1+15\rho'} \tag{6-18}$$

后张法构件：

$$\sigma_{l5}=\frac{55+300\dfrac{\sigma_{pc}}{f'_{cu}}}{1+15\rho} \tag{6-19}$$

$$\sigma'_{l5} = \frac{55 + 300\dfrac{\sigma'_{pc}}{f'_{cu}}}{1 + 15\rho'} \tag{6-20}$$

式中，σ_{pc}，σ'_{pc}——分别为受拉区、受压区预应力钢筋合力点处的混凝土法向压应力；

f'_{cu}——施加预应力时的混凝土立方体抗压强度；

ρ，ρ'——分别为受拉区、受压区预应力钢筋和非预应力钢筋的配筋率，对先张法构件，$\rho = (A_p + A_s)/A_0$，$\rho' = (A'_p + A'_s)/A_0$；对后张法构件，$\rho = (A_p + A_s)/A_n$，$\rho' = (A'_p + A'_s)/A_n$；对于对称配置预应力钢筋和非预应力钢筋的构件，配筋率 ρ 和 ρ' 应按钢筋总截面面积的一半计算。

A_0——换算截面面积，包括净截面面积以及全部纵向预应力钢筋截面面积换算成混凝土的截面面积；

A_n——净截面面积，即扣除孔道、凹槽等削弱部分以外的混凝土全部截面面积及纵向非预应力钢筋截面面积换算成混凝土的截面面积之和；对由不同混凝土强度等级组成的截面.应根据混凝土弹性模量比值换算成同一混凝土强度等级的截面面积。

当结构处于年平均相对湿度低于 40% 的环境下，σ_{l5} 和 σ'_{l5} 的值应增加 30%。

减小该项损失的措施如下。

(1) 采用高标号水泥，减少水泥用量，降低水灰比。

(2) 采用级配较好的骨料，加强振捣，提高混凝土的密实性。

(3) 加强养护，以减少混凝土的收缩。

6. 环形构件中螺旋式预应力钢筋对混凝土的局部挤压引起的预应力损失 σ_{l6}

采用螺旋式预应力钢筋作为配筋的后张法环形构件，由于预应力钢筋对混凝土的局部挤压，使环形构件的直径有所减少，预应力钢筋的应力降低引起预应力损失 σ_{l6}。

《混凝土规范》规定如下。

当 $d \leqslant 3\text{mm}$ 时，$\qquad\qquad \sigma_{l6} = 30\text{N}/\text{mm}^2 \tag{6-21}$

 提示

直径大于 3m 的构件，不考虑该项损失。

6.2.3 预应力损失值的组合

上述预应力损失有的发生在先张法中，有的发生在后张法中，有的在先张法和后张法中均有，而且预应力损失是分批出现的。为了便于分析和计算，将预应力损失按各受力阶段进行组合。通常将预应力传到混凝土中之前发生的预应力损失（即混凝土预压前的损失）称为第一批预应力损失 $\sigma_{l\text{I}}$；将混凝土预压后的预应力损失称为第二批预应力损失 $\sigma_{l\text{II}}$。先张法、后张法预应力混凝土构件各阶段的预应力损失组合如表 6-3 所示。

表 6-3　预应力损失值的组合

预应力损失值的组合	先张法构件	后张法构件
混凝土预压前(第一批)的损失	$\sigma_{l1}+\sigma_{l2}+\sigma_{l3}+\sigma_{l4}$	$\sigma_{l1}+\sigma_{l2}$
混凝土预压后(第二批)的损失	σ_{l5}	$\sigma_{l4}+\sigma_{l5}+\sigma_{l6}$

注：先张法构件由于钢筋应力松弛引起的损失值 σ_{l4} 在第一批和第二批损失中所占的比例，如需区分，可根据实际情况确定。

提示

由于预应力损失的复杂性，预应力损失的计算值与实际值可能存在一定的差异。为确保预应力混凝土构件的抗裂性，《混凝土规范》规定，当计算求得的总预应力损失值小于下列数值时，应按下列数值取用。
(1) 先张法构件：100N/mm²。
(2) 后张法构件：80N/mm²。

任务 6.3　预应力混凝土构件的构造要求

6.3.1　一般构造要求

预应力混凝土构件的截面形式应根据构件的受力特点进行合理选择。对于轴心受拉构件，通常采用正方形成矩形截面；对于受弯构件，常采用 T 形、I 形、箱形截面等。截面形式和尺寸通常可参考类似工程，根据经验初步确定，也可按下面的方法初估截面尺寸：对于一般的预应力混凝土受弯构件，截面高度一般可取跨度的 1/30～1/15，翼缘宽度一般可取截面高度的 1/3～1/2；在 I 形截面中可减小至截面高度的 1/5，翼缘厚度一般可取截面高度的 1/10～1/6，腹板厚度一般可取截面高度的 1/15～1/8。

1. 纵向非预应力钢筋

当配置一定的预应力钢筋已能满足抗裂或裂缝宽度要求时，则按承载力计算所需的其余受拉钢筋可采用普通钢筋。纵向普通钢筋的选用原则与钢筋混凝土结构相同。

2. 纵向预应力钢筋

对施工阶段预拉区允许出现拉应力的构件，为了防止预拉区因拉应力过大而产生裂缝，对于配置直线型预应力钢筋的构件，可在预拉区设置预应力钢筋 A'_p。根据截面形状和尺寸的不同，A'_p 一般可取 $(1/6～1/4)A_p$，A_p 为受拉区预应力钢筋面积。在预拉区设置 A'_p，会降低受拉区的抗裂性，通常在大跨度预应力混凝土梁中，一般宜将部分预应力钢筋在支座区段向上弯起，而不在预拉区分设预应力钢筋 A'_p。预拉区纵向钢筋的纵向钢筋配筋率 $(A'_s+A'_p)/A$ 不宜小于 0.15%，对后张法构件不应计入 A'_p，其中，A 为构件截面面积。预拉区纵向钢筋的直径不宜大于 14mm，并应沿构件预拉区的外边缘均匀配置。对于施工阶段不允许出现裂缝的板类构件,预拉区纵向钢筋的配筋可根据具体情况按实践经验确定。

6.3.2 先张法预应力混凝土构件的要求

1. 预应力钢筋的净距

先张法构件中,预应力钢筋的净距应根据钢筋与混凝土黏结锚固的可靠性、便于浇筑混凝土和施加预应力及夹具布置等要求确定。除此之外,《混凝土规范》要求:先张法预应力钢筋之间的净间距不应小于其公称直径或等效直径的 2.5 倍和混凝土粗骨料最大直径的 1.25 倍(当混凝土的振捣密实性具有可靠保证时,净间距可放宽至最大粗骨料直径的 1.0 倍),且应符合下列规定:预应力钢丝,不应小于 15mm;三股钢绞线,不应小于 20mm;七股钢绞线,应小于 25mm。

2. 构件端部加强措施

(1)单根配置的预应力钢筋,其端部宜设置螺旋筋。

(2)分散布置的多根预应力钢筋,在构件端部 10d(d 为预应力钢筋的公称直径)且不小于 100mm 的范围内宜设置 3～5 片与预应力钢筋垂直的钢筋网片。

(3)采用预应力钢丝配筋的薄板,在板端 100mm 范围内应适当加密横向钢筋。

(4)槽形板类构件应在构件端部 100mm 范围内沿构件板面设置附件横向钢筋,其数量不应少于 2 根。

(5)预制肋形板宜设置加强其整体性和横向刚度的横助。端横肋的受力钢筋应弯入纵肋内。当采用先张长线法生产有端横肋的预应力混凝土肋形板时,应在设计和制作上采取防止放张预应力时端横肋产生裂缝的有效措施。

(6)在预应力混凝土屋面梁、吊车梁等构件靠近支座的斜向主拉应力较大部位,宜将一部分预应力钢筋弯起配置。

(7)预应力钢筋在构件端部全部弯起的受弯构件或直线配筋的先张法构件,当构件端部与下部支撑结构焊接时,应考虑混凝土收缩、徐变及温度变化所产生的不利影响,宜在构件端部可能产生裂缝的部位设置足够的非预应力纵向构造钢筋。

6.3.3 后张法预应力混凝土构件的要求

1. 预留孔道的要求

后张法预留孔道的布置应考虑张拉设备和锚具的尺寸以及端部混凝土局部受压承载力等要求。预留孔道应符合下列规定。

(1)预制构件孔道之间的水平净间距不宜小于 50m,且不宜小于粗骨料直径的1.25 倍;孔道至构件边缘的净间距不宜小于 30mm,且不宜小于孔道直径的一半。

(2)现浇混凝土梁中,预留孔道在竖直方向的净间距不应小于孔道外径,水平方向的净间距不宜小于 1.5 倍孔道外径,且不应小于粗骨料直径的 1.25 倍;从孔道外壁至构件边缘的净间距,梁底不宜小于 50mm,梁侧不宜小于 40mm;裂缝控制等级为三级的梁,上述净间距分别不宜小于 70mm 和 50mm。

（3）预留孔道的内径宜比预应力钢筋束外径及需穿过孔道的连接器外径大 6～15mm；且孔道的截面积宜为穿入预应力钢筋截面积的 3.0～4.0 倍，并宜尽量取小值。

（4）当有可靠经验，并能保证混凝土浇筑质量时，预应力钢筋孔道可水平并列贴紧布置，但并排的数量不应超过 2 束。

（5）在构件两端及曲线孔道的高点应设置灌浆孔或排气兼泌水孔，其孔距不宜大于 20m。

（6）凡制作时需要预先起拱的构件，预留扎道宜随构件同时起拱。

（7）在现浇楼板中采用扁形锚固体系时，穿过每个预留孔道的预应力钢筋数量宜为 3～5 束；在常用荷载情况下，孔道在水平方向的净间距不应超过 8 倍板厚及 1.5m 中的较大值。

2. 端部锚固区加强措施

后张法预应力混凝土构件的端部锚固区应按下列规定配置间接钢筋。

（1）采用普通垫板时，应先进行局部受压承载力计算，再配置间接钢筋，其体积配筋率不应小于 0.5%，垫板的刚性扩散角应取 45°。

（2）当采用整体铸造垫板时，其局部受压区的设计应符合相关标准的规定。

（3）在局部受压间接钢筋配置区以外，在构件墙部长度 l 不小于截面重心线上部或下部预应力钢筋的合力点至邻近边缘距离 e 的 3 倍、且不大于构件端部截面高度 h 的 1.2 倍、高度为 $2e$ 的附加配筋区范围内，应均匀配置附加防劈裂箍筋或网片（见图 6-5），配筋面积可按下列公式计算：

$$A_{sv} = 0.18 \left(1 - \frac{l_l}{l_b}\right) \frac{P}{f_{yv}} \tag{6-22}$$

式中，P——作用在构件端部截面重心线上部和下部预应力钢筋的合力设计值，按有关规定进行计算，但应乘以预应力分项系数 1.2，此时，仅考虑混凝土预压前的预应力损失值；

l_l，l_b——分别为沿构件高度方向 A_l、A_b 的边长或直径（m）。

且体积配筋率不应小于 0.5%。

（4）当构件端部预应力钢筋需集中布置在截面下部或集中布置在上部和下部时，应在构件端部 $0.2h$ 范围内设置附加竖向防剥裂构造钢筋（见图 6-5），其截面面积应符合下列公式要求：

$$A_{sv} \geq \frac{T_s}{f_{yv}} \tag{6-23}$$

$$T_s = \left(0.25 - \frac{e}{h}\right) P \tag{6-24}$$

式中，T_s——锚固端剥裂拉力；

f_{yv}——附加竖向钢筋的抗拉强度设计值；

e——截面重心线上部和下部预应力钢筋的合力点至截面近边缘的距离；

h——构件端部截面高度。

当 $e > 0.2h$ 时，可根据实际情况适当配置构造钢筋。竖向防剥裂钢筋可采用焊接钢筋网，封闭式箍筋或其他形式宜采用带肋钢筋。

当端部截面上部和下部均有预应力钢筋时，附加竖向钢筋的总截面面积应按上部和下部的预加力合力分别计算的数值叠加后采用,但总合力不应超过上部和下部预应力钢筋合力之和的 0.2 倍。

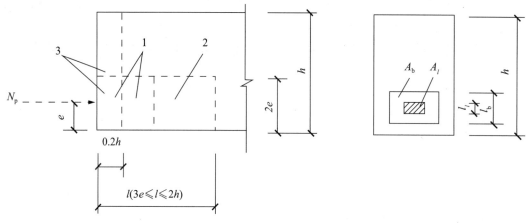

图 6-5　防止端部裂缝的配筋范围

1—局部受压间接钢筋配置区;2—附加防劈裂配筋区;3—附加防剥裂配筋区

 说明

构件横向也应按上述方法计算抗剥裂钢筋,并与上述竖向钢筋形成网片筋配置。

(5)当构件在端部有局部凹进时,应增设折线构造钢筋(见图 6-6)或其他有效的构造钢筋。

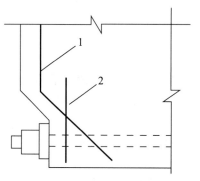

图 6-6　端部凹进处构造配筋图

1—折线构造钢筋;2—竖向构造钢筋

3. 曲线预应力钢筋的布置

(1)后张法预应力混凝土构件中,常用曲线预应力钢丝束、钢绞线束的曲率半径不宜小于 4m;折线配筋的构件,在预应力钢筋弯折处的曲率半径可适当减小。曲线预应力钢丝束、钢绞线束的曲率半径也可按下列公式计算:

$$r_{\mathrm{p}} \geqslant \frac{P}{0.35 f_{\mathrm{c}} d_{\mathrm{p}}}$$

(6-25)

式中，P——预应力束的合力设计值，取 1.2 倍张拉控制力；

r_p——预应力束的曲率半径（m）；

d_p——预应力束孔道的外径；

f_c——混凝土轴心抗压强度设计值，当验算张拉阶段曲率半径时，可取与施工阶段混凝土立方体抗压强度 f'_{cu} 对应的抗压强度设计值 f'_c。

当曲率半径 r_p 不能满足上述要求时，可在曲线预应力钢筋束弯折处内侧设置钢筋网片或螺旋筋。

（2）在预应力混凝土结构件中，近凹面的纵向预应力钢丝束、钢绞线束的曲线段，其预加力应按下列公式进行验算：

$$r_p \geqslant \frac{P}{f_t(0.5d_p + c_p)} \tag{6-26}$$

当预加力满足式（6-26）的要求时，可仅配置构造 U 形箍筋；当不满足式（6-26）的要求时，每单肢 U 形箍筋的截面面积可按下列公式确定：

$$A_{svl} \geqslant \frac{Ps_v}{2r_p f_{yv}} \tag{6-27}$$

式中，P——预应力钢丝束、钢绞线束的预加力设计值，取张拉控制应力和预应力钢筋强度设计值中的较大值确定，当有平行的几个孔道，且中心距不大于 $2d_p$ 时，该预加力设计值应按相邻全部孔道内的预应力束合力确定；

f_t——混凝土轴心抗拉强度设计值，或与施工张拉阶段混凝土立方体抗压强度 f'_{cu} 相应的抗拉强度设计值 f'_t；

c_p——预应力钢筋孔道净混凝土保护层厚度；

A_{svl}——每单肢箍筋截面面积；

s_v——U 形插筋间距；

f_{yv}——U 形插筋抗拉强度设计值；

l_e——实际锚固长度。

U 形箍筋的锚固长度不应小于 l_a（见图 6-7）；当该锚固长度小于 l_a 时，每单肢 U 形箍筋的截面面积可按 A_{svl}/k 取值。其中，k 取 $l_e/15d$ 和 $l_e/200$ 中的较小值，且 k 不大于 1.0。

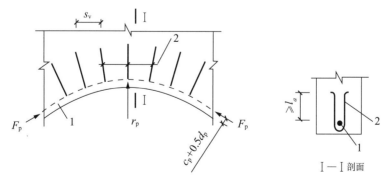

图 6-7　抗崩裂箍筋构造示意图

1—预应力钢筋束；2—沿预应力钢筋束均匀布置的 U 形箍筋

4. 其他要求

（1）构件端部尺寸应综合考虑锚具的布置、张拉设备的尺寸和局部受压的要求等确定，必要时应适当加大。

（2）后张预应力混凝土外露金属锚具应采取可靠的防腐及防火措施。

思 考 题

1. 什么是预应力混凝土？为什么要对构件施加预应力？

2. 与普通混凝土相比，预应力混凝土的主要优点是什么？

3. 什么是先张法和后张法？简述先张法和后张法的适用范围。

4. 预应力混凝土构件对材料有哪些要求？为什么预应力混凝土构件要求采用强度较高的钢筋和混凝土？

5. 什么是张拉控制应力？张拉控制应力的取值为什么不能过高或过低？如何确定张拉控制应力？

6. 什么是预应力损失？预应力损失包括哪几类？各类损失产生的原因是什么？

7. 如何计算和减小预应力损失？

8. 预应力损失如何组合？

9. 先张法构件和后张法构件的预应力损失有什么不同？

10. 预应力混凝土构件应考虑哪些构造要求？先张法预应力混凝土构件的要求包括哪些？后张法预应力混凝土构件的要求包括哪些？

项目 7 钢筋混凝土梁板结构

通过本项目的学习，了解钢筋混凝土梁板结构的分类及特点；掌握单向板肋梁楼盖的结构平面布置、结构内力计算、结构截面配筋计算的特点，熟悉结构截面配筋的构造要求，了解结构平法施工图的制图规则，会进行简单单向板肋梁楼盖设计计算并完成施工图的绘制；了解双向板肋梁楼盖结构平面布置，理解双向板结构内力计算及截面配筋计算特点，熟悉双向板结构截面的构造要求；了解楼梯分类，理解现浇梁式及板式楼梯结构设计计算，熟悉楼梯结构截面的构造要求；了解雨篷分类，理解板式雨篷设计计算的内容，熟悉结构截面的构造要求。

教学要求

能力目标	知识目标	权重/%
钢筋混凝土梁板结构概述	钢筋混凝土梁板结构的分类及特点	5
现浇整体式单向板肋梁楼盖设计	单向板肋梁楼盖结构平面布置；结构内力计算；结构截面配筋计算的特点及构造要求；梁、板平法施工图制图规则要点	40
现浇整体式双向板肋梁楼盖设计简介	双向板肋梁楼盖结构平面布置；结构内力计算；结构截面配筋计算的特点及构造要求	15
现浇楼梯设计	楼梯分类；现浇梁式楼梯设计计算；现浇板式楼梯设计计算	20
现浇雨篷设计	雨篷分类；板式雨篷板的设计计算；板式雨篷梁的设计计算；板式雨篷抗倾覆验算	20

任务 7.1 钢筋混凝土梁板结构概述

钢筋混凝土梁板结构在建筑工程中的楼盖、屋盖、楼梯、雨篷以及筏板基础中有着广泛的应用。此外，还应用于桥梁的桥面结构，水池的顶盖、池壁、挡土墙等结构物。其设计原理具有普遍意义。

钢筋混凝土楼盖按不同施工方法可分为预制装配式、装配整体式和现浇整体式三种。

预制装配式楼盖采用混凝土预制构件，施工速度快，工期短，便于工业化生产。但楼盖的整体性、抗震性、防水性较差，不便于开设孔洞。高层建筑及抗震设防要求高的建筑均不宜采用。

装配整体式楼盖是在各预制构件吊装就位后,再在板面作配筋现浇层而形成的叠合式楼盖。这样做可节省模板,楼盖的整体性也较好,但费工、费料,因此较少采用。

现浇整体式楼盖的全部构件均为现场浇筑,楼盖的整体性好,抗震性能强,防水性能好,且具有很强的适应性,但需较多模板,施工较为复杂,工期长,受到季节的影响。随着施工技术的不断革新和抗震对楼盖整体性要求的提高,目前现浇整体式楼盖是应用最为广泛的楼盖形式。

现浇整体式楼盖中的板按其弯曲情况不同可分为单向板和双向板。单向板是指仅仅或主要在一个方向弯曲的板(见图 7-1)。当板两边支承时,它仅仅垂直于支承方向弯曲为单向板。当板四边支承时,当长边 l_2 与短边 l_1 之比大于 2 时,即 $l_2/l_1 > 2$,板上荷载主要沿短边方向传递,主要在短边方向弯曲,而长边方向的弯曲很小,可忽略不计,按单向板考虑;当长边 l_2 与短边 l_1 之比小于或等于 2 时,即 $l_2/l_1 \leqslant 2$,板上荷载沿两个方向均传递,且弯曲程度相差不大,按双向板考虑(见图 7-2)。

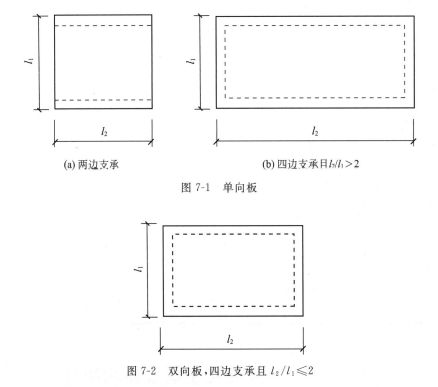

(a) 两边支承　　　　　　　　　　　(b) 四边支承且 $l_2/l_1 > 2$

图 7-1　单向板

图 7-2　双向板,四边支承且 $l_2/l_1 \leqslant 2$

现浇整体式楼盖按其受弯和支撑情况的不同可分为单向板肋梁楼盖、双向板肋梁楼盖和无梁楼盖三种(见图 7-3)。

由单向板及其支承梁组成的楼盖称为单向板肋梁楼盖[见图 7-3(a)];由双向板及其支承梁组成的楼盖称为双向板肋梁楼盖[见图 7-3(b)];不设肋梁,将板直接支承在柱上的楼盖称为无梁楼盖[见图 7-3(c)]。

单向板肋梁楼盖具有构造简单、设计简便、施工方便且较为经济等优点而被广泛采用。双向板肋梁楼盖虽无上述优点,但因梁格可做成正方形或接近正方形,较为美观,因此在公

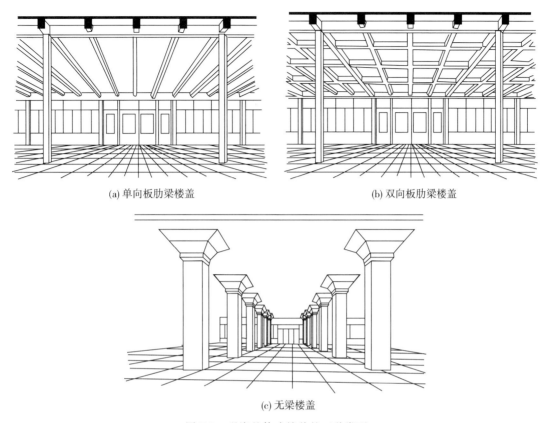

(a) 单向板肋梁楼盖

(b) 双向板肋梁楼盖

(c) 无梁楼盖

图 7-3 现浇整体式楼盖的三种类型

共建筑的门厅及楼盖中时有采用。无梁楼盖具有顶面平整、净空较大等优点,但因板上荷载大、板厚不经济等缺点,仅适用于层高受到限制且柱距较小的仓库等建筑。

本任务主要介绍现浇单向板肋梁楼盖、楼梯和雨篷的设计计算,对现浇双向板肋梁楼盖仅作简单介绍。

任务 7.2 现浇整体式单向板肋梁楼盖设计

单向板肋梁楼盖由单向板及支承其的主梁和次梁组成。设计计算的基本步骤为:先进行结构平面布置,然后分别进行单向板、次梁和主梁的设计计算并绘制其施工图,绘制施工图时除了考虑计算结果外,还应考虑构造要求。

单向板、次梁和主梁的设计计算均包括计算方法选择、计算简图确定、内力计算、配筋计算及绘制施工图等内容。

7.2.1 结构平面布置

结构平面布置的总原则是:适用、经济、整齐。适用、经济是指结构平面布置要综合考虑使用要求并注意经济合理。如教室、演播厅等房间不宜设柱,以免遮挡视线;而在仓库、商场等房间内则可设柱,以减小梁的跨度,达到经济的目的;在较重的隔墙或设备下宜设梁,避免楼板过厚而造成不经济。整齐是指结构平面布置应尽量简单、规整和统一,以减少构件类型且便于设计计算及施工,易于实现适用、经济及美观的要求。如梁板尽量布置成等跨,板厚及梁截面尺寸在各跨内宜尽量统一。

单向板肋梁楼盖中,次梁的间距即为板的跨度,主梁的间距即为次梁的跨度,柱或墙在主梁方向的间距即为主梁的跨度。各种构件的跨度太大或太小均不经济,经济跨度为:板2～4m,次梁4～6m,主梁6～8m。当荷载较小时,宜取较大值;荷载较大时,宜取较小值。图7-4所示的单向板肋梁楼盖,单向板为6跨连续板,以次梁和纵墙作为支承;次梁为4跨连续梁,以主梁和横墙作为支承;主梁为两跨连续梁,以柱和纵墙作为支承。

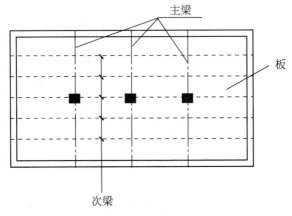

图 7-4　单向板肋梁楼盖的组成

单向板肋梁楼盖结构构件布置顺序为:先布置主梁,再布置次梁和单向板。

主梁布置需依次解决布置方向、跨度和根数三方面的问题。主梁的设置方向有沿房屋横向布置和沿房屋纵向布置两种方案(见图7-5)。工程中常将主梁沿房屋横向布置,因为这样房屋的横向刚度容易得到保证。有时为满足某些特殊需要(如楼盖下吊有纵向设备管道),也可将主梁沿房屋纵向布置以减小层高。主梁的跨度需综合考虑主梁经济跨度、柱网布置及荷载情况等因素确定。主梁根数需综合考虑根数设置方向的房间尺寸、次梁的经济跨度(影响主梁的间距)等因素确定。

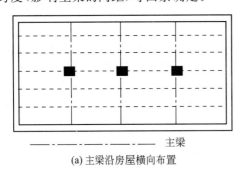

(a) 主梁沿房屋横向布置

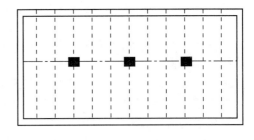

(b) 主梁沿房屋纵向布置

图 7-5　主梁的布置方向

次梁布置只需解决根数问题即可。当主梁的布置方向确定后,次梁方向与主梁相垂直随之确定;主梁根数确定,次梁跨度随之确定;因此,次梁布置仅需解决根数问题。根数确定与主梁相同,需综合考虑根数设置方向的房间尺寸、板的经济跨度等因素确定,还要重点兼顾主梁和次梁形成板的区格,长边 l_2 与短边 l_1 之比大于 2,形成单向板。

说明

一般情况下,主梁的跨中宜布置两根次梁,这样可使主梁的弯矩图较为平缓,减小最大弯矩值,有利于节约钢筋。

7.2.2　结构内力计算

构件内力的计算顺序与荷载传递顺序相同,先是板,然后是次梁,最后是主梁。计算内容均包括:计算方法的选择、计算简图的确定、内力计算。

1. 计算方法的选择

连续板、梁的内力计算方法有弹性理论计算法和塑性理论计算法两种。弹性理论计算法是假定钢筋混凝土梁板为匀质弹性体,用结构力学方法计算。塑性理论计算法考虑钢筋混凝土的塑性性质,将某些截面的内力适当降低后配筋,较弹性理论计算法能改善配筋、节约材料。但它不可避免地导致构件在使用阶段的裂缝过宽及变形较大,因此在下列情况下不能采用塑性理论计算法进行计算。

(1) 直接承受动力荷载的结构,如有振动设备的楼面梁板。

(2) 对裂缝开展宽度有较高要求的结构,如卫生间和屋面的梁板。

(3) 处于重要部位的结构,如主梁。

2. 计算简图的确定

内力计算之前,首先应确定结构构件的计算简图。其内容包括支承条件、计算跨度和跨数、荷载分布及大小等。

1) 支承条件

当梁、板为砖墙或砖柱支承时,由于其嵌固作用很小,可按铰支座考虑。板与次梁或次梁与主梁虽然整浇在一起,但支座对构件的约束并不太强。为简化计算,通常也假定为铰支座。主梁与柱整浇在一起时,支座的确定与梁和柱的线刚度比有关,当梁与柱的线刚度之比大于 5 时,柱可视为主梁的铰支座。否则认为主梁与柱刚接,按框架结构计算。

2) 计算跨度和跨数

(1) 计算跨度。

梁板的计算跨度按下列规定取用。

① 弹性理论计算法:对于中间跨,计算跨度取支座中心线的距离;对于边跨,当边支座为砌体时,计算跨度取法如下。

板:

$$l_0 = l_n + \frac{b}{2} + \left(\frac{a}{2} \text{ 和 } \frac{h}{2} \text{ 较小者}\right) \tag{7-1}$$

梁:

$$l_0 = l_n + \frac{b}{2} + \left(\frac{a}{2} 和 \, 0.025 l_n \, 较小者\right) \tag{7-2}$$

② 塑性理论计算法：对于中间跨,计算跨度取净跨;对于边跨,当边支座为砌体时,计算跨度取法如下。

板：

$$l_0 = l_n + \left(\frac{a}{2} 和 \frac{h}{2} 较小者\right) \tag{7-3}$$

梁：

$$l_0 = l_n + \left(\frac{a}{2} 和 \, 0.025 l_n \, 较小者\right) \tag{7-4}$$

式中, l_0——计算跨度;

l_n——净跨度;

b——板或梁的中间支座的宽度;

a——板或梁在边支座的搁置长度;

h——板的厚度。

(2) 计算跨数。

梁板的计算跨数按下列原则取用：对于 5 跨和 5 跨以内的连续梁板,按实际跨数考虑;超过 5 跨时,当各跨荷载及刚度相同、跨度相差不超过 10% 时,可近似地按 5 跨连续梁板计算;中间各跨的内力均认为与 5 跨连续梁板计算简图中第 3 跨相同(见图 7-6)。

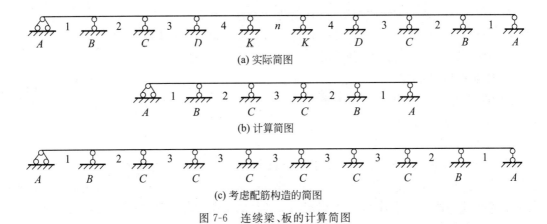

图 7-6 连续梁、板的计算简图

3) 荷载分布及大小

作用于楼盖上的荷载有恒荷载和活荷载两种。恒荷载包括结构自重、构造层重(面层、粉刷层)和永久性设备重等。楼盖恒荷载标准值按实际构造情况计算(体积×重力密度)。活荷载包括使用时的人群和临时性设备等重量。计算屋盖活荷载时,活荷载除按上人或不上人分别考虑外,北方地区还需考虑雪荷载。但雪荷载与屋面活荷载不同时,考虑两者中取较大值计算。活荷载标准值可查《建筑结构荷载规范》(GB 50009—2012)取用。

连续单向板承受自重恒荷载和均布活荷载作用,计算时通常取 1m 宽的板带作为计算单元。

次梁除自重恒荷载外,还承受板传来的恒荷载和活荷载,选取计算单元的次梁负荷范围宽度为其相邻次梁间距的一半,若次梁均匀布置即为次梁的间距。

主梁除自重恒荷载外,还承受次梁以集中力传来的恒荷载和活荷载。选取计算单元的主梁负荷范围宽度为其相邻主梁间距的一半,若主梁均匀布置即为主梁的间距,间距范围内的次梁把荷载以集中力传递给主梁。为简化计算,主梁的自重也可折算为集中荷载并入次梁传来的集中力中。

单向板肋梁楼盖梁、板的荷载情况如图 7-7 所示。

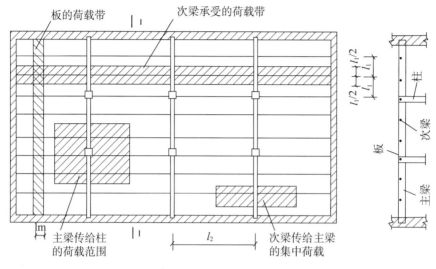

图 7-7　单向板肋梁楼盖各构件的荷载情况

 说明

板恒荷载标准值计算为:体积×重力密度/作用面积(折算为作用面积上的面荷载);梁恒荷载标准值计算为:体积×重力密度/计算跨度(折算为计算跨度上的线荷载)。

3. 弹性理论法计算内力

弹性理论法适用于所有情况下的连续梁板,其基本方法是采用结构力学方法(如力矩分配法)计算内力。对常用荷载下的等截面、等跨度连续梁板(跨度相差在 10% 以内的不等跨连续梁板也可近似按等跨考虑),则可直接查用"内力系数表"(见附录十六),按公式计算内力。由于连续梁板上有活荷载作用,在内力计算时应考虑以下几方面的问题。

1) 荷载的最不利组合

连续梁板上的恒荷载按实际情况布置,但活荷载在各跨的分布是随机的,需考虑最不利位置。图 7-8 为恒荷载和活荷载布置在不同跨时梁的弯矩图和剪力图。根据图 7-8 可得,活荷载如何布置能使各计算截面上的内力值达到最大,即活荷载的最不利布置位置。表 7-1 为 5 跨连续梁(板)的活荷载最不利位置及对应的最值内力表。

活荷载最不利布置的原则如下。

(1) 求某跨跨中最大正弯矩时,应在该跨布置,然后再隔跨布置。

(2) 求某跨跨中最小弯矩时,应在该跨的邻跨布置,然后再隔跨布置。

(3) 求某支座最大负弯矩和支座边最大剪力时,应在该支座两边布置,然后再隔跨布置。

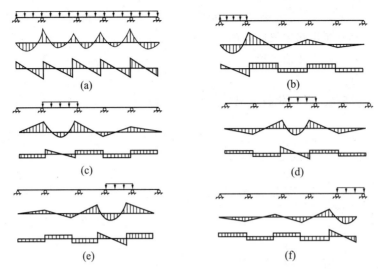

图 7-8 恒荷载及活荷载作用于不同跨时的弯矩图和剪力图

(a)恒荷载作用下的弯矩图和剪力图;(b)、(c)、(d)、(e)、(f)活荷载作用于不同跨时的弯矩图和剪力图

表 7-1 5 跨连续梁(板)的活荷载最不利位置及对应的最值内力表

活荷载布置	最大内力	最小内力
	M_1、M_3、M_5 V_A、V_F	M_2、M_4
	M_2、M_4	M_1、M_3、M_5
	M_B $V_{B左}$、$V_{B右}$	
	M_C $V_{C左}$、$V_{C右}$	
	M_D $V_{D左}$、$V_{D右}$	
	M_E $V_{E左}$、$V_{E右}$	

2)内力系数表

想要得到构件上某控制截面的某种最不利内力,只需将恒荷载作用下在控制截面产生的内力与上述活荷载情况下在控制截面产生的内力进行叠加即可。恒荷载作用下的内力和活荷载作用下的内力可直接查用"内力系数表"(见附录十六),按照以下公式计算。

在均布及三角形荷载作用下:

$$M = 表中系数 \times ql^2 \tag{7-5}$$

$$V = 表中系数 \times ql \tag{7-6}$$

在集中荷载作用下:

$$M = 表中系数 \times Pl \tag{7-7}$$

$$V = \text{表中系数} \times P \tag{7-8}$$

式中，q——均布荷载（kN/m）；

　　P——集中荷载（kN）。

 说明

在计算支座弯矩时计算跨度可取支座左右跨度的较大值，也可取支座左右跨度的平均值计算。

3）内力包络图

以恒荷载作用下的内力图为基础，分别将恒荷载作用下的内力与各种活荷载不利布置情况下的内力进行组合，求得各组合的内力，将各组合的内力图叠画在同一条基线上，所得外包线形成的图形便称为内力包络图。内力包络图用来表示连续梁在各种荷载最不利布置下各截面可能产生的最大内力值。图 7-9 所示为 3 跨连续梁在集中荷载作用下的弯矩包络图的绘制方法，图 7-10 所示为 3 跨连续梁在集中荷载作用下的剪力包络图的绘制方法。根据弯矩包络图配置纵筋，根据剪力包络图配置箍筋，可达到既安全又经济的目的。但为简便，对于配筋量不大的梁，如次梁，也可不作内力包络图，而按最大内力配筋，并按经验方法确定纵筋的弯起和截断位置。

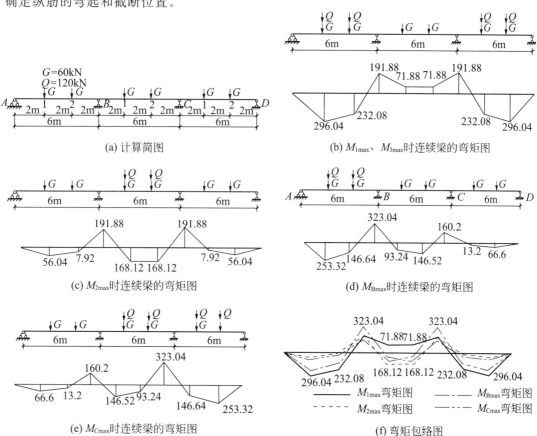

图 7-9　3 跨连续梁在集中荷载作用下的弯矩叠合图

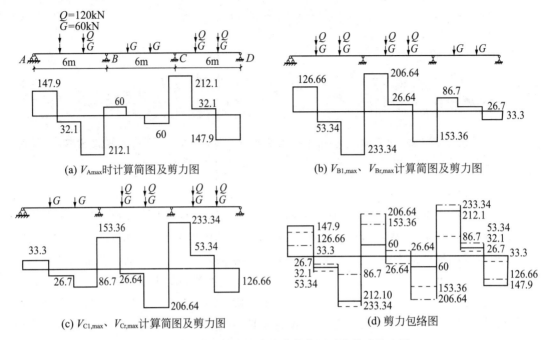

(a) V_{Amax} 时计算简图及剪力图

(b) $V_{B1,max}$、$V_{Br,max}$ 计算简图及剪力图

(c) $V_{C1,max}$、$V_{Cr,max}$ 计算简图及剪力图

(d) 剪力包络图

图 7-10　3 跨连续梁在集中荷载作用下的剪力叠合图

4）荷载调整

计算简图中，将支承板的次梁简化为板的铰支座，将支承次梁的主梁简化为次梁的铰支座。实际上，当连续梁板与其支承整浇时，它在支座处的转动受到一定的约束，并不像铰支座那样自由转动。由此引起的误差，设计时可以用将活荷载减小、将恒荷载加大的折算荷载的方法来进行调整，以此减小活荷载不利布置的影响。

对于板：

$$g' = g + \frac{1}{2}q \tag{7-9}$$

$$q' = \frac{1}{2}q \tag{7-10}$$

对于次梁：

$$g' = g + \frac{1}{4}q \tag{7-11}$$

$$q' = \frac{3}{4}q \tag{7-12}$$

式中，g、q——实际均布恒荷载和活荷载；

g'、q'——折算均布恒荷载和活荷载。

当现浇板或次梁的支座为砖砌体、钢梁或预制混凝土梁时，支座对现浇梁板并无转动约束，这时不可采用折算荷载。另外，因主梁较重要，且支座对主梁的约束一般较小，因此主梁不考虑折算荷载问题。

5）支座截面内力的计算

梁或板按弹性理论计算的支座截面内力为支座中心线处的最大内力，由于在支座范围内构件的截面有效高度较大,因此破坏不会发生在支座范围内,而发生在支座边缘截面处。连续梁板在配筋时,可以取支座边缘截面为其控制截面,支座边缘截面的弯矩和剪力可近似地按以下公式计算:

$$M_{边} = M - V_0 \frac{b}{2} \tag{7-13}$$

$$V_{边} = V - (g+q) \frac{b}{2} \tag{7-14}$$

式中,M、V——支座中心处的弯矩值、剪力值;

b——支座宽度;

V_0——按简支梁考虑的支座边缘剪力。

4. 塑性理论法计算内力

按弹性理论计算连续梁板时,存在一些问题。弹性理论研究的是匀质弹性材料,而钢筋混凝土构件是由钢筋和混凝土两种弹塑性材料组成,这样用弹性理论计算必然不能反映结构的实际工作状况,而且与截面计算理论不相协调。因为当荷载较大时,构件截面会出现明显的塑性,特别构件上出现裂缝,形成"塑性铰"后,构件各截面的内力分布会与弹性分析的结果不一致;按弹性理论计算连续梁时,各截面均按其最不利活荷载布置来进行内力计算并且配筋,由于各种最不利荷载组合并不同时发生,所以各截面钢筋不能同时被充分利用;另外利用弹性理论计算出的支座弯矩一般较大,支座处配筋拥挤,给施工造成一定的困难。为充分考虑钢筋混凝土构件的塑性性能,提出按塑性理论计算内力的方法。

1)塑性铰

图7-11为集中荷载作用下的钢筋混凝土简支梁,当荷载加载至跨中受拉钢筋屈服后,梁中部的变形急剧增加,混凝土垂直裂缝迅速发展,受拉钢筋明显被拉长,受压区混凝土被压缩,梁绕受压区重心发生如同"铰"一样的转动,犹如形成了一个能够转动的"铰"直到受压区混凝土压碎,构件才被破坏。上述梁中,塑性变形集中产生的区域称为塑性铰。

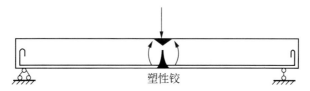

图7-11 梁的塑性铰

与理想铰相比,塑性铰具有以下特点。

(1)理想铰不能传递弯矩,而塑性铰能传递一定的弯矩(屈服弯矩 M_y 至极限弯矩 M_u)。

(2)塑性铰是单向铰,仅能沿弯矩作用方向转动。

(3)塑性铰转动有限度,从受拉钢筋屈服到受压区混凝土压碎。

对于静定结构,任一截面出现塑性铰后,即可使其变成几何可变体系而丧失承载力。但对于超静定结构,由于存在多余约束,构件某一截面出现塑性铰,并不能使其立即变成几何可变体系。仍能继续承受增加的荷载,直到其他截面也出现塑性铰,使其成为几何可变体系才丧失承载力。

2）钢筋混凝土超静定结构的塑性内力重分布

在钢筋混凝土超静定结构中，由于构件开裂后引起的刚度变化以及塑性铰的出现，在构件各截面间将产生塑性内力重分，使各截面内力与弹性分析结果不一致。以图7-12所示两跨连续梁为例，说明超静定结构的塑性内力重分布过程。

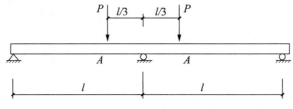

图7-12 超静定结构的塑性内力重分布

该梁按弹性理论计算所得的支座与跨中最大弯矩分别为：$M_B = -15Pl/8$，$M_A = 8Pl/81$。若在配筋时，支座钢筋按 $M_B = -12Pl/81$ 配置，跨中钢筋按 $M_A = 10Pl/81$ 配置。随着荷载的增加，当荷载使得支座弯矩 $M_B = -12Pl/81$ 时，支座B处受拉区钢筋屈服，出现塑性铰；荷载继续增大时，支座B维持 M_B 不增而 M_A 增加。当 M_A 增至 $M_A = 10Pl/81$ 时，跨中也将出现塑性铰，此时结构变为几何可变体系而破坏。可见，塑性理论分析内力时，由于塑性铰的出现，构件截面上产生的内力与弹性理论分析的结果不一致。

3）按塑性内力重分布设计的基本原则

按塑性内力重分布方法设计多跨连续梁、板时，可考虑连续梁、板具有塑性内力重分布特性，采用弯矩调幅法将某些截面的弯矩（一般将支座截面弯矩）调整降低后配筋。这样既可以节约钢材，又保证结构安全可靠，还可以避免因支座钢筋过于拥挤而造成施工困难。按塑性内力重分布设计时应遵循以下基本原则。

（1）满足刚度和裂缝宽度的要求：为使结构满足正常使用条件，不致出现过宽的裂缝，弯矩调低的幅度不能太大，对 HPB300、HRB335、HRB400 级钢筋，板宜不大于 20%，梁宜不大于 25%。

（2）确保结构安全可靠：调幅后的弯矩应满足静力平衡条件，每跨两端支座负弯矩绝对值的平均值与跨中弯矩之和应不小于简支梁的跨中弯矩。

（3）塑性铰应有足够的转动能力：这是为了保证塑性内力重分布的实现，避免受压区混凝土过早被压坏，要求混凝土相对受压区高度 $\xi \leqslant 0.35$（或受压区高度 $x \leqslant 0.35h_0$，或 $M_u \leqslant 0.289\alpha_1 f_c bh_0^2$），并宜采用 HRB335 或 HRB400 级钢筋。

4）等跨连续梁板按塑性理论计算内力的方法

对工程中常用的承受均布荷载的等跨连续梁板，可采用内力系数（见图7-13）直接计算弯矩和剪力。

设计时按照式(7-15)和式(7-16)计算内力，对于跨度相差不超过 10% 的不等跨连续梁板，也可近似按下式计算。在计算支座弯矩时可取支座左右跨度的较大值作为计算跨度，或支座左右跨度的平均值。

弯矩：
$$M = \alpha_m(g+q)l_0^2 \tag{7-15}$$

剪力：

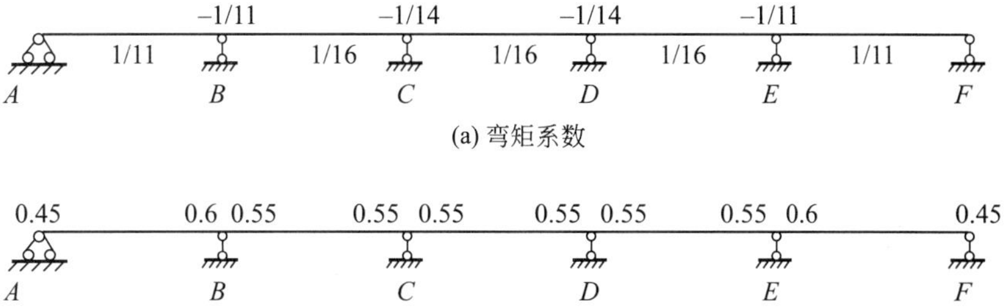

（图示内力系数图）

（a）弯矩系数

（b）剪力系数

图 7-13　板和次梁按塑性理论计算的内力系数

$$V = \alpha_{v}(g+q)l_{n} \qquad (7\text{-}16)$$

式中，α_{m}——弯矩系数，按图 7-13（a）采用；

　　　　α_{v}——剪力系数，按图 7-13（b）采用；

　　　　g、q——分别为均布恒、活荷载设计值；

　　　　l_{0}——计算跨度（按塑形理论计算法取值）；

　　　　l_{n}——梁的净跨度。

图 7-13 所示的弯矩系数是根据弯矩调幅法将支座弯矩调低约 25％的结果，适用于 $q/g>$ 0.3 的结构。当 $q/g\leqslant 0.3$ 时，调幅应不大于 15％，支座弯矩系数需适当增大。

提示

塑性理论只能用于普通楼盖的连续板和次梁，对于主梁以及有特殊要求的楼盖板和次梁必须按弹性理论计算内力。

7.2.3　截面设计和构造要点

1. 单向板设计

1）计算特点

（1）通常取 1m 宽板带作为计算单元计算荷载及配筋。

（2）因板内剪力较小，一般可以满足抗剪要求，设计时不必进行斜截面受剪承载力计算。

（3）四周与梁整浇的单向板，因受支座的反推力作用，该推力可减少板中各计算截面的弯矩，较难发生弯曲破坏，设计时其中间跨的跨中截面及中间支座截面的计算弯矩可减少 20％，但考虑边梁的反推力作用不大，因此边跨跨中及第一内支座的弯矩不予降低。

2）板的构造要求

板的厚度、支承长度、板中钢筋在项目 3 介绍过，现补充连续板的配筋构造。

（1）受力钢筋的配筋方式。

连续板受力钢筋的配筋方式有分离式和弯起式两种（见图 7-14）。采用弯起式配筋时，板的整体性好，节约钢筋，但施工复杂，仅在楼面有较大振动荷载时采用。而分离式配筋由于其施工简单，在工程中常用，一般板厚不大于 120mm，且所受动荷载不大时采用分离式配筋。

等跨或跨度相差不超过 20% 的连续板可直接采用图 7-14 确定钢筋弯起和切断的位置。当支座两边的跨度不等时,支座负筋伸入某一侧的长度应以另一侧的跨度来计算;为方便计算,也可取支座左右跨较大的跨度计算。若跨度相差超过 20%,或各跨荷载相差悬殊,则必须根据弯矩包络图来确定钢筋弯起和切断的位置。

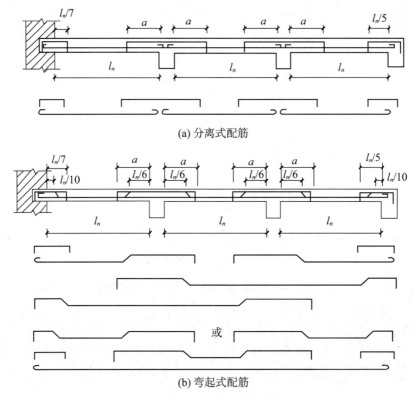

图 7-14　连续板受力钢筋的配筋方式

注:当 $q/g \leqslant 3$ 时,$a = l_n/4$;当 $q/g > 3$ 时,$a = l_n/3$,其中 q 为均布活荷载设计值,g 为均布恒荷载设计值。

（2）构造钢筋。

① 分布钢筋。分布钢筋是与受力钢筋相垂直的钢筋,并放在受力钢筋内侧,沿板的长边方向设置;其截面面积不宜小于受力钢筋截面面积的 15%,且不宜小于该方向板截面面积的 0.15%;直径不宜小于 6mm,间距不宜大于 250mm。在受力钢筋的弯折处必须设置分布钢筋;当板上集中荷载较大或为露天构件时,其分布钢筋宜适当加密,取间距为 150～200mm。

② 板面构造负筋。板面构造负筋有嵌入墙内的板面构造负筋、垂直于主梁的板面构造负筋。嵌入墙内的板在内力计算时通常按简支计算,但实际上距墙一定范围内的板存在负弯矩,需在此设置板面构造负筋。另外,单向板在长边方向也并非不受弯,在主梁两侧一定范围内的板存在负弯矩,需设置板面构造负筋。

板面构造负筋的数量不得少于单向板受力钢筋的 1/3,且不少于 $\phi 8 @ 200$。它伸出主梁边的长度为 $l_n/4$,伸出墙边的长度为 $l_n/7$,但在墙角处,伸出墙边的长度应增加到 $l_n/4$,l_n 为单向板的净跨度。

单向板内的受力钢筋、分布钢筋和板面构造负筋的布置情况如图 7-15 所示。

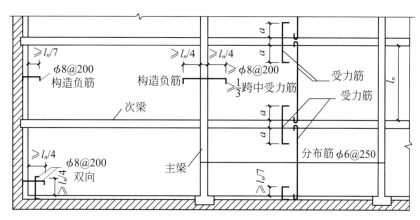

图 7-15　单向板内受力钢筋与构造筋的布置情况

2. 次梁设计

1) 计算特点

(1) 次梁正截面承载力计算时,跨中按 T 形截面计算,支座按矩形截面计算。

(2) 一般可仅设置箍筋抗剪,而不设置弯筋。

(3) 截面尺寸满足高跨比(1/18～1/12)和宽高比(1/3～1/2)的要求时,一般不必作挠度和裂缝宽度验算。

2) 构造要求

次梁截面尺寸、支承长度和梁中钢筋在项目 3 介绍过,现仅补充多跨连续梁纵筋布置方式。与连续板类似,等跨连续次梁的纵筋布置方式有分离式和弯起式两种,工程中一般采用分离式配筋。当连续次梁相邻跨度差不超过 20%,承受均布荷载,且活荷载与恒荷载之比不大于 3 时,其纵向受力钢筋的弯起和切断可按图 7-16 进行;当不符合上述条件时,原则上应按弯矩包络图确定纵筋的弯起和截断位置。

3. 主梁设计

1) 计算特点

(1) 主梁正截面承载力计算时,跨中按 T 形截面计算,支座按矩形截面计算。

(2) 由于支座处板、次梁和主梁的钢筋重叠交错,且主梁负筋位于次梁负筋之下,因此主梁支座处的截面有效高度有所减小(见图 7-17)。当钢筋单排布置时,$h_0 = h - (50 \sim 60)$(mm);当钢筋双排布置时,$h_0 = h - (70 \sim 90)$(mm)。

(3) 主梁截面尺寸满足高跨比 1/14～1/8 和宽高比 1/3～1/2 的要求时,一般不必作挠度和裂缝宽度验算。

2) 构造要求

主梁截面尺寸、支承长度和梁中钢筋在项目 3 介绍过,现根据主梁特点补充以下几点。

(1) 主梁纵筋的弯起和截断,原则上应在弯矩包络图上进行,并应满足有关构造要求,主梁下部的纵向受力钢筋伸入支座的锚固长度也应满足有关构造要求。

(2) 主梁的受剪钢筋宜优先采用箍筋,但当剪力很大、箍筋间距过小时也可在近支座处设置部分弯起钢筋抗剪。

(3) 在次梁与主梁交接处,由于主梁承受次梁传来的集中荷载,可能使主梁中下部产

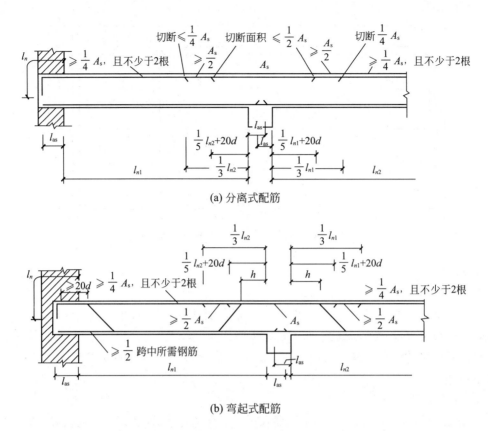

(a) 分离式配筋

(b) 弯起式配筋

图 7-16　等跨连续次梁的纵筋布置方式

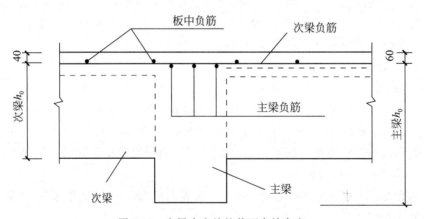

图 7-17　主梁支座处的截面有效高度

生约为 $45°$ 的斜裂缝而发生局部破坏(因为次梁承受负弯矩,使次梁顶部受拉区出现裂缝,因此次梁仅靠未裂的下部截面将集中力传给主梁)。因此应在主梁上的次梁截面两侧设置附加横向钢筋,以承受次梁作用于主梁截面高度范围内的集中力。附加横向钢筋有箍筋和吊筋两种,钢筋应布置在长度 $s=3b+2h_1$ 的范围内, b 为次梁宽度, h_1 为主次梁的底面高差。

《混凝土结构设计规范(2015 版)》(GB 50010—2010)建议附加横向钢筋宜优先采用箍

筋,当次梁两侧各设 4 道附加箍筋(第 1 道附加箍筋距次梁侧 50mm 处布置,间距 50mm)仍不满足要求时,应改设吊筋。采用吊筋时,弯起段应伸至梁的上边缘,且末端水平段长度不应小于 $20d$(d 为吊筋直径)。附加横向钢筋所需的用量应按下式计算:

附加箍筋:

$$F \leqslant m A_{sv} f_{yv} = m n A_{sv1} f_{yv} \tag{7-17}$$

附加吊筋:

$$F \leqslant 2 A_{sb} f_y \sin\alpha \tag{7-18}$$

式中,F——次梁传给主梁的集中荷载设计值;

A_{sv}——每道附加箍筋的截面面积,n 为每道箍筋的肢数,A_{sv1} 为单肢箍的截面面积;

m——在宽度 s 范围内的附加箍筋道数;

f_{yv}、f_y——分别为附加箍筋、吊筋的抗拉强度设计值;

A_{sb}——附加吊筋的截面面积;

α——附加吊筋与梁纵轴线的夹角,一般为 45°,梁高大于 800mm 时为 60°。

附加横向钢筋的具体设置要求如图 7-18 所示。

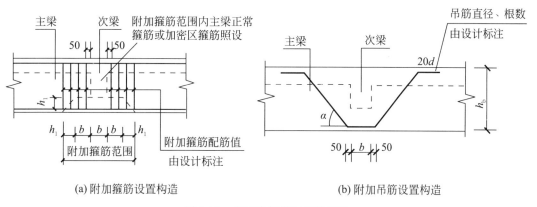

(a) 附加箍筋设置构造　　　　　(b) 附加吊筋设置构造

图 7-18　主梁附加横向钢筋构造

（4）当主梁的腹板高度 $h_w \geqslant 450$mm 时,在梁的两侧面沿梁高应设置纵向构造钢筋和相应拉筋,具体设置要求如图 7-19 所示。

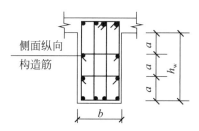

图 7-19　梁侧面纵向构造筋和拉筋

纵向构造筋间距 $a \leqslant 200$mm。当梁侧面配有直径不小于构造纵筋的受扭纵筋时,受扭纵筋可以代替构造纵筋。当梁宽 $b \leqslant 350$mm 时,拉筋直径为 6mm,梁宽 $b > 350$mm 时,拉筋直径为 8mm。拉筋间距为非加密区箍筋间距的 2 倍。当设有多排拉筋时,上、下两排拉筋竖向错开设置。

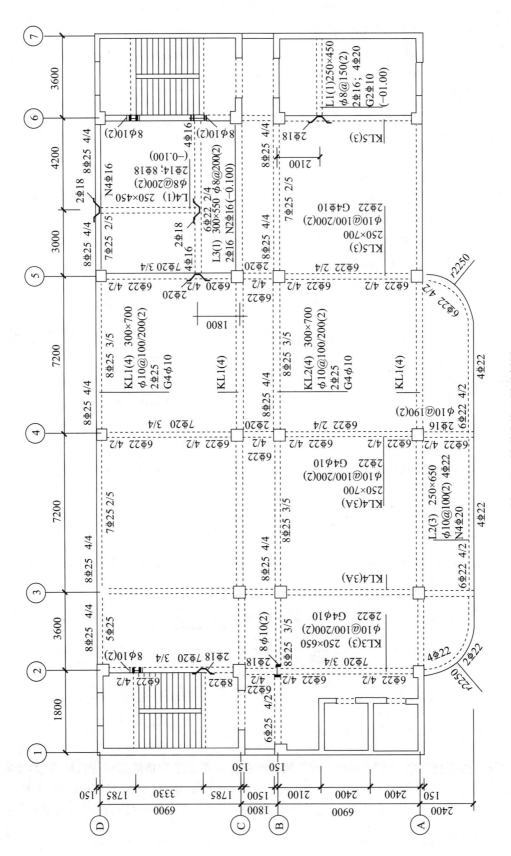

图 7-20　梁平法施工图示例图

7.2.4 梁、有梁楼盖平法施工图制图要点

1. 梁平法施工图制图规则

《国家建筑设计标准图案 16G101—1》图集指出梁平法施工图系在梁平面布置图上采用平面注写方式或截面注写方式表达。表达方式有平面注写方式和截面注写方式,在实际工程中,平面注写方式应用较广,因此本项目主要介绍平面注写方式。

梁平面注写方式系在梁平面布置图上,分别在不同编号的梁中各选一根梁,在其上注写截面尺寸和配筋具体数值的方式来表达梁平法施工图,如图 7-20 所示。

梁构件的平面注写方式包括集中标注和原位标注。集中标注表达梁的通用数值,原位标注表达梁的特殊数值。当集中标注中的某些数值不适用于梁的某部位时,则将该项数值原位标注,识图时,原位标注取值优先。

1) 梁集中标注的内容

梁构件集中标注,有五项必注值及一项选注值(集中标注可以从梁的任意一跨引出)。必注值包括梁编号、截面尺寸、箍筋、上部通长筋或架立筋、侧部构造筋或受扭钢筋;选注值有梁顶标高高差。具体标注形式如图 7-21 所示,每一项内容具体规定如下。

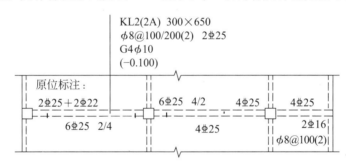

图 7-21 梁平面注写方式示例图

(1) 梁编号(必注内容)。梁编号由代号、序号和跨数及有无悬挑三项内容组成,如表 7-2 所示。

表 7-2 梁编号

梁 类 型	代号	序号	跨数及有无悬挑
楼层框架梁	KL	××	(×××)(×××A)或(×××B)
屋面框架梁	WLL	××	(×××)(×××A)或(×××B)
框支梁	KZL	××	(×××)(×××A)或(×××B)
非框架梁	L	××	(×××)(×××A)或(×××B)
悬挑梁	XL	××	
井字梁	JZL	××	(×××)(×××A)或(×××B)

注:(××)为无悬挑,(××A)为一端有悬挑,(××B)为两端有悬挑,悬挑不计入跨数。

例如,KL2(2A)表示:第 2 号框架梁,共 2 跨,梁一端悬挑。

（2）梁的截面尺寸（必注内容）。以 $b \times h$ 表示梁截面宽度与高度。

例如，KL2(2A)300×650 表示：第 2 号框架梁，共 2 跨，梁一端悬挑，梁宽为 300mm，梁高为 650mm。

（3）梁箍筋（必注内容）。梁箍筋包括注写钢筋级别、直径、加密区与非加密区间距及肢数。箍筋加密区与非加密区的不同间距及肢数需用斜线"/"分隔；当箍筋为同一种间距及肢数时，则不需用斜线；当加密区与非加密区的箍筋肢数相同时，则将肢数注写一次；箍筋肢数应写在括号内。加密区范围见相应抗震等级的标准构造详图。

例如，$\phi8@100/200(2)$ 表示：本梁采用的箍筋，钢筋级别为 HPB300，直径为 8mm，加密区间距为 100mm，非加密区间距为 200mm，肢数均为双肢箍。

（4）梁上部通长筋或架立筋配置（必注内容）。通长筋可为相同或不同直径采用搭接连接、机械连接或焊接的钢筋。所注规格与根数根据结构受力要求及箍筋肢数等构造要求而定。当同排纵筋中既有通长筋又有架立筋时，应用加号"+"将通长筋和架立筋相连。注写时需将角部纵筋写在加号的前面，架立筋写在加号后面的括号内，以示不同直径及通长筋的区别。当全部采用架立筋时，则将其写入括号内。

例如，2⊕25 表示梁的上部筋配置 2⊕25 的通长筋，用于双肢箍。

2⊕25+(4ϕ12)表示梁的上部配置 2⊕25 的通长筋，4ϕ12 的架立筋用于六肢箍。

当梁的上部纵筋和下部纵筋为全跨相同，且多数跨配筋相同时，此项可加注下部纵筋的配筋值，用分号";"将上部与下部纵筋的配筋值分隔开来；少数跨不同者，采用原位标注修正。

例如，2⊕25 表示梁的上部配置 2⊕25 的通长筋；2⊕22 表示梁的下部配置 2⊕22 的通长筋。

（5）梁侧面纵向构造钢筋或受扭钢筋配置（必注内容）。当梁腹板高度 $h_w \geqslant 450$mm 时，需配置纵向构造钢筋，所注规格与根数应符合规范规定。此项注写值以大写字母 G 开头，接续注写设置在梁两个侧面的总配筋值，且对称配置。

例如，G4ϕ10 表示梁的两个侧面共配置 4ϕ10 的纵向构造钢筋，每侧各配置 2ϕ10。

当侧面需配置受扭纵向钢筋时，此项注写值以大写字母 N 开头，接续注写配置在梁两个侧面的总配筋值，且对称配置。受扭纵筋应满足梁侧面纵向构造钢筋的间距要求，且不再重复配置纵向构造钢筋。

例如，N6⊕22 表示梁的两个侧面共配置 6⊕22 的纵向受扭钢筋，每侧各配置 3⊕22。

（6）梁顶标高高差（选注内容）。梁顶标高高差指相对于结构层楼面标高的高差值。有高差值时，需将其写入括号内；无高差时不注写。"－"代表低于结构楼层标高，"＋"代表高于结构楼层标高。

例如，某结构标准层的楼面标高 44.950m，当某梁的梁顶面标高高差注写为－0.020 时表示该梁顶面标高相对于 44.950m 低 0.020m。

2）梁原位标注的内容

（1）梁支座上部纵筋（该部位含通长筋在内的所有纵筋）。

① 当上部纵筋多于一排时，用斜线"/"将各排纵筋自上而下分开。

例如，梁支座上部纵筋注写为 6⊕25 4/2 表示：上一排纵筋为 4⊕25，下一排纵筋为 2⊕25。

②　当同排纵筋有两种直径时,用加号"+"将两种直径的纵筋相连,注写时将角部纵筋写在前面。

例如,梁支座上部纵筋注写为 2±25+2±22 表示:梁支座上部有四根钢筋放一排,2±25放在角部,2±22 放在中部。

③　当梁中间支座两边的上部纵筋不同时,需在支座两边分别标注;当梁中间支座两边的上部纵筋相同时,可仅在支座的一边标注配筋值,另一边省去不注。

（2）梁下部纵筋。

①　当下部纵筋多于一排时,用斜线"/"将各排纵筋自上而下分开。

②　当同排纵筋有两种直径时,用加号"+"将两种直径的纵筋相连,注写时将角部纵筋写在前面。

③　当梁下部纵筋在集中标注中已注写,则不需要在梁下部重复做原位标注。

（3）集中标注信息修正。

当在梁上集中标注的内容（即梁截面尺寸、箍筋、上部通长筋或架立筋,梁侧面纵向构造钢筋或受扭纵向钢筋,以及梁顶面标高高差中的某一项或几项值）不适用于某跨或某悬挑部分时,则将其不同数值原位标注在该跨或该悬挑部位,施工时应按原位标注数值取用。

（4）附加箍筋或吊筋

附加箍筋或吊筋,将其直接画在平面图中的主梁上,用线引注总配筋值（附加箍筋的肢数注在括号内）,如图 7-22 所示。当多数附加箍筋或吊筋相同时,可在梁平法施工图上统一注明,少数与统一注明值不同时,再原位引注。

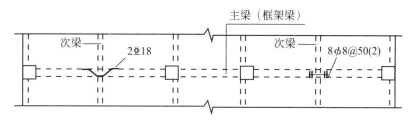

图 7-22　附加横向钢筋标注示例图

2. 有梁楼盖平法施工图制图规则

《混凝土结构施工图平面整体表示方法制图规则与构造详图（现浇混凝土框架、剪力墙、梁、板）》（16G101—1）指出有梁楼盖的制图规则适用于以梁为支座的楼面与屋面板平法施工图设计。

有梁楼盖平法施工图是指在楼面板和屋面板布置图上,采用平面注写的表达方式。板平面注写方式主要包括板块集中标注和板支座原位标注,如图 7-23 所示。

说明

为方便设计表达和施工识图,平法施工图规定结构平面的坐标方向为:当两向轴网正交布置时,图面从左至右为 X 向,从下至上为 Y 向。

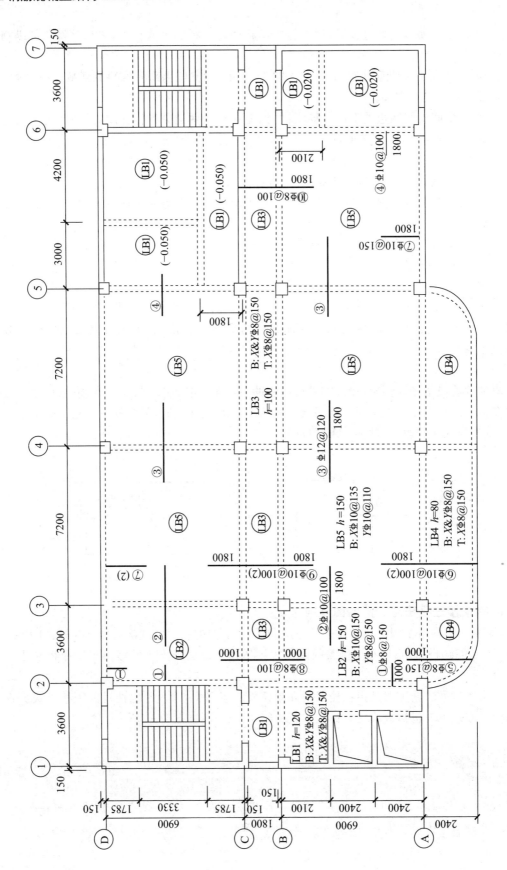

图 7-23 板平法施工图示例图

1）板块集中标注的内容

《混凝土结构施工图平面整体表示方法制图规则与构造详图（现浇混凝土框架、剪力墙、梁、板）》（16G101—1）中的集中标注以"板块"为单位。对于普通楼板，两向均以一跨为一块板。板块集中标注的内容为板块编号、板厚、贯通纵筋以及当板面标高不同时的标高高差。每一项内容具体规定如下。

（1）板块编号（必注内容）。板块编号由代号和序号两项内容组成，如表 7-3 所示。

表 7-3　板块编号

板类型	代号	序号
楼面板	LB	××
屋面板	WB	××
悬挑板	XB	××

（2）板厚（必注内容）。板厚注写为 $h=×××$（为垂直于板面的厚度）。例如，$h=120$，表示板厚为 120mm。当悬挑板的根部改变截面厚度时，注写为 $h=×××/×××$（斜线前为板根的厚度，斜线后为板端的厚度）。例如，$h=120/80$，表示板根部厚度为 120mm，端部厚度为 80mm。

（3）贯通纵筋（必注内容）。贯通纵筋按板块的下部纵筋和上部纵筋分别注写（当板块上部不设贯通纵筋时则不注写），并以 B 代表下部，以 T 代表上部，B&T 代表下部和上部；X 向贯通纵筋以 X 开头，Y 向贯通纵筋以 Y 开头，两向贯通纵筋配置相同时则以 X&Y 开头。

当板为单向板时，分布钢筋可不注写，而在图中统一注明。

当贯通纵筋采用两种规格"隔一布一"方式时，表达为 $\phi xx/yy@×××$，表示直径为 xx 的钢筋和直径为 yy 的钢筋两者的间距为 ×××。

例如：LB5 $h=110$

　　　B：XΦ12@120；YΦ10@110

表示 5 号楼板，板厚为 110mm，板下部配置的贯通纵筋 X 向为 Φ12@120；Y 向为 Φ10@110，板上部未配置贯通纵筋。

例如：LB5 $h=110$

　　　B：XΦ10/12@100；YΦ10@110

表示 5 号楼板，板厚为 110mm，板下部配置的贯通纵筋 X 向为 Φ10、Φ12 隔一布一，Φ10 与 Φ12 间距为 100mm；Y 向为 Φ10@110，板上部未配置贯通纵筋。

（4）板面标高高差（选注内容）。它是指相对于结构层楼面标高的高差值，应将其注写在括号内，且有高差则注，无高差不注。"—"代表低于结构楼层标高，"＋"代表高于结构楼层标高。

2）板支座原位标注的内容

板支座原位标注内容为板支座上部非贯通纵筋和悬挑板上部受力钢筋。如图 7-23 所示，采用垂直于板支座（梁或墙）的一段适宜长度的中粗线来代表上部非贯通纵筋，在中粗线上注写钢筋编号（如①、②等）、配筋值、横向布置的跨数（注写在括号内，且当为 1 跨时可不注写),以及是否横向布置到梁的悬挑端;在中粗线的下方注写自支座中心线向跨内的延伸长度。当板支座上部非贯通筋向支座两侧对称伸出时,可仅在支座一侧线段下方标注伸出长度,另一侧不注;相反,当板支座上部非贯通筋向支座两侧非对称伸出时,应分别在支座两侧线段下方注写伸出长度。

在板平面布置图中,不同部位的板支座上部非贯通纵筋及悬挑板上受力筋,可仅在一个部位注写,对其他相同者则仅需在代表钢筋的线段上注写编号及横向连续布置的跨数即可。

7.2.5 单向板肋梁楼盖的设计实例

某多层民用建筑楼盖平面如图 7-24 所示,试设计该钢筋混凝土现浇楼盖,环境类别为一类,柱子截面尺寸为 400mm×400mm。

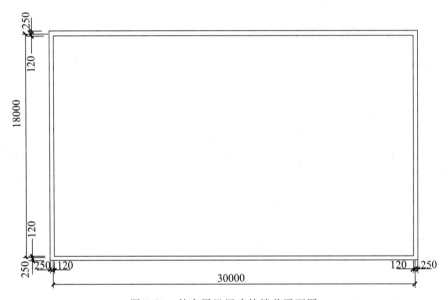

图 7-24 某多层民用建筑楼盖平面图

1. 设计资料

(1) 楼面活荷载标准值 $8kN/m^2$。

(2) 楼面构造做法:30mm 厚细石混凝土面层,20mm 厚 1∶3 水泥砂浆找平层,10mm 厚混合砂浆梁、板底抹灰。

(3) 材料选用。

混凝土:采用 C25($\alpha_1 f_c = 11.9N/mm^2$)。

钢筋:梁中受力纵筋采用 HRB400 级钢筋($f_y = 360N/mm^2$),其余钢筋一律采用 HPB300 级钢筋($f_y = 270N/mm^2$)。

2. 结构平面布置

根据工程设计经验,单向板板跨为 2~4m,次梁跨度为 4~6m,主梁跨度为 6~8m 较为合理。此多层民用建筑楼面梁格布置如图 7-25 所示。

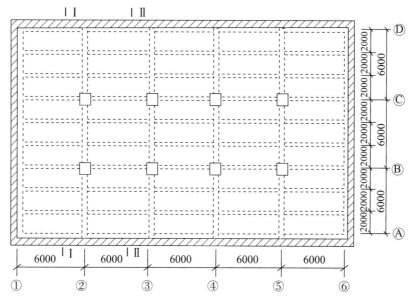

图 7-25　某多层民用建筑结构平面布置图

多跨连续板厚度按不进行挠度验算条件应不小于 $\dfrac{l_0}{30}=\dfrac{2000}{30}\approx67(\text{mm})$，及民用建筑楼板最小厚度为 60mm 的构造要求，因此取板厚 $h=80\text{mm}$。

次梁的截面高度 $h=\left(\dfrac{1}{18}\sim\dfrac{1}{12}\right)l_0=\left(\dfrac{1}{18}\sim\dfrac{1}{12}\right)\times6000=333\sim500(\text{mm})$，考虑到本例楼面荷载较大及建筑模数要求，取 $h=450\text{mm}$。

次梁的截面宽度 $b=\left(\dfrac{1}{3}\sim\dfrac{1}{2}\right)h=\left(\dfrac{1}{3}\sim\dfrac{1}{2}\right)\times450=150\sim225(\text{mm})$，取 $b=200\text{mm}$。

主梁的截面高度 $h=\left(\dfrac{1}{14}\sim\dfrac{1}{8}\right)l_0=\left(\dfrac{1}{14}\sim\dfrac{1}{8}\right)\times6000=429\sim750(\text{mm})$，考虑荷载及建筑模数要求，取 $h=650\text{mm}$。

主梁的截面宽度 $b=\left(\dfrac{1}{3}\sim\dfrac{1}{2}\right)h=\left(\dfrac{1}{3}\sim\dfrac{1}{2}\right)\times650=217\sim325(\text{mm})$，取 $b=250\text{mm}$。

3. 板的设计

楼面上无振动荷载，对裂缝开展宽度也无较高要求，因此可按塑性理论计算。

1）荷载计算

荷载设计值计算如下。

恒荷载设计值。

30mm 厚细石混凝土面层：$1.2\times0.03\times24=0.86(\text{kN/m}^2)$

20mm 厚 1∶3 水泥砂浆找平层：$1.2\times0.02\times20=0.48(\text{kN/m}^2)$

80mm 厚钢筋混凝土板：$1.2\times0.08\times25=2.40(\text{kN/m}^2)$

10mm 厚混合砂浆板底抹灰：$1.2\times0.01\times17=0.20(\text{kN/m}^2)$

恒荷载设计值小计：$g=3.94(\text{kN/m}^2)$

活荷载设计值（标准值不小于 4kN/m² 时，活荷载分项系数取 1.3）：

$$q=1.3\times8=10.40(\text{kN/m}^2)$$

总荷载小计：$g+q=14.34(\mathrm{kN/m^2})$

2）计算简图

取 1m 宽板带作为计算单元，各跨的计算跨度如下。

边跨：$l_0=l_n+\dfrac{a}{2}=\left(2-0.12-\dfrac{0.2}{2}\right)+\dfrac{0.12}{2}=1.84(\mathrm{m})$

$$l_0=l_n+\dfrac{h}{2}=\left(2-0.12-\dfrac{0.2}{2}\right)+\dfrac{0.08}{2}=1.82(\mathrm{m})$$

取较小者 $l_0=1.82\mathrm{m}$

中跨：$l_0=l_n=2-0.2=1.80(\mathrm{m})$

边跨和中间跨的计算跨度相差 $\dfrac{1.82-1.80}{1.80}\approx1.1\%<10\%$，因此可近似按等跨连续板计算板的内力。

计算跨数：板的实际跨数为 9 跨，超过 5 跨，可简化为 5 跨连续板计算，如图 7-26 所示。

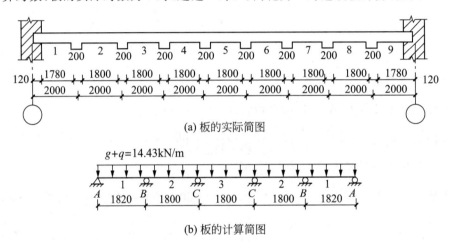

(a) 板的实际简图

(b) 板的计算简图

图 7-26　板的计算简图

3）弯矩计算

板的各截面的弯矩设计值列于表 7-4。

表 7-4　板的各截面弯矩设计值

项　目	截　面			
	边跨中	第一内支座	中跨中	第二内支座
弯矩系数 α_{m}	$\dfrac{1}{11}$	$-\dfrac{1}{11}$	$\dfrac{1}{16}$	$-\dfrac{1}{14}$
$M=\alpha_{\mathrm{m}}(g+q)l_0^2$ $/(\mathrm{kN\cdot m})$	$\dfrac{1}{11}\times14.34\times1.82^2$ ≈4.32	$-\dfrac{1}{11}\times14.34\times1.82^2$ ≈-4.32	$\dfrac{1}{16}\times14.34\times1.80^2$ ≈2.9	$-\dfrac{1}{14}\times14.34\times1.80^2$ ≈-3.32

注：支座计算跨度取支座相邻跨度的较大者。

4）正截面承载力计算

混凝土强度等级为 C25，$\alpha_1 f_{\mathrm{c}}=11.9\mathrm{N/mm^2}$；HPB300 级钢筋，$f_{\mathrm{y}}=270\mathrm{N/mm^2}$，$\xi_{\mathrm{b}}=$

0.576；板厚 $h=80$mm，有效高度 $h_0=h-a_s=80-25=55$（mm）。

为保证支座截面能出现塑性铰，要求支座截面弯矩 $M \leqslant 0.289\alpha_1 f_c bh_0^2$，即

$$M \leqslant 0.289 \times 1.0 \times 11.9 \times 1000 \times 55^2=10.40 \times 10^6（N \cdot m）=10.4（kN \cdot m）$$

$M_B=4.32$kN·m$<0.289\alpha_1 f_c bh_0^2=10.4$（kN·m），满足要求。

板的各正截面承载力计算如表 7-5 所示。

表 7-5　板的各正截面承载力计算

项　目	截　面			
	边跨中	第一内支座	中跨中	中间支座
$M/(kN \cdot m)$	4.32	-4.32	2.9	-3.32
$\alpha_s=\dfrac{M}{\alpha_1 f_c bh_0^2}$	$\dfrac{4.32 \times 10^6}{11.9 \times 1000 \times 55^2}$ ≈ 0.120	$\dfrac{4.32 \times 10^6}{11.9 \times 1000 \times 55^2}$ ≈ 0.120	$\dfrac{2.9 \times 10^6}{11.9 \times 1000 \times 55^2}$ ≈ 0.081	$\dfrac{3.32 \times 10^6}{11.9 \times 1000 \times 55^2}$ ≈ 0.092
$\xi=1-\sqrt{1-2\alpha_s}$	0.1282	0.1282	0.0846	0.0967
$A_s=\xi\dfrac{\alpha_1 f_c}{f_y}bh_0$	311	311	205	234
$\rho=\dfrac{A_s}{bh}\times 100\%$	$\dfrac{311}{1000 \times 80}=0.0039$ $=0.39\%>\rho_{min}$	$\dfrac{311}{1000 \times 80}=0.0039$ $=0.39\%>\rho_{min}$	$\dfrac{205}{1000 \times 80}=0.0026$ $=0.26\%>\rho_{min}$	$\dfrac{234}{1000 \times 80}=0.0029$ $=0.29\%>\rho_{min}$
选配钢筋	$\phi 8@160$	$\phi 8@160$	$\phi 8@200$	$\phi 8@200$
实配钢筋截面 面积/mm²	314	314	251	251

注：ρ_{min} 取 0.2% 和 $45\dfrac{f_t}{f_y}=45\times\dfrac{1.27}{270}\%=0.21\%$ 中的较大值，则 $\rho_{min}=0.21\%$。

5）考虑构造要求，绘制施工图

（1）受力钢筋。

楼面无较大振动荷载，为使设计和施工简便，采用分离式配筋方式。

支座顶面负弯矩钢筋的截断点位置，由于本例 $q/g=10.40/3.94=2.64<3$，因此可取 $a=l_n/4=1800/4=450$（mm）。

（2）构造钢筋。

① 分布钢筋。除在所有受力钢筋的弯折处设置一根分布钢筋外，并沿与受力钢筋相垂直的方向，即受力钢筋直线段按 $\phi 6@250$ 配置。这满足截面面积大于 15% 受力钢筋的截面面积，间距不大于 250mm 的构造要求。

② 墙边附加筋。为简化计算，沿纵墙或横墙均设置 $\phi 8@200$ 的短直筋。无论墙边或墙角，构造负筋均伸出墙边 $l_n/4=1780/4=445$（mm），取 450mm。

③ 主梁顶部的附加构造钢筋。在板与主梁连接处的顶面，按构造要求设置 $\phi 8@200$ 的构造钢筋，每边伸出梁侧边长度为 $l_n/4=1780/4=445$（mm），取 450mm。

楼面结构布置及板的施工图如图 7-29 所示。

4. 次梁的设计

一般楼盖次梁按塑性理论计算方法计算内力。

1）荷载计算

恒荷载设计值计算如下。

板传来的恒荷载：$3.94 \times 2 = 7.88(kN/m)$

次梁自重（扣除板重）：$1.2 \times 0.2 \times (0.45-0.08) \times 25 = 2.22(kN/m)$

次梁侧面粉刷（梁底粉刷已计入板的荷载中）：$1.2 \times 0.01 \times (0.45-0.08) \times 17 \times 2 = 0.15(kN/m)$

恒荷载设计值小计：$g = 10.25(kN/m)$

楼面使用活荷载设计值：$q = 10.4 \times 2 = 20.8(kN/m)$

总荷载小计：$g + q = 31.05(kN/m)$

2）计算简图

边跨：$l_0 = l_n + \dfrac{a}{2} = \left(6 - 0.12 - \dfrac{0.25}{2}\right) + \dfrac{0.24}{2} = 5.755 + 0.12 = 5.875(m)$

$l_0 = 1.025 l_n = 1.025 \times 5.755 = 5.9(m)$

取较小者 $l_0 = 5.875(m)$

中跨：$l_0 = l_n = 6.0 - \dfrac{0.25}{2} - \dfrac{0.25}{2} = 5.75(m)$

边跨和中间跨的计算跨度相差 $\dfrac{5.875 - 5.75}{5.75} = 2.2\% < 10\%$，因此可近似按等跨连续次梁计算次梁的内力。

计算跨数：次梁的实际跨数为 5 跨，未超过 5 跨按实际跨数计算，计算简图如图 7-27 所示。

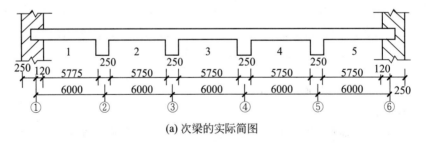

(a) 次梁的实际简图

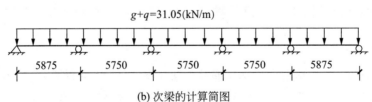

(b) 次梁的计算简图

图 7-27　次梁的实际简图和计算简图

3）内力计算

次梁弯矩计算列于表 7-6，次梁剪力计算列于表 7-7。

4）正截面承载力计算

混凝土强度等级为 C25，$\alpha_1 f_c = 11.9 N/mm^2$；HRB335 级钢筋，$f_y = 360 N/mm^2$，$\xi_b = 0.550$。

表 7-6　次梁弯矩计算

项　目	截　面			
	边跨中	第一内支座	中跨中	第二内支座
弯矩系数 α_m	$\dfrac{1}{11}$	$-\dfrac{1}{11}$	$\dfrac{1}{16}$	$-\dfrac{1}{14}$
$M=\alpha_m(g+q)l_0^2$ /(kN·m)	$\dfrac{1}{11}\times31.05\times5.875^2$ ≈97.43	$-\dfrac{1}{11}\times31.05\times5.875^2$ ≈-97.43	$\dfrac{1}{16}\times31.05\times5.75^2$ ≈64.16	$-\dfrac{1}{14}\times31.05\times5.75^2$ ≈-73.33

表 7-7　次梁剪力计算

项　目	截　面			
	边支座	第一内支座左	第一内支座右	中间支座
剪力系数 α_v	0.45	0.6	0.55	0.55
$V=\alpha_v(g+q)l_0$ /kN	$0.45\times31.05\times5.775$ ≈80.69	$0.6\times31.05\times5.775$ ≈107.59	$0.55\times31.05\times5.75$ ≈98.20	$0.55\times31.05\times5.75$ ≈98.20

次梁的跨中截面按 T 形截面计算,其翼缘的计算宽度按下列各项的最小值取用。

(1) $b_f'=\dfrac{l_0}{3}=\dfrac{5.75}{3}=1.92(\text{m})$。

(2) $b_f'=b+s_n=0.2+1.8=2.0(\text{m})$。

(3) $\dfrac{h_f'}{h_0}=\dfrac{80}{405}=0.198>0.1$,翼缘宽度 b_f' 可不受此项的限制。

比较上述三项,取较小值,即 $b_f'=1.92\text{m}$。

判断各跨中截面属于哪一类 T 形截面,取 $h_0=h-a_s=450-45=405(\text{mm})$,则

$$\alpha_1 f_c b_f' h_f'\left(h_0-\dfrac{h_f'}{2}\right)=11.9\times1920\times80\times\left(405-\dfrac{80}{2}\right)=813.4\times10^6(\text{N·m})=813.4(\text{kN·m})>$$

97.43(kN·m),因此各跨中截面均属于第一类 T 形截面。

支座截面按矩形截面计算,配筋按一层钢筋考虑,取 $h_0=h-a_s=450-45=405(\text{mm})$。

次梁正截面承载力计算列于表 7-8。

表 7-8　次梁正截面承载力计算

项　目	截　面			
	边跨中	第一内支座	中跨中	中间支座
M/(kN·m)	97.43	−97.43	64.16	−73.33
$\alpha_s=\dfrac{M}{\alpha_1 f_c bh_0^2}$	$\dfrac{97.43\times10^6}{11.9\times1920\times405^2}$ $=0.0260$	$\dfrac{97.43\times10^6}{11.9\times200\times405^2}$ $=0.2496$	$\dfrac{64.16\times10^6}{11.9\times1920\times405^2}$ $=0.0171$	$\dfrac{73.33\times10^6}{11.9\times200\times405^2}$ $=0.1878$
$\xi=1-\sqrt{1-2\alpha_s}$	$0.0263<\xi_b=0.550$	$0.2923<0.35$	$0.0172<\xi_b=0.550$	$0.2098<0.35$
$A_s=\xi\dfrac{\alpha_1 f_c}{f_y}bh_0$	676	783	442	562

项　目	截　面			
	边跨中	第一内支座	中跨中	中间支座
$\rho=\dfrac{A_s}{bh}\times100\%$	$\dfrac{676}{200\times450}=0.0075$ $=0.75\%>\rho_{min}$	$\dfrac{783}{200\times450}=0.0087$ $=0.87\%>\rho_{min}$	$\dfrac{442}{200\times450}=0.0049$ $=0.49\%>\rho_{min}$	$\dfrac{562}{200\times450}=0.0062$ $=0.62\%>\rho_{min}$
选配钢筋	3Φ18	2Φ20+1Φ16	2Φ18	2Φ20
实配钢筋截面 面积/mm²	763	829	509	628

注：ρ_{min}取 0.2% 和 $45\dfrac{f_t}{f_y}=45\times\dfrac{1.27}{360}\%=0.16\%$ 中的较大值，故 $\rho_{min}=0.20\%$。

5）斜截面受剪承载力计算

次梁斜截面抗剪承载力计算列于表 7-9。

表 7-9　次梁斜截面抗剪承载力计算

项　目	截　面	
	边　跨	中　跨
V/kN	107.56	98.20
$0.25f_cbh_0$/kN	$0.25\times11.9\times200\times405\approx240.98>V$	$0.25\times11.9\times200\times405\approx240.98>V$
$0.7f_tbh_0$/kN	$0.7\times1.27\times200\times405\approx72.01<V$	$0.7\times1.27\times200\times405\approx72.01<V$
箍筋肢数、直径	2ϕ6	2ϕ6
$A_{sv}=nA_{sv1}$/mm²	56.6	56.6
$s\leqslant\dfrac{f_{yv}A_{sv}h_0}{V-0.7f_tbh_0}$/mm	$s\leqslant\dfrac{270\times56.6\times405}{(107.56-72.01)\times10^3}\approx174$	$s\leqslant\dfrac{270\times56.6\times405}{(98.20-72.01)\times10^3}=236$
实配箍筋间距/mm	170	200
$\rho_{sv}=\dfrac{nA_{sv1}}{bs}$	$\rho_{sv}=\dfrac{57}{200\times170}=0.0017$ $=0.17\%>\rho_{sv,min}$	$\rho_{sv}=\dfrac{57}{200\times200}=0.0014$ $=0.14\%>\rho_{sv,min}$

注：1. $\rho_{sv,min}=0.24\dfrac{f_t}{f_{yv}}=0.24\times\dfrac{1.27}{270}=0.0011=0.11\%$。

2. 矩形、T 形和 I 字形截面的受弯构件，其截面应符合下列要求：当 $\dfrac{h_w}{b}\leqslant4.0$ 时，$V\leqslant0.25f_cbh_0$。本例为 $\dfrac{h_w}{b}=\dfrac{405}{200}=2.025<4.0$，因此用 $V\leqslant0.25f_cbh_0$。

6）考虑构造要求，绘制施工图

本例采用分离式配筋方式，次梁施工图如图 7-30 所示。

5. 主梁的设计

主梁为楼盖的重要构件，应按弹性理论计算方法计算内力。

1）荷载计算

为简化计算，主梁自重按等效集中荷载考虑，恒荷载设计值计算如下。

次梁传来的恒荷载：10.25×6=61.5（kN）

主梁自重（扣除板重）：1.2×0.25×(0.65−0.08)×2×25=8.55（kN）

主梁侧面粉刷(梁底粉刷已计入板的荷载中):$1.2 \times 0.01 \times (0.65-0.08) \times 17 \times 2 \times 2 = 0.47$(kN)

恒荷载设计值小计:$G = 70.52$(kN)

使用活荷载设计值小计:$Q = 20.8 \times 6 = 124.8$(kN)

总荷载小计:$G + Q = 195.32$(kN)

2) 计算简图

(1) 支座。

本例按主梁与柱子的线刚度比值大于 5 考虑,即主梁的中间支座按铰接于柱上考虑。主梁端部支承于砖墙上,也按铰接支座考虑,其支承长度为 370mm。

(2) 计算跨度。

$$l_0 = l_n + \frac{a}{2} + \frac{b}{2} = \left(6 - 0.12 - \frac{0.4}{2}\right) + \frac{0.37}{2} + \frac{0.4}{2} = 6.07\text{(m)}$$

$$l_0 = 1.025 l_n + \frac{b}{2} = 1.025 \times \left(6 - 0.12 - \frac{0.4}{2}\right) + \frac{0.4}{2} = 6.02\text{(m)}$$

取较小值:$l_0 = 6.02$m

中跨取支座中心的距离:$l_0 = 6.0$m

(3) 跨数。

主梁的实际跨数为 3 跨,未超过 5 跨,按实际 3 跨连续梁计算,计算简图如图 7-28 所示。

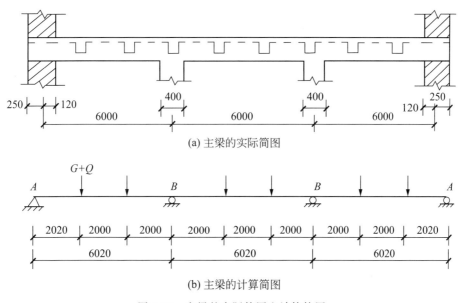

(a) 主梁的实际简图

(b) 主梁的计算简图

图 7-28　主梁的实际简图和计算简图

3) 内力计算

(1) 弯矩。

$$M = K_1 G l_0 + K_2 Q l_0$$

式中,系数 K_1、K_2——均可查附录十六等跨连续梁在集中荷载作用下的弯矩系数表(见表 7-10)。

边跨:$G l_0 = 70.52 \times 6.02 \approx 424.53$(kN·m)

$$Ql_0 = 124.8 \times 6.02 = 751.30 (\text{kN} \cdot \text{m})$$

中跨：$Gl_0 = 70.52 \times 6.0 = 423.12 (\text{kN} \cdot \text{m})$

$$Ql_0 = 124.8 \times 6.0 = 748.8 (\text{kN} \cdot \text{m})$$

支座 B：计算支座 B 弯矩时，计算跨度取支座两相邻跨度的平均值。

$$Gl_0 = 70.52 \times \frac{6.02 + 6.0}{2} = 423.83 (\text{kN} \cdot \text{m})$$

$$Ql_0 = 124.8 \times \frac{6.02 + 6.0}{2} = 750.05 (\text{kN} \cdot \text{m})$$

主梁弯矩计算列于表 7-10。

（2）剪力。

$$V = K_3 G + K_4 Q$$

式中，系数 K_3、K_4——均可查附录十六等跨连续梁在集中荷载作用下的剪力系数表，主梁剪力计算列于表 7-11。

表 7-10　主梁弯矩计算

项次	荷载简图	$\dfrac{K}{M_1}$	$\dfrac{K}{M_B}\left(\dfrac{K}{M_C}\right)$	$\dfrac{K}{M_2}$
1	$GG\ \ GG\ \ GG$	$\dfrac{0.244}{103.59}$	$\dfrac{-0.267}{-113.16}$	$\dfrac{0.067}{28.35}$
2	$QQ\ \ \ \ QQ$	$\dfrac{0.289}{217.13}$	—	$\dfrac{-0.133}{-99.59}$
3	QQ	$\dfrac{-0.044}{-33.06}$	—	$\dfrac{0.200}{149.76}$
4	$QQ\ \ QQ$	—	$\dfrac{-0.311}{-233.27}$	—
弯矩组合	$M_{\min}$ 或 $M_{\max}$ /(kN·m)	①+③70.53 ①+②320.72	①+④ −346.43	①+②−71.24 ①+③178.11

表 7-11　主梁剪力计算

项次	荷载简图	$\dfrac{K}{V_A}$	$\dfrac{K}{V_{Bl}}$	$\dfrac{K}{V_{Br}}$
1	$GG\ \ GG\ \ GG$	$\dfrac{0.733}{51.69}$	$\dfrac{-1.267}{-89.35}$	$\dfrac{1.00}{70.52}$
2	$QQ\ \ \ \ QQ$	$\dfrac{0.866}{108.08}$	—	—

续表

项次	荷载简图	$\dfrac{K}{V_A}$	$\dfrac{K}{V_{Bl}}$	$\dfrac{K}{V_{Br}}$
3	Q Q $\quad$ Q Q	—	$\dfrac{-1.311}{-163.61}$	$\dfrac{1.222}{152.51}$
剪力组合	V_{max}/kN	①＋②159.77	①＋③−252.96	①＋③223.03

4）正截面承载力计算

混凝土强度等级为 C25，$\alpha_1 f_c = 11.9 N/mm^2$；HRB335 级钢筋，$f_y = 360 N/mm^2$，$\xi_b = 0.550$。

主梁的跨中截面按 T 形截面计算，其翼缘的计算宽度按下列各项的最小值取用。

（1）$b'_f = \dfrac{l_0}{3} = \dfrac{6.0}{3} = 2.0(m)$。

（2）$b'_f = b + s_n = 0.25 + 5.6 = 5.85(m)$。

（3）$\dfrac{h'_f}{h_0} = \dfrac{80}{605} = 0.31 > 0.1$，翼缘宽度 b'_f 可不受此项的限制。

比较上述三项，取较小值，即 $b'_f = 2.0 m$。

判断各跨中截面属于哪一类 T 形截面，取 $h_0 = h - a_s = 650 - 45 = 605(mm)$，则

$$\alpha_1 f_c b'_f h'_f \left(h_0 - \dfrac{h'_f}{2}\right) = 11.9 \times 2000 \times 80 \times \left(605 - \dfrac{80}{2}\right) = 694.96 \times 10^6 (N \cdot m)$$
$$= 694.96(kN \cdot m) > M_{1max} = 320.72(kN \cdot m)$$

因此各跨中截面均属于第一类 T 形截面。

支座截面按矩形截面计算，配筋按二层钢筋考虑，取 $h_0 = h - a_s = 650 - 75 = 575(mm)$（考虑布置两层钢筋，并布置在次梁负筋下面）。

主梁正截面承载力计算列于表 7-12。

表 7-12　主梁正截面承载力计算

项目	截面 边跨中	截面 中支座	截面 中跨中
$M/(kN \cdot m)$	320.72	−346.43	178.11(−71.24)
$V_0 \dfrac{b}{2}/kN$		$(70.52+124.8) \times \dfrac{0.4}{2}$ $= 39.06$	
$M - V_0 \dfrac{b}{2}/(kN \cdot m)$		−307.37	
$\alpha_s = \dfrac{M}{\alpha_1 f_c b h_0^2}$	$\dfrac{320.72 \times 10^6}{11.9 \times 2000 \times 605^2} =$ 0.0368	$\dfrac{307.37 \times 10^6}{11.9 \times 250 \times 575^2} =$ 0.3125	$\dfrac{178.11 \times 10^6}{11.9 \times 2000 \times 605^2} = 0.0204$ $\dfrac{71.24 \times 10^6}{11.9 \times 250 \times 605^2} = 0.0654$
$\xi = 1 - \sqrt{1 - 2\alpha_s}$	$0.0375 < \xi_b = 0.550$	$0.3876 < \xi_b = 0.550$	$0.0206(0.0677) < \xi_b = 0.550$
$A_s = \xi \dfrac{\alpha_1 f_c}{f_y} b h_0$	1500	1842	824(338)
$\rho = \dfrac{A_s}{bh} \times 100\%$	$\dfrac{1800}{250 \times 650} = 0.0092$ $= 0.92\% > \rho_{min}$	$\dfrac{1842}{250 \times 650} = 0.0113$ $= 1.13\% > \rho_{min}$	$\dfrac{338}{250 \times 650} = 0.0021$ $= 0.21\% > \rho_{min}$

项 目	截 面		
	边跨中	中支座	中跨中
选配钢筋	4Φ22	6Φ20	2Φ25(2Φ20)
实配钢筋截面 面积/mm²	1520	1884	982(628)

注：ρ_{min}取 0.2% 和 $45\frac{f_t}{f_y}=45\times\frac{1.27}{360}$ % $=0.16$% 中的较大值，因此 $\rho_{min}=0.20$%。

  5）斜截面抗剪承载力计算

  主梁斜截面抗剪承载力计算列于表 7-13。

表 7-13　主梁斜截面抗剪承载力计算

项 目	截 面	
	边　跨	中　跨
V/kN	252.96	223.03
$0.25f_cbh_0$/kN	$0.25\times11.9\times250\times605=449.97>V$	$0.25\times11.9\times250\times605=449.97>V$
$0.7f_tbh_0$/kN	$0.7\times1.27\times250\times605=134.46<V$	$0.7\times1.27\times250\times605=134.46<V$
箍筋肢数、直径	2ϕ8	2ϕ8
$A_{sv}=nA_{sv1}$/mm²	101	101
$s\leqslant\dfrac{f_{yv}A_{sv}h_0}{V-0.7f_tbh_0}$/mm	$s\leqslant\dfrac{270\times101\times605}{(252.96-134.46)\times10^3}=139$	$s\leqslant\dfrac{270\times101\times605}{(223.03-134.46)\times10^3}=186$
实配箍筋间距/mm	130	180
$\rho_{sv}=\dfrac{nA_{sv1}}{bs}$	$\rho_{sv}=\dfrac{101}{250\times130}$ $=0.0031=0.31\%>\rho_{sv,min}$	$\rho_{sv}=\dfrac{101}{250\times180}$ $=0.0022=0.22\%>\rho_{sv,min}$

  注：1. $\rho_{sv,min}=0.24\frac{f_t}{f_{yv}}=0.24\times\frac{1.27}{270}=0.0011=0.11$%。

  2. 矩形、T 形和 I 形截面的受弯构件，其截面应符合下列要求：当 $\frac{h_w}{b}\leqslant4.0$ 时，$V\leqslant0.25f_cbh_0$。

  本例为 $\frac{h_w}{b}=\frac{405}{200}=2.025<4.0$，因此用 $V\leqslant0.25f_cbh_0$。

  3.《混凝土规范》规定，对集中荷载作用下的矩形截面独立梁（包括作用有多种荷载，且集中荷载对支座截面所产生的剪力占总剪力值 75% 以上的情况），用下列公式计算：

$$V_{cs}=\frac{1.75}{\lambda+1}f_tbh_0+f_{yv}\frac{A_{sv}}{s}h_0$$

  由于本例为现浇楼盖连续主梁，不符合上述公式适用条件，因此应按下列公式计算：

$$V_{cs}=0.7f_tbh_0+f_{yv}\frac{A_{sv}}{s}h_0$$

  6）主梁上附加横向钢筋的计算

  次梁传来的集中荷载设计值 $F=61.5+124.8=186.3(kN)$。

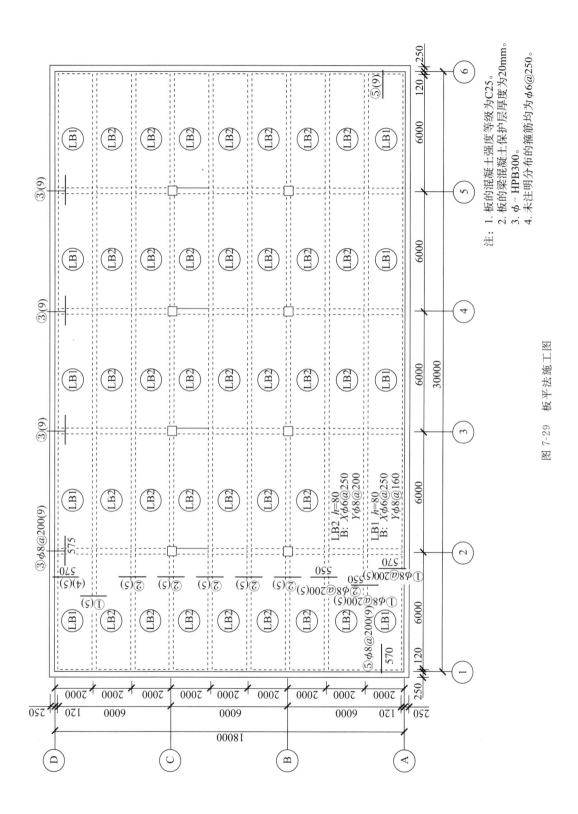

注: 1. 板的混凝土强度等级为C25。
2. 板的梁混凝土保护层厚度为20mm。
3. φ – HPB300。
4. 未注明分布的箍筋均为φ6@250。

图 7-29 板平法施工图

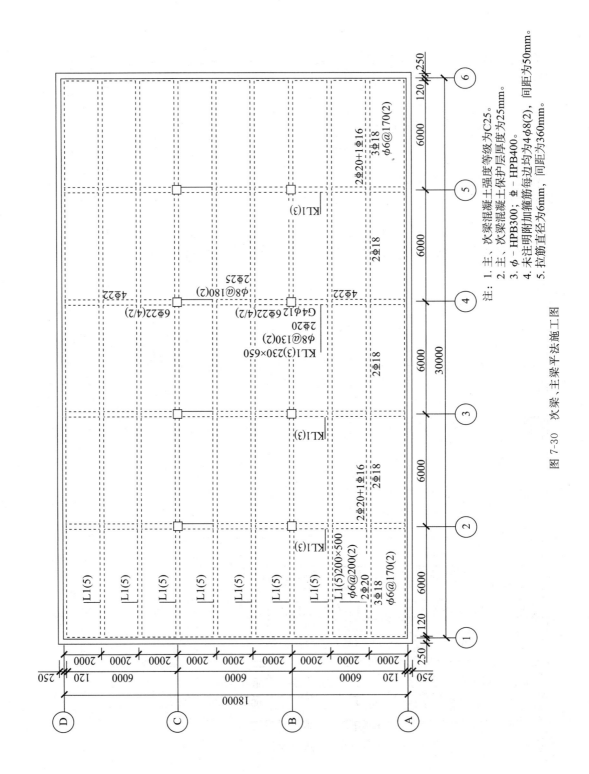

图 7-30 次梁、主梁平法施工图

注: 1. 主、次梁混凝土强度等级为C25。
　　2. 主、次梁混凝土保护层厚度为25mm。
　　3. Φ － HPB300; Φ － HPB400。
　　4. 未注明附加箍筋每边均为4Φ8(2), 同距为50mm。
　　5. 拉筋直径为6mm, 同距为360mm。

附加横向钢筋设置在主梁和次梁交接处,主梁上的次梁两侧。设置附加横向钢筋的范围为:$s=2h_1+3b=2\times200+3\times200=1000(\text{mm})$,其中 $h_1=650-450=200(\text{mm})$。

本例优先考虑采用附加箍筋,箍筋选用 $\phi8(2)$,则由 $F\leqslant mA_{sv}f_{yv}=mnA_{sv1}f_{yv}$,可得 $m\geqslant\dfrac{F}{A_{sv}f_{yv}}$,即 $m\geqslant\dfrac{F}{A_{sv}f_{yv}}=\dfrac{(61.5+124.8)\times10^3}{2\times50.3\times270}=7$,所以每侧设置 $4\phi8(2)$道箍筋,两侧共设置 8 道,第 1 道距次梁边缘 50mm,每道间隔 50mm,总长为 $200+100+3\times50\times2=600(\text{mm})$,符合构造要求。

7) 考虑构造要求,绘制施工图

构造钢筋:梁侧纵向构造钢筋和拉筋。

由于主梁 $h_w=650-80=470(\text{mm})>450(\text{mm})$,所以需在主梁两个侧面沿高度配置纵向构造钢筋和拉筋。纵向构造钢筋和拉筋采用 HPB300 级钢筋,配置按构造要求每侧配 2 根,两侧共 4 根,直径为 12mm,即 $4\phi12$。由于梁宽 $b=250<350\text{mm}$,所以选用拉筋直径为 6mm,间距为主梁箍筋间距 180mm 的 2 倍(见图 7-29)。

本例采用分离式配筋方式,主梁施工图如图 7-30 所示。

任务 7.3　现浇整体式双向板肋梁楼盖设计简介

四边支承的板:当长边 l_2 与短边 l_1 之比小于或等于 2 时,即 $l_2/l_1\leqslant2$,为双向板。板上荷载沿两个方向均传递,板的两个方向都存在弯矩。因此,双向板沿两个方向都应该配置受力钢筋。

7.3.1　结构平面布置

现浇整体式双向板肋梁楼盖的结构平面布置如图 7-31 所示。当空间不大且接近正方形时(如阶梯教室、门厅等),可不设中柱,双向板纵、横方向的支承梁均支承在边墙或边柱上,且截面相同的井式梁[见图 7-31(a)];当空间较大时,宜设中柱,双向板纵、横向的支承梁分别为支承在中柱和边墙或边柱上的连续梁[见图 7-31(b)];当柱距较大时,还可以在柱网格中再设井式梁[见图 7-31(c)]。

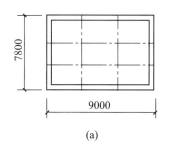
(a)

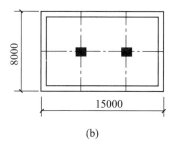
(b)

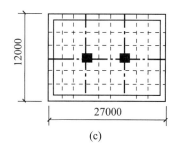
(c)

图 7-31　双向板肋梁楼盖结构布置

7.3.2 结构内力计算

内力计算的顺序按荷载传递顺序,先板后梁。内力计算方法有两种:弹性理论计算法和塑性理论计算法。由于塑性理论计算法存在一定的局限性,因此在工程中较少采用,本书仅介绍弹性理论计算方法。

1. 单跨双向板的内力计算

为简化计算,单跨双向板的内力计算一般可直接查用"双向板的计算系数表"。本书附录十七给出了常用的几种支承情况下的计算系数,通过表中查出计算系数后,每米宽度内的弯矩可由下式计算:

$$m = 表中系数 \times (g+q)l^2 \tag{7-19}$$

式中,m——跨中及支座单位板宽内的弯矩;

     g、q——分别为均布恒、活荷载的设计值;

     l——板沿短边方向的计算跨度。

必须指出,附录十七是根据材料泊松比 $\nu = 0$ 编制的。对于跨中弯矩,尚需考虑横向变形的影响,对混凝土,规范规定 $\nu = 0.2$。按下式计算:

$$m_{x,\text{v}} = m_x + v m_y$$
$$m_{y,\text{v}} = m_y + v m_x \tag{7-20}$$

式中,$m_{x,\text{v}}$、$m_{y,\text{v}}$——考虑横向变形,分别为跨中沿 l_x、l_y 方向单位板宽的弯矩。

2. 多区格双向板的内力计算

多区格双向板内力计算一般采用"实用计算方法"计算。该法对双向板的支承情况和活荷载的最不利位置提出了既接近实际又便于计算的原则,从而很方便地利用单跨双向板的计算系数表进行计算。

实用计算法的基本假定:支承梁的抗弯刚度很大,其垂直位移可忽略不计;支承梁的抗扭刚度很小,板在支座处可自由转动。实用计算法的适用范围:同一方向的相邻最小跨度与最大跨度之比大于 0.75。实用计算法的基本思路:考虑多区格双向板活荷载的不利位置布置,利用单跨板的计算系数表进行计算。

1) 跨中最大正弯矩

活荷载最不利位置为"棋盘式"布置[见图 7-32(a)]。为便于利用单跨板计算表格,将活荷载分解成正对称活荷载和反对称活荷载[见图 7-32(b)和(c)]两部分,则板的跨中弯矩的计算方法如下。

对于内区格板,跨中弯矩等于四边固定板在 $\left(g + \dfrac{q}{2}\right)$ 荷载作用下的弯矩与四边简支板在 $\dfrac{q}{2}$ 荷载作用下的弯矩之和。对于边区格和角区格板,其外边界条件应按实际情况考虑:一般可视为简支,有较大边梁支承时可视为固定端。

2) 支座最大负弯矩

求支座最大负弯矩时,取活荷载满布的情况考虑。内区格的四边均可看作固定端,边、角区格的外边界条件则应按实际情况考虑。当相邻两区格的情况不同时,其共用支座的最

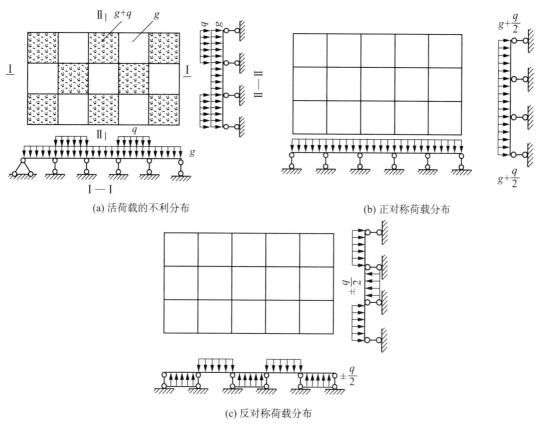

(a) 活荷载的不利分布   (b) 正对称荷载分布

(c) 反对称荷载分布

图 7-32　连续双向板的计算简图

大负弯矩近似取为两区格计算值的平均值。

　　3）双向板支承梁的内力计算

　　双向板的荷载就近传递给支承梁。支承梁承受的荷载可从板角作 45°角平分线来分块。因此，长边 l_2 支承梁承受的是梯形荷载，短边 l_1 支承梁承受的是三角形荷载。支承梁的自重为均布荷载，如图 7-33 所示。

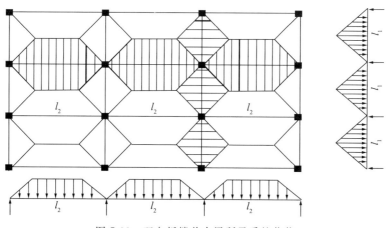

图 7-33　双向板楼盖中梁所承受的荷载

中间有柱时,纵、横梁一般可按连续梁计算,但当梁柱线刚度比不大于 5 时,宜按框架结构计算。

中间无柱的井式梁,可用"力法"进行计算,或从有关设计手册上直接查用"井字梁内力系数表"。

梁的计算简图确定后,其内力可按照结构力学的方法计算,当梁为单跨时,可按实际荷载直接计算内力。当梁为多跨连续梁且跨度相差不超过 10% 时,可将梁上的三角形或梯形荷载按照《建筑结构静力计算手册》折算成等效均布荷载,从而计算出支座弯矩。最后,按照取隔离体的办法,按实际荷载分布情况根据力学平衡计算出跨中弯矩。

7.3.3 截面配筋计算要点和构造要求

1. 截面计算要点

(1) 双向板在两个方向均配置受力钢筋,且长边钢筋配在短边钢筋的内侧,因此在计算长边钢筋时,截面的有效高度 h_0 小于短边方向。

(2) 对于四周与梁整体浇筑的双向板,除角区格外,考虑周边支承梁对板推力的有利影响,可将计算所得的弯矩按以下规定予以折减。

① 对于中间区格板的跨中及中间支座折减系数为 0.8。

② 对于边区格板的跨中截面及从楼板边缘算起的第二支座截面。

当 $l_c/l < 1.5$ 时,折减系数为 0.8。

当 $1.5 \leqslant l_c/l \leqslant 2$ 时,折减系数为 0.9。

式中,l_c——沿楼板边缘方向的计算跨度;

l——垂直于楼板边缘方向的计算跨度。

说明

角区格的各截面弯矩不应折减。

2. 双向板构造要求

1) 板厚

双向板的厚度一般不宜小于 80mm,且不大于 160mm。同时,为满足刚度要求,简支板还应不小于 $l/45$,连续板不小于 $l/50$,l 为双向板的较小计算跨度。

2) 受力钢筋

受力钢筋常用分离式。短筋承受的弯矩较大,应放在外层,使其有较大的截面有效高度。支座负筋一般伸出支座边 $l_n/4$,l_n 为短向净跨。当配筋面积较大时,在靠近支座 $l_n/4$ 的边缘板带内的跨中正弯矩钢筋可减少 50%。

3) 构造钢筋

底筋双向均为受力钢筋,但支座负筋还需设分布钢筋。当边支座视为简支计算,但实际上受到边梁或墙约束时,应配置支座构造负筋,其数量应不少于 1/3 受力钢筋和 $\phi 8@200$,伸出支座边 $l_n/4$,l_n 为双向板的短向净跨度。

3. 支承梁构造要求

连续梁的截面尺寸和配筋方式一般参照次梁,但当柱网中再设井式梁时应参照主梁。

7.3.4　设计实例

某厂房钢筋混凝土现浇双向板肋形楼盖的结构平面布置如图 7-34 所示,楼板厚 120mm,恒荷载设计值 $g=5kN/m^2$,楼面活荷载设计值 $q=6kN/m^2$,采用强度等级为 C30 的混凝土和 HPB300 级钢筋。试按弹性理论进行设计并绘制配筋图。

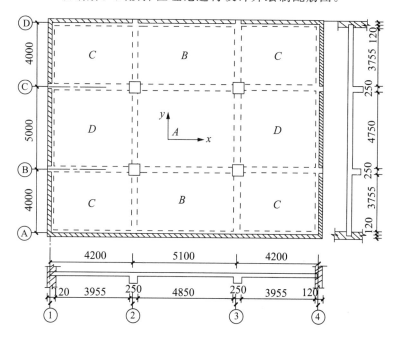

图 7-34　某厂房双向板肋形楼盖结构平面布置图

【解】　根据结构的对称性,对图 7-34 所示各区格分类编号为 A、B、C、D 四种。

区格板 A:$l_x=5.1m$,$l_y=5.0m$,$l_y/l_x=5.0/5.1=0.98$,由附录十七查得四边固定时的弯矩系数和四边简支时的弯矩系数如表 7-14 所示。

表 7-14　四边固定和四边简支的弯矩系数

l_y/l_x	支承条件	弯矩系数			
		α_x	α_y	α_x'	α_y'
0.98	四边固定	0.0174	0.0185	-0.0519	-0.0528
	四边简支	0.0366	0.0385	—	—

取钢筋混凝土的泊松比 $\nu=0.2$,则可求得区格板 A 的跨中弯矩和支座弯矩如下:

$$m_x=0.0174\left(g+\frac{q}{2}\right)l_y^2+0.0366\frac{q}{2}l_y^2+0.2\times\left[0.0185\left(g+\frac{q}{2}\right)l_y^2+0.0385\frac{q}{2}l_y^2\right]$$

$$=0.0174\times(5+3)\times5^2+0.0366\times3\times5^2+0.2\times[0.0185\times(5+3)\times5^2+0.0385\times3\times5^2]$$

$$=6.225+0.2\times6.5875=7.54(\text{kN}\cdot\text{m})$$

$$m_y=6.5875+0.2\times6.225=7.83(\text{kN}\cdot\text{m})$$

$$m'_x=-0.0519\times(5+6)\times5^2=-14.27(\text{kN}\cdot\text{m})$$

$$m'_y=-0.0528\times(5+6)\times5^2=-14.52(\text{kN}\cdot\text{m})$$

区格板 B:$l_x=5.1\text{m}$,$l_y=3.755+0.125+0.06=3.94(\text{m})$,$l_y/l_x=3.94/5.1=0.77$,由附录十七查得三边固定一边简支时的弯矩系数和四边简支时的弯矩系数如表 7-15 所示。

表 7-15　三边固定一边简支和四边简支的弯矩系数

l_y/l_x	支承条件	弯矩系数			
		α_x	α_y	α'_x	α'_y
0.77	三边固定一边简支	0.0218	0.0337	-0.0720	-0.0811
	四边简支	0.0324	0.0596	—	—

取钢筋混凝土的泊松比 $\nu=0.2$,则可求得区格板 B 的跨中弯矩和支座弯矩如下:

$$m_x=0.0218\times\left(g+\frac{q}{2}\right)l_y^2+0.0324\frac{q}{2}l_y^2+0.2\times\left[0.0337\left(g+\frac{q}{2}\right)l_y^2+0.0596\frac{q}{2}l_y^2\right]$$

$$=0.0218\times(5+3)\times3.94^2+0.0324\times3\times3.94^2+0.2\times\left[0.0337\times(5+3)\times3.94^2\right.$$

$$\left.+0.0596\times3\times3.94^2\right]$$

$$=4.2162+0.2\times6.9608=5.61(\text{kN}\cdot\text{m})$$

$$m_y=6.9608+0.2\times4.2162=7.80(\text{kN}\cdot\text{m})$$

$$m'_x=-0.0720\times(5+6)\times3.94^2=-12.29(\text{kN}\cdot\text{m})$$

$$m'_y=-0.0811\times(5+6)\times3.94^2=-13.85(\text{kN}\cdot\text{m})$$

区格板 C:$l_x=3.955+0.125+0.06=4.14(\text{m})$,$l_y=3.755+0.125+0.06=3.94(\text{m})$,$l_y/l_x=3.94\div4.14=0.95$,由附录十七查得两邻边固定两邻边简支和四边简支时的弯矩系数如表 7-16 所示。

表 7-16　两邻边固定两邻边简支和四边简支的弯矩系数

l_y/l_x	支承条件	弯矩系数			
		α_x	α_y	α'_x	α'_y
0.95	两邻边固定两邻边简支	0.0244	0.0267	-0.0698	-0.0726
	四边简支	0.0364	0.0410	—	—

取钢筋混凝土的泊松比 $\nu=0.2$,则可求得区格板 C 的跨中弯矩和支座弯矩如下:

$$m_x=0.0244\left(g+\frac{q}{2}\right)l_y^2+0.0364\frac{q}{2}l_y^2+0.2\times\left[0.0267\left(g+\frac{q}{2}\right)l_y^2+0.0410\frac{q}{2}l_y^2\right]$$

$$=0.0244\times(5+3)\times3.94^2+0.0364\times3\times3.94^2+0.2\times\left[0.0267\times(5+3)\times3.94^2\right.$$

$$\left.+0.0410\times3\times3.94^2\right]$$

$$=4.7254+0.2\times5.2252=5.77(\text{kN}\cdot\text{m})$$

$$m_y=5.2252+0.2\times4.7254=6.17(\text{kN}\cdot\text{m})$$

$$m'_x = -0.0698 \times (5+6) \times 3.94^2 = -11.92(\text{kN} \cdot \text{m})$$

$$m'_y = -0.0726 \times (5+6) \times 3.94^2 = -12.40(\text{kN} \cdot \text{m})$$

区格板 D：$l_x = 3.955 + 0.125 + 0.06 = 4.14(\text{m})$，$l_y = 5.0(\text{m})$，$l_x/l_y = 4.14/5.0 = 0.83$，由附录十七查得三边固定一边简支时的弯矩系数和四边简支时的弯矩系数如表 7-17 所示。

表 7-17　三边固定一边简支和四边简支的弯矩系数

l_x/l_y	支承条件	弯矩系数			
		α_x	α_y	α'_x	α'_y
0.83	三边固定一边简支	0.0288	0.0228	-0.0735	-0.0693
	四边简支	0.0528	0.0342	—	—

取钢筋混凝土的泊松比 $\nu = 0.2$，则可求得区格板 D 的跨中弯矩和支座弯矩如下：

$$m_x = 0.0288\left(g + \frac{q}{2}\right)l_y^2 + 0.0528\frac{q}{2}l_y^2 + 0.2 \times \left[0.0228\left(g + \frac{q}{2}\right)l_y^2 + 0.0342\frac{q}{2}l_y^2\right]$$

$$= 0.0288 \times (5+3) \times 4.14^2 + 0.0528 \times 3 \times 4.14^2 + 0.2 \times [0.0228 \times (5+3) \times 4.14^2$$

$$+ 0.0342 \times 3 \times 4.14^2]$$

$$= 6.6639 + 0.2 \times 4.8848 = 7.64(\text{kN} \cdot \text{m})$$

$$m_y = 4.8848 + 0.2 \times 6.6639 = 6.22(\text{kN} \cdot \text{m})$$

$$m'_x = -0.0735 \times (5+6) \times 4.14^2 = -13.86(\text{kN} \cdot \text{m})$$

$$m'_y = -0.0693 \times (5+6) \times 4.14^2 = -13.07(\text{kN} \cdot \text{m})$$

选用 ϕ10 钢筋作为受力主筋，则短跨方向跨中截面的 $h_0 = h - 20 = 100(\text{mm})$；长跨方向跨中截面的 $h_0 = 90\text{mm}$；支座截面 h_0 均为 100mm。

根据截面弯矩设计值的折减规定，区格板 C 弯矩不予折减，区格板 A 跨中及支座弯矩折减 20%，边区格跨中截面及第一内支座截面上，由于平行于楼板边缘方向的计算跨度与垂直于楼板边缘方向的计算跨度之比均小于 1.5，所以其弯矩也可减少 20%。

计算截面配筋时，近似取内力臂系数 $\gamma_s = 0.9$，则

$$A_s = \frac{M}{\gamma_s f_y h_0} = \frac{M}{0.9 f_y h_0} = \frac{M}{0.9 \times 270 h_0} = \frac{M}{243 h_0}$$

截面配筋计算结果如表 7-18 所示，配筋图如图 7-35 所示，边缘板带配筋可减半。

表 7-18　板的截面配筋计算

截面			h_0/mm	$m/(\text{kN} \cdot \text{m})$	A_s/mm^2	配筋	实配/mm²
跨中	区格板 A	l_x 方向	90	$7.54 \times 0.8 = 6.032$	276	ϕ10@200	393
		l_y 方向	100	$7.83 \times 0.8 = 6.262$	258	ϕ10@200	393
	区格板 B	l_x 方向	90	$5.61 \times 0.8 = 4.488$	205	ϕ10@200	393
		l_y 方向	100	$7.80 \times 0.8 = 6.24$	257	ϕ10@200	393

续表

截　面			h_0 /mm	$m/(kN \cdot m)$	A_s/mm^2	配筋	实配/mm²
跨中	区格板 C	l_x 方向	90	5.77	264	$\phi10@200$	393
		l_y 方向	100	6.17	254	$\phi10@200$	393
	区格板 D	l_x 方向	100	$7.64 \times 0.8 = 6.112$	252	$\phi10@200$	393
		l_y 方向	90	$6.22 \times 0.8 = 4.976$	228	$\phi10@200$	393
支座	A~B		100	$(14.52+13.85) \div 2 \times 0.8 = 11.35$	467	$\phi10@110$	714
	A~D		100	$(14.27+13.86) \div 2 \times 0.8 = 11.25$	463	$\phi10@110$	714
	B~C		100	$(12.29+11.92) \div 2 = 12.11$	498	$\phi10@110$	714
	C~D		100	$(12.40+13.07) \div 2 = 12.74$	524	$\phi10@110$	714

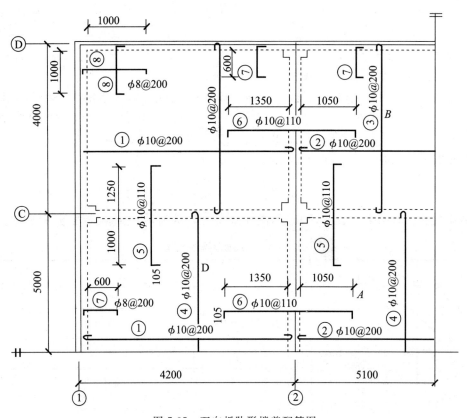

图 7-35　双向板肋形楼盖配筋图

任务 7.4　现浇楼梯设计计算

楼梯是多高层房屋的竖向主要交通设施,由于钢筋混凝土楼梯具有坚固、耐久、耐火等优点,因此在多高层建筑中得到广泛应用。

钢筋混凝土楼梯有现浇整体式和预制装配式两种,其中预制装配式钢筋混凝土楼梯由于整体性较差,现已很少采用。

现浇整体式钢筋混凝土楼梯按其受力特点分为平面受力体系楼梯如图 7-36 所示和空间受力体系的楼梯如图 7-37 所示,如螺旋式楼梯或剪刀式楼梯。

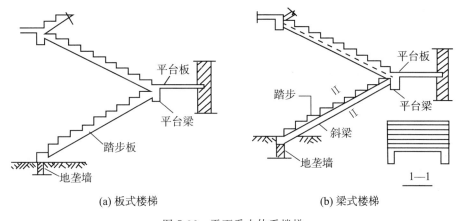

(a) 板式楼梯　　　　　　　　　　　(b) 梁式楼梯

图 7-36　平面受力体系楼梯

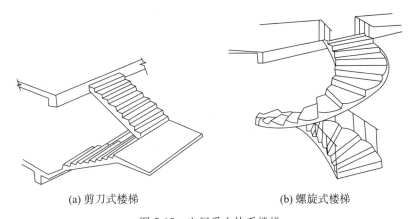

(a) 剪刀式楼梯　　　　　　　　　　(b) 螺旋式楼梯

图 7-37　空间受力体系楼梯

平面受力体系楼梯按结构组成形式分为板式楼梯和梁式楼梯如图 7-36 所示。板式楼梯在楼梯跨度不大时(3m 内较为经济)可采用板式楼梯,因其构造简单,下表面平整,施工支模较方便,外观轻巧,在工程中得到广泛应用;梁式楼梯在大跨度(如大于 4m)或活荷载较大时较经济,但构造复杂,且外观笨重,在工程中较少采用。

本项目仅介绍在工程中大量采用的平面受力体系楼梯,由于楼梯的平面布置,踏步尺寸、栏杆形式等由建筑设计确定,本项目主要介绍现浇板式楼梯和梁式楼梯的结构设计计算。

7.4.1 现浇板式楼梯

现浇板式楼梯有普通板式和折板式两种形式。

1. 结构组成和荷载传递

现浇板式楼梯由梯段板、平台板和平台梁组成。梯段板是斜放的齿形板(带三角形踏步),支承在平台梁和楼层梁上,底层下端一般支承在地垄墙上。荷载传递形式和路径为:梯段上的荷载以均布荷载的形式传递给梯段板,梯段板以均布荷载形式传递给平台梁,同时平台板以均布荷载的形式传递给平台梁,平台梁以集中荷载形式传递给楼梯间墙或柱上。

 说明

梯段板承受的均布荷载中,作用在三角形踏步上的活荷载,面层和栏杆自重沿板水平方向分布,而斜板及板底抹灰自重沿板的倾斜方向分布。为方便计算,倾斜方向均布荷载一般应将其换算成沿水平方向均布的荷载后再进行计算,换算公式为:$q=q'/\cos\alpha$,其中 q 换算后水平向分布荷载,q' 为斜板方向分布的荷载,α 为梯段板倾斜角。

2. 设计要点

1) 梯段板

(1) 普通板式楼梯梯段板

由于梯段板支承在平台梁和楼层梁上,所以梯段板上的荷载沿梯段板长边传递,计算梯段板时,在梯段板短边方向取 1m 宽板带或以整个梯段板作为计算单元,按斜放的简支构件计算。计算跨度 l_0 取斜板支座中心线的水平投影长度,梯段板厚取 $(1/30\sim1/25)l_0$。

虽然斜板按简支计算,但由于梯段板与平台梁整浇,平台梁对斜板的变形有一定约束作用,因此计算板的跨中最大弯矩时,可近似取 $M_{max}=(g+q)l_0^2/10$。

梯段板中受力钢筋的配筋方式有分离式和弯起两种。采用弯起式时,一半钢筋伸入支座,一半钢筋靠近支座处弯起,以承受支座处存在的负弯矩(见图 7-38)。为避免板在支座处产生裂缝,应在板上面配置一定量的板面负筋,一般取 $\phi8@200mm$,长度为伸入斜板 $l_n/4$。分布钢筋可采用 $\phi6$ 或 $\phi8$,每级踏步一根,放置在受力钢筋内侧。

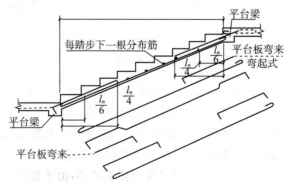

图 7-38 板式楼梯梯段板的配筋图

（2）折板式楼梯梯段板

当板式楼梯设置平台梁有困难时，可取消平台梁，做成折板式（见图7-39）。折板由斜板和一小段平板组成，两端支承于楼层梁和楼梯间墙上，因此跨度较大。

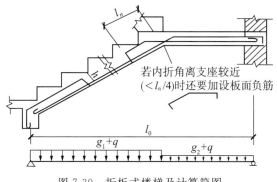

图7-39　折板式楼梯及计算简图

楼层梁对板的相对约束较小，折板可按两端简支计算跨中最大弯矩。由于折板水平段的荷载g_2小于斜板g_1，但因水平段较短，为简化计算，也可将恒荷载全部取为g_1，即跨中最大弯矩$M_{\max}=(g_1+q)l_0^2/8$。折板在内折角处的板面应设构造负筋，伸出支座边$l_n/4$。

2）平台板

平台板大多为单向板，可取1m宽板带进行计算。平台板一端与平台梁整体连接，另一端可能支承在砖墙上时，跨中弯矩可近似取$M_{\max}=(g+q)l_0^2/8$；平台板另一端如与过梁整浇，可取$M_{\max}=(g+q)l_0^2/10$。当为双向板时，可按四周简支的双向板计算。考虑到板支座的转动会受到一定约束，应配置一定量构造负筋，一

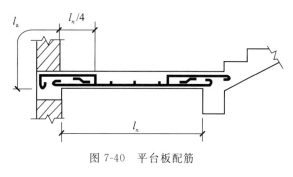

图7-40　平台板配筋

般为$\phi 8@200\text{mm}$，伸出支承边缘长度为$l_n/4$，如图7-40所示。

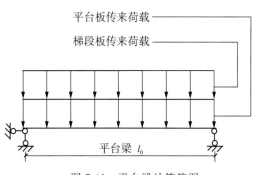

图7-41　平台梁计算简图

3）平台梁

平台梁承受梯段板和平台板传来的均布荷载和平台梁自重，支承在楼梯间两侧的横墙或柱上，一般按简支梁计算，计算简图如图7-41所示。平台梁的计算跨度l_0取l_n+a和$1.05l_n$中的较小值（l_n为平台梁的净跨，a为平台梁的支承长度），截面高度$h\geqslant l_0/12$。

平台梁构造要求与一般梁相同，但如果平台梁两侧荷载（梯段板传来）不一致而引起扭矩，应适当增加其配筋量。

说明

现浇板式楼梯梯段板的受力钢筋沿梯段板的长边布置,分布钢筋沿梯段板的短边布置,且放在受力钢筋的内侧。

7.4.2 现浇梁式楼梯

1. 结构组成和荷载传递

现浇梁式楼梯由踏步板、斜梁、平台板和平台梁组成。踏步板支承在斜梁上,斜梁支承在平台梁和楼层梁上。荷载传递形式和路径为:梯段上的荷载以均布荷载形式传递给踏步板,踏步板以均布荷载的形式传给斜梁,斜梁以集中荷载的形式传递给平台梁,同时平台板以均布荷载的形式传递给平台梁,平台梁以集中荷载的形式传递给楼梯间墙或柱上。

2. 设计要点

1）梯段板

梯段板由三角形踏步及其下的斜板组成,按两端简支在斜梁上的单向板考虑,荷载沿梯段板短边传递给斜梁。每个踏步的受力情况相同,计算时取一个踏步作为计算单元。计算单元的截面实际上是一个梯形,为简化计算,可近似按宽度为 b,高度为梯形中位线 h_1($h_1 = c/2 + \delta/\cos\alpha$)的矩形截面计算,如图 7-42 所示。考虑到斜梁对踏步板的约束,其跨中弯矩可取 $M_{\max} = (g+q)l_n^2/10$,l_n 为踏步板的净跨度,但靠近梁边的板内应设置构造负筋不少于 $\phi8@200\text{mm}$,伸出梁边为 $l_n/4$。踏步板厚一般不小于 40mm,每一踏步一般需配置不少于 $2\phi6$ 的受力钢筋;沿踏步板斜向布置 $\phi6$ 分布钢筋,间距不大于 250mm。

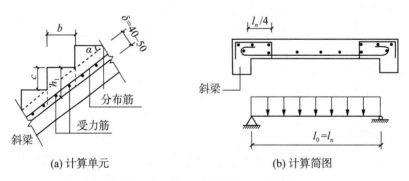

(a) 计算单元 (b) 计算简图

图 7-42 梯段板的计算单元和计算简图

2）斜梁

斜梁两端支承在平台梁上,有直线形和折线形两种(见图 7-43)。梁的均布荷载包括踏步传来的荷载和梁自重。斜梁的计算中不考虑平台梁的约束作用,按简支梁计算,即

$$M_{\max} = \frac{1}{8}(g+q)l_0^2 = M_{平梁}$$

$$V_{\max} = \frac{1}{2}(g+q)l_0\cos\alpha = V_{平梁}\cos\alpha \tag{7-21}$$

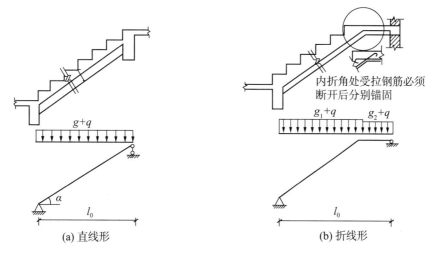

图 7-43　斜梁的两种形式

斜梁的截面高度取垂直于斜梁轴线的垂直高度,按次梁考虑,一般取 $h \geqslant l_0/16$, l_0 为斜梁水平投影的计算跨度。梯段板可能位于斜梁截面高度的上部,也可能位于下部,计算时可近似取为矩形截面。

图 7-44 所示为斜梁的配筋构造图。斜梁的纵筋在平台梁中应有足够的锚固长度。对于折梁,内折角处的受拉钢筋必须断开后分别锚固,以防内折角开裂破坏。

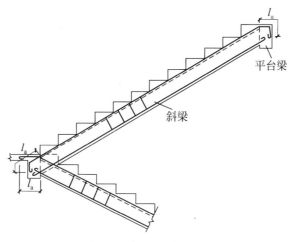

图 7-44　斜梁配筋构造图

3) 平台板和平台梁

平台板计算与板式楼梯相同。

平台梁承受斜梁传来的集中荷载、平台板传来的均布荷载及平台梁自重,计算简图如图 7-45 所示。

平台梁按简支矩形梁计算。平台梁虽有平台板协同工作,但仍宜按矩形截面计算,且宜将配筋适当增加:因为平台梁两边荷载不平衡,梁中实际存在着一定的扭矩,在计算中简化计算不考虑扭矩,但必须考虑不利因素适当增加配筋梁。此外,平台梁受到斜梁的集中荷载,所以应在平台梁中位于斜梁支座两侧处设置附加横向钢筋。

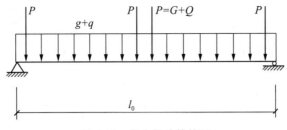

图 7-45 平台梁计算简图

平台梁一般构造要求同简支受弯构件。平台梁的高度应保证斜梁的主筋能放在平台梁的主筋上,即平台梁与斜梁的相交处,平台梁底面应低于斜梁底面或与斜梁底面齐平。

 说明

现浇梁式楼梯梯段板受力钢筋沿梯段板短边布置,分布钢筋沿梯段板的长边布置,且放在受力钢筋的内侧。

7.4.3 楼梯设计实例

某办公楼采用现浇板式楼梯,层高 3.3m,踏步尺寸 150mm×30mm。其平面布置如图 7-46 所示,楼梯段和平台板构造做法:30mm 厚水磨石面层,15mm 厚混合水泥砂浆板底抹灰;楼梯上的均布活荷载标准值 $q_k = 2.5kN/m^2$。混凝土采用 C30,板纵向受力钢筋和梁箍筋采用 HPB300,梁的纵向受力钢筋采用 HRB335,环境类别为一类,试设计该楼梯。

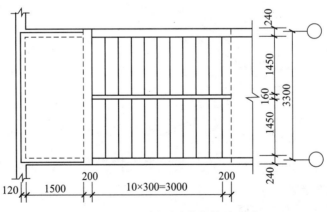

图 7-46 某办公楼的楼梯结构平面图

【解】 1. 楼梯斜板设计

1) 计算跨度与板厚

计算跨度取 $l_0 = l_n + a = 3 + 0.2 = 3.2(m)$;板厚一般不小于 $l_0/30$,即 $h \geqslant \dfrac{l_0}{30} = \dfrac{3200}{30} = 107(mm)$,取 $h = 110mm$。

梯段板倾斜角的余弦值为：$\cos\alpha = 300 \div \sqrt{300^2 + 150^2} = 0.894$

2）荷载计算（沿梯段板短边方向取 1m 宽板带计算）

恒荷载标准值：

水磨石面层重　$(0.3 + 0.15) \times 1 \times 0.65 \div 0.3 = 0.975(\text{kN/m})$

三角形踏步重　$\dfrac{1}{2} \times 0.3 \times 0.15 \times 1 \times 25 \div 0.3 = 1.875(\text{kN/m})$

斜板重　$0.11 \times 1 \times 25 \div 0.894 = 3.076(\text{kN/m})$

板底抹灰重　$0.015 \times 1 \times 17 \div 0.894 = 0.285(\text{kN/m})$

恒荷载标准值合计　$g_k = 6.211\text{kN/m}$

活荷载标准值　$q_k = 2.5\text{kN/m}$

荷载设计值：取荷载分项系　$\gamma_G = 1.2$，　$\gamma_Q = 1.4$

$$g + q = 1.2 \times 6.211 + 1.4 \times 2.5 = 10.95(\text{kN/m})$$

3）内力计算

斜板两端均与梁整浇，考虑梁对板的弹性约束，取 $M_{\max} = (g + q)l_0^2 / 10$ 计算。

$$M_{\max} = \frac{(g + q)l_0^2}{10} = \frac{10.95 \times 3.2^2}{10} = 11.21(\text{kN} \cdot \text{m})$$

4）截面设计

（1）配筋计算。

$h_0 = 110 - 20 = 90(\text{mm})$；C30 混凝土，$\alpha_1 f_c = 14.3\text{N/mm}^2$，$f_t = 1.43\text{N/mm}^2$；HPB300 级钢筋，$f_y = 270\text{N/mm}^2$。

$$\alpha_s = \frac{M}{\alpha_1 f_c b h_0^2} = \frac{11.21 \times 10^6}{1.0 \times 14.3 \times 1000 \times 90^2} = 0.097$$

$$\xi = 1 - \sqrt{1 - 2\alpha_s} = 1 - \sqrt{1 - 2 \times 0.097} = 0.102 < \xi_b = 0.576$$

$$A_s = b\xi h_0 \frac{\alpha_1 f_c}{f_y} = 1000 \times 0.102 \times 90 \times \frac{1.0 \times 14.3}{270} = 486(\text{mm}^2)$$

选配 $\phi 8@100$，$A_s = 503\text{mm}^2$。

（2）验算适用条件。

$\rho_{\min}$ 取 0.2% 和 $(45f_t / f_y)\%$ 中的较大值，$(45f_t / f_y)\% = \left(45 \times \dfrac{1.43}{270}\right)\% = 0.24\%$，因此取 $\rho_{\min} = 0.24\%$。

$A_{s\min} = \rho_{\min}bh = 0.24\% \times 1000 \times 110 = 264(\text{mm}^2) < A_s = 503(\text{mm}^2)$，满足要求。

每个踏步布置 1 根 $\phi 8$ 的分布钢筋，斜板的配筋如图 7-47 所示。

2. 平台板设计

1）计算跨度与板厚

平台板为单向板，且视为单跨简支板，板厚 h 不小于 $l_0 / 30$，取为 70mm。

计算跨度取：$l_0 = l_n + \dfrac{b}{2} + \left(\dfrac{a}{2} 和 \dfrac{h}{2} 较小者\right)$

$$l_0 = l_n + \frac{a}{2} + \frac{h}{2} = 1.5 + \frac{0.2}{2} + \frac{0.07}{2} = 1.635(\text{m})$$

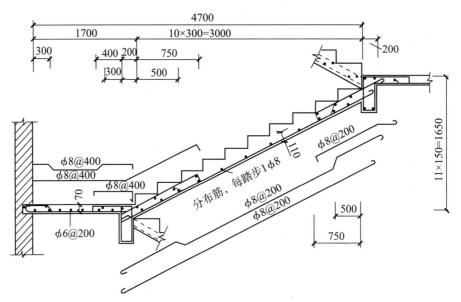

图 7-47　某办公楼的楼梯斜板及平台板配筋图

2）荷载计算

沿板长边取 1m 宽板带作为计算单元计算。

恒荷载标准值：

水磨石面层重	$0.65 \times 1 = 0.65 (\text{kN/m})$
板重	$0.07 \times 1 \times 25 = 1.75 (\text{kN/m})$
板底抹灰重	$0.015 \times 1 \times 17 = 0.26 (\text{kN/m})$
恒荷载标准值合计	$g_k = 2.66 \text{kN/m}$
活荷载标准值	$q_k = 2.5 \text{kN/m}$
荷载设计值：取荷载分项系数	$\gamma_G = 1.2, \quad \gamma_Q = 1.4$

$$g + q = 1.2 \times 2.66 + 1.4 \times 2.5 = 6.69 (\text{kN/m})$$

3）内力计算

平台板视为单跨简支板，取 $M_{max} = (g + q)l_0^2 / 8$ 计算。

$$M_{max} = \frac{(g + q)l_0^2}{8} = \frac{6.69 \times 1.635^2}{8} = 2.24 (\text{kN} \cdot \text{m})$$

4）截面设计

（1）配筋计算。

$h_0 = 70 - 20 = 50 (\text{mm})$；C30 混凝土，$\alpha_1 f_c = 14.3 \text{N/mm}^2$，$f_t = 1.43 \text{N/mm}^2$；HPB300 级钢筋，$f_y = 270 \text{N/mm}^2$。

$$\alpha_s = \frac{M}{\alpha_1 f_c b h_0^2} = \frac{2.24 \times 10^6}{1.0 \times 14.3 \times 1000 \times 50^2} = 0.063$$

$$\xi = 1 - \sqrt{1 - 2\alpha_s} = 1 - \sqrt{1 - 2 \times 0.063} = 0.065 < \xi_b = 0.576$$

$$A_s = b\xi h_0 \frac{\alpha_1 f_c}{f_y} = 1000 \times 0.065 \times 50 \times \frac{1.0 \times 14.3}{270} = 172 (\text{mm}^2)$$

选配 $\phi 8@200$，$A_s = 251\text{mm}^2$。

（2）验算适用条件。

ρ_{min} 取 0.2% 和 $(45 f_t / f_y)\%$ 中的较大值，$(45 f_t / f_y)\% = \left(45 \times \dfrac{1.43}{270}\right)\% = 0.24\%$，则取 $\rho_{min} = 0.24\%$。

$A_{smin} = \rho_{min} b h = 0.24\% \times 1000 \times 70 = 168(\text{mm}^2) < A_s = 251(\text{mm}^2)$；满足要求。

分布钢筋选用 $\phi 6@200$，平台板的配筋如图 7-47 所示。

3. 平台梁的设计

1）计算跨度与梁截面尺寸

平台梁的计算跨度：

$l_0 = l_n + a = (3.3 - 0.24) + 0.24 = 3.3 > l_0 = 1.05 l_n = 1.05 \times 3.06 = 3.21(\text{m})$，取 $l_0 = 3.21\text{m}$。

平台梁的截面尺寸：

$h \geqslant \dfrac{l_0}{12} = \dfrac{3210}{12} = 268(\text{mm})$；取 $b \times h = 200\text{mm} \times 350\text{mm}$。

2）荷载计算

恒荷载标准值：

斜板传来重 $\qquad 6.21 \times \dfrac{3.0}{2} = 9.32(\text{kN/m})$

平台板传来重 $\qquad 2.66 \times \left(\dfrac{1.5}{2} + 0.2\right) = 2.53(\text{kN/m})$

梁自重 $\qquad 0.2 \times (0.35 - 0.07) \times 25 = 1.4(\text{kN/m})$

梁侧抹灰重 $\qquad 0.015 \times (0.35 - 0.07) \times 2 \times 17 = 0.14(\text{kN/m})$

恒荷载标准值合计 $\qquad g_k = 13.39\text{kN/m}$

活荷载标准值：

斜板传来重 $\qquad 2.5 \times \dfrac{3.0}{2} = 3.75(\text{kN/m})$

平台板传来重 $\qquad 2.5 \times \left(\dfrac{1.5}{2} + 0.2\right) = 2.375(\text{kN/m})$

恒荷载标准值合计 $\qquad q_k = 6.13\text{kN/m}$

荷载设计值：取荷载分项系 $\gamma_G = 1.2$，$\gamma_Q = 1.4$

$\qquad g + q = 1.2 \times 13.39 + 1.4 \times 6.13 = 24.65(\text{kN/m})$

3）内力计算

弯矩设计值 $\quad M_{max} = \dfrac{(g+q) l_0^2}{8} = \dfrac{24.65 \times 3.21^2}{8} = 31.75(\text{kN} \cdot \text{m})$

剪力设计值 $\qquad V_{max} = \dfrac{(g+q) l_0}{2} = \dfrac{24.65 \times 3.06}{2} = 37.71(\text{kN})$

4）截面设计

（1）正截面承载力计算。

① 平台梁配筋计算。

截面近似按矩形计算，$h_0 = 350 - 40 = 310(\text{mm})$；C30 混凝土，$\alpha_1 f_c = 14.3\text{N/mm}^2$，$f_t = 1.43\text{N/mm}^2$；HRB335 级钢筋，$f_y = 3000\text{N/mm}^2$。

$$\alpha_s = \frac{M}{\alpha_1 f_c b h_0^2} = \frac{31.75 \times 10^6}{1.0 \times 14.3 \times 200 \times 310^2} = 0.116$$

$$\xi = 1 - \sqrt{1 - 2\alpha_s} = 1 - \sqrt{1 - 2 \times 0.116} = 0.124 < \xi_b = 0.550$$

$$A_s = b\xi h_0 \frac{\alpha_1 f_c}{f_y} = 0.124 \times 200 \times 310 \times \frac{1.0 \times 14.3}{300} = 366(\text{mm}^2)$$

选配 3Φ14，$A_s = 461\text{mm}^2$。

② 验算适用条件。

ρ_{min} 取 0.2% 和 $(45f_t/f_y)$% 中的较大值，$(45f_t/f_y)\% = \left(45 \times \dfrac{1.43}{300}\right)\% = 0.21\%$，因此取 $\rho_{min} = 0.21\%$。

$A_{smin} = \rho_{min} bh = 0.21\% \times 200 \times 350 = 147(\text{mm}^2) < A_s = 461(\text{mm})^2$；满足要求。

（2）斜截面承载力计算。

① 验算截面尺寸是否符合要求。

$0.25\beta_c f_c b h_0 = 0.25 \times 1.0 \times 14.3 \times 200 \times 310 = 221.65 \times 10^3(\text{N}) = 221.65(\text{kN}) > V = 37.71\text{kN}$，截面尺寸满足要求。

② 判别是否需要按计算配置腹筋。

$0.7 f_t b h_0 = 0.7 \times 1.43 \times 200 \times 310 = 62.06 \times 10^3(\text{N}) = 62.06(\text{kN}) > V = 37.71\text{kN}$

需按构造配置腹筋，箍筋选用双肢箍 $\phi6@200$。

③ 验算适用条件。

$$\rho_{sv} = \frac{nA_{sv1}}{bs} = \frac{2 \times 28.3}{200 \times 200} = 0.142\% > \rho_{sv,min} = 0.24 \frac{f_t}{f_{yv}} = 0.24 \times \frac{1.43}{270} = 0.127\%$$

选择箍筋间距和直径均满足构造要求。

平台梁的配筋如图 7-48 所示。

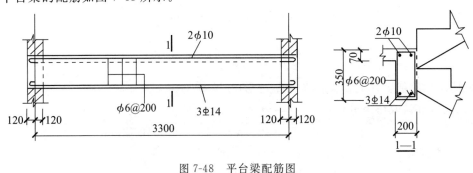

图 7-48 平台梁配筋图

任务 7.5　现浇雨篷设计

钢筋混凝土雨篷，当外挑长度不大于 3m 时，一般可不设外柱而做成悬挑构件。根据悬挑长度的不同，采用不同的结构形式。当悬挑长度大于 1.5m 时，在雨篷中布置悬挑边梁来支撑雨篷板的梁板式雨篷,这种方案可按梁板结构计算其内力;当悬挑长度不大于 1.5m 时,则布置雨篷梁来支撑悬挑的雨篷板,形成板式雨篷。由于梁板结构在楼盖中已介绍,本项目仅介绍悬臂板式雨篷(见图 7-49)。

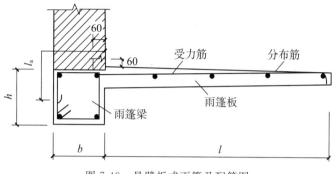

图 7-49　悬臂板式雨篷及配筋图

悬臂板式雨篷可能发生三种破坏:雨篷板根部断裂、雨篷梁弯剪扭破坏和雨篷整体倾覆破坏。为防止以上破坏,应对悬臂板式雨篷进行三方面的计算:雨篷板、雨篷梁的承载力计算和雨篷整体抗倾覆验算。

7.5.1　雨篷板的承载力计算

雨篷板为固定于雨篷梁上的悬臂板,其承载力按受弯构件计算。计算时取 1m 宽板带作为计算单元(与悬挑长度相垂直方向),计算跨度取悬挑长度。

雨篷板所承受的荷载分为恒荷载和活荷载两种。恒荷载有板的自重、面层及板底抹灰层重。活荷载则分为两种情况:标准值为 $0.5\mathrm{kN/m^2}$ 的等效均布荷载或标准值为 1kN 的板端集中检修活荷载。两种荷载情况下的计算简图如图 7-50 所示,其中 g 和 q 分别为均布恒荷载和均布活荷载的设计值,P 为板端集中活荷载的设计值。

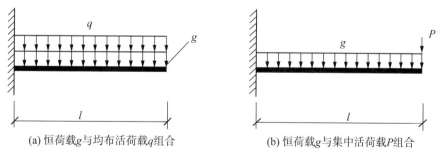

(a) 恒荷载 g 与均布活荷载 q 组合　　(b) 恒荷载 g 与集中活荷载 P 组合

图 7-50　雨篷板计算简图

雨篷板只需进行正截面承载力计算,最大弯矩发生在板的根部截面,设计时计算两种活荷载分别作用时板的根部弯矩,取两个弯矩中的较大值进行配筋计算。由计算简图可得板的根部弯矩为:

$$M = \frac{1}{2}(g+q)l^2$$

$$M = \frac{1}{2}gl^2 + Pl \qquad\qquad (7-22)$$

 说明

由于雨篷板根部的最大弯矩为负弯矩,所以受力钢筋沿出挑方向布置在雨篷板的上部,与受力钢筋相垂直方向布置分布钢筋,且放在受力钢筋内侧。

7.5.2 雨篷梁的承载力计算

雨篷梁既是雨篷板的支承,又兼有过梁的作用,因为雨篷梁下面有洞口,上面有墙体、甚至还有楼板。雨篷梁承受的荷载不仅有雨篷板传来的恒荷载和活荷载外,还承受雨篷梁上的墙重和楼面板或平台板通过墙传来的恒荷载与活荷载(见图 7-51),因此雨篷梁不仅受弯,还受扭,属于弯剪扭构件,需对其进行受弯和受扭计算,配置纵筋和箍筋。

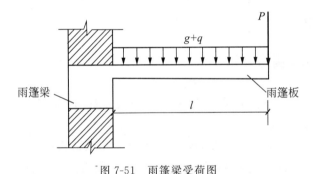

图 7-51　雨篷梁受荷图

 说明

雨篷板传来的活荷载应考虑标准值为 $0.5\mathrm{kN/m^2}$ 的等效均布荷载和标准值为 $1\mathrm{kN/m^2}$ 的集中荷载两种情况。

1. 雨篷梁受弯计算

梁板荷载与墙体自重按下列规定采用。

(1) 对砖和小型砌块砌体,当梁、板下墙体高度 $h_w < l_n$(l_n 为雨篷梁净跨)时,应计入梁、板传来的荷载;当 $h_w \geq l_n$ 时,可不考虑梁、板荷载。

(2) 对砖砌体,当过梁上的墙体高度 $h_w < l_n/3$ 时,按墙体均布自重采用;当墙体高度 $h_w \geq l_n/3$ 时,按高度为 $l_n/3$ 墙体的均布自重考虑。

(3) 对混凝土砌块砌体,当过梁上的墙体高度 $h_w < l_n/2$ 时,按墙体均布自重采用;当墙体高度 $h_w \geq l_n/2$ 时,应按高度为 $l_n/2$ 墙体的均布自重考虑。

过梁的荷载确定以后,即可按计算跨度为 $l_0 = 1.05l_n$(l_n 为雨篷梁净跨)的简支梁计算弯矩和剪力,计算简图如图 7-52 所示。

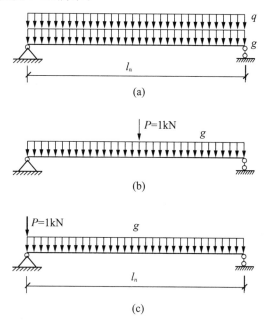

图 7-52 雨篷梁受弯剪计算简图

雨篷梁的最大弯矩按下式计算:

$$M = \frac{1}{8}(g+q)l_0^2 \quad 或 \quad M = \frac{1}{8}gl_0^2 + \frac{1}{4}Pl_0 \tag{7-23}$$

取两个弯矩中的较大值进行配筋计算。

雨篷梁的最大剪力按下式计算:

$$V = \frac{1}{2}(g+q)l_n \quad 或 \quad V = \frac{1}{2}gl_n + P \tag{7-24}$$

取两个剪力中的较大值进行配筋计算。

2. 雨篷梁受扭计算

雨篷梁上的扭矩由悬臂板上的恒荷载和活荷载产生。计算扭矩时应将雨篷板上的力对雨篷中心取矩;如计算所得板上的均布恒荷载产生的均布扭矩为 m_g,均布活荷载产生的均布扭矩为 m_q,板端集中活载 P(作用在洞端时为最不利)产生的集中扭矩为 M_P,则雨篷梁端扭矩 T 取下面扭矩值中较大值计算(扭矩计算简图如图 7-53 所示)。

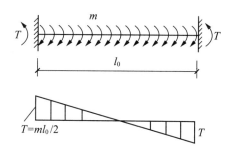

图 7-53 雨篷梁扭矩计算简图及扭矩分布图

$$T = \frac{1}{2}(m_g + m_q)l_n \quad \text{或} \quad T = \frac{1}{2}m_g l_n + M_p \tag{7-25}$$

雨篷梁的弯矩 M、剪力 V 和扭矩 T 求得后,即可按弯、剪、扭构件的承载力计算方法计算纵筋和箍筋。

7.5.3　雨篷的抗倾覆验算

雨篷是悬挑结构,雨篷上的荷载可使雨篷绕图 7-49 所示 O 点转动而产生倾覆力矩 M_{ov},而梁自重、墙重以及梁板传来的恒荷载设计值将产生绕 O 点的抗倾覆力矩 M_r。为保证雨篷板的整体稳定,需按下式对雨篷进行抗倾覆验算。

$$M_{ov} \leqslant M_r \tag{7-26}$$

式中,M_{ov}——按雨篷板上不利荷载组合计算的绕 O 点的倾覆力矩。计算 M_{ov} 时,应考虑可能出现的最大力矩,对恒荷载和活荷载取其设计值计算。

$\quad M_r$——按恒荷载标准值计算的绕 O 点的抗倾覆力矩。计算 M_r 时,应考虑可能出现的最小力矩,即只能考虑恒荷载的作用,计算时取其标准值。同时考虑到恒荷载有变小的可能,荷载分项系数按 0.8 采用,即

$$M_r = 0.8G_r(l_2 - x_0) \tag{7-27}$$

G_r 可按图 7-54 阴影部分所示范围的恒荷载(包括砌体与楼面传来的)标准值计算;l_2 为 G_r 作用点到墙外边缘的距离;x_0 为倾覆点 O 点到墙外边缘的距离。O 点到墙外边缘的距离 x_0,当 $l_1 \geqslant 2.2h_b$ 时,$x_0 = 0.3h_b$(l_1 为墙厚,h_b 为雨篷板根部的厚度),且不大于 $0.13l_1$;当 $l_1 < 2.2h_b$ 时,$x_0 = 0.13l_1$。

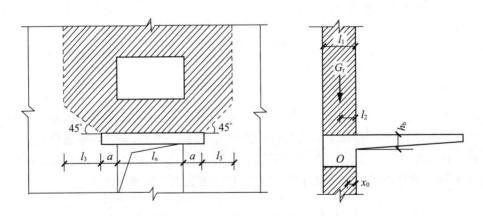

图 7-54　雨篷的抗倾覆荷载

在进行雨篷抗倾覆验算时,应将施工或检修集中活荷载 $P = 1\text{kN}$ 置于悬臂板端,且沿板宽每隔 2.5~3m 考虑一个集中荷载。

当抗倾覆验算不满足要求时,应采取保证稳定的措施,如适当增加雨篷梁的支撑长度(雨篷板不能增长)以增大墙体自重或雨篷梁与周边的结构(如柱子)相连接。

7.5.4 雨篷构造要求

悬臂板式雨篷应满足以下构造要求(见图 7-49)：板的根部厚度不小于 $l/12$ 和 80mm，端部厚度不小于 60mm；板的受力钢筋必须置于板的上部，最小不得少于 $\phi 8@200$，伸入支座长度 l_a；梁的箍筋必须有良好的搭接(详见受扭构件构造要求)。

悬臂板式雨篷带竖直构造翻边时应考虑积水荷载，积水荷载最少取 1.5kN/m^2，翻边的钢筋应放置在竖直翻边内侧，且在内折角处钢筋应做好锚固(见图 7-55)。

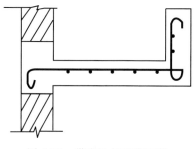

图 7-55 带翻边的雨篷配筋

思 考 题

1. 什么是单向板？什么是双向板？如何判断？

2. 现浇整体式楼盖可分为哪几种类型？各有哪些优缺点？

3. 结构平面布置的原则是什么？板、次梁、主梁的常用跨度是多少？

4. 主梁的布置方向有哪两种？工程上常用哪种？

5. 进行单向板肋梁楼盖设计时，结构构件内力计算方法有几种？各有哪些特点？

6. 进行单向板肋梁楼盖设计时，结构构件计算简图的确定包含哪些内容？

7. 单向板肋梁楼盖设计时，结构构件的支承条件如何考虑？计算跨度如何确定？

8. 按弹性理论计算连续梁板内力时，什么叫活荷载的最不利位置？应如何进行活荷载的最不利布置？

9. 钢筋混凝土结构按塑性理论计算方法计算的应用范围有哪些限制？

10. 什么是梁的塑性铰？与普通铰相比，塑性铰有什么特点？

11. 连续板和次梁采用弯矩调幅法设计时应遵循哪些基本原则？

12. 连续板和次梁采用弯矩调幅法调幅弯矩时，为什么要减小支座处的弯矩？

13. 单向板、次梁和主梁各有哪些计算特点？

14. 单向板中有哪些受力钢筋和构造钢筋？各起什么作用？如何设置？

15. 为什么要在主梁上设置附加横向钢筋？如何设置？

16. 连续双向板的实用计算方法有哪些基本假定和适用范围？计算要点是什么？

17. 连续双向板的受力钢筋如何布置？构造钢筋如何设置？

18. 现浇普通楼梯有哪两种？各有哪些优缺点？工程中常用哪种？

19. 简述板式楼梯梯段板的计算要点,受力钢筋和分布钢筋如何布置?

20. 简述梁式楼梯梯段板的计算要点,受力钢筋和分布钢筋如何布置?

21. 悬臂板式雨篷可能发生哪几种破坏? 应进行哪些计算?

22. 悬臂板式雨篷的雨篷板受力钢筋如何布置?

23. 悬臂板式雨篷的雨篷梁属于什么构件? 进行哪些承载力计算?

24. 悬臂板式雨篷有哪些构造要求?

习　　题

试设计以下的钢筋混凝土单向板肋梁楼盖。

1) 设计资料

某多层仓库采用钢筋混凝土现浇单向板肋梁楼盖,墙厚为 370mm,建筑平面如图 7-56 所示。

(1) 楼面活荷载标准值 $q_k = 9kN/m^2$。

(2) 楼面面层采用 20mm 厚水泥砂浆抹面,板底及梁面采用 15mm 厚纸筋石灰粉刷。

(3) 混凝土强度等级为 C30,板中钢筋为 HPB300,梁中受力钢筋为 HRB335,其他钢筋为 HPB300。

2) 设计内容和要求

(1) 板和次梁按考虑塑性内力重分布方法计算内力;主梁按弹性理论计算方法计算内力;进行配筋计算。

(2) 绘制楼盖结构施工图,包括两个。

① 楼面结构布置和板平法施工图。

② 梁平法施工图。

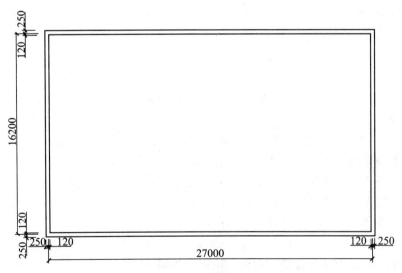

图 7-56　建筑平面图

项目 8 单层厂房排架结构

教学目标

　　通过本项目的学习,了解单层厂房排架的结构组成、传力途径和设计内容,熟悉单层厂房的结构布置,掌握排架结构的受力分析,掌握排架结构承重构件的选型。

教学要求

能 力 目 标	知 识 目 标	权重/%
单层厂房排架的结构组成	单层厂房排架的结构组成;传力途径;设计内容	20
单层厂房的结构布置	结构的柱网布置;变形缝;支撑布置;抗风柱布置;圈梁、连系梁、过梁和基础梁布置	30
排架结构的受力分析简介	排架计算简图;排架荷载计算;排架内力计算简介;单层厂房柱截面形式及选取;柱配筋计算及构造	40
排架结构承重构件的选型	屋面板;屋面梁;屋架;吊车梁;基础;各构件间的连接	10

任务 8.1　单层厂房排架的结构组成

8.1.1　概述

　　单层厂房是指层数为一层的厂房,它主要用于重型机械制造工业、冶金工业等重工业。这类厂房的特点是生产设备体积大、重量重、厂房内以水平运输为主。单层厂房是特殊厂房,它具有形成高大的使用空间,容易满足生产工艺流程要求,内部交通运输组织方便,有利于较重生产设备和产品放置,可实现厂房建筑构配件生产工业化以及现场施工机械化等特点。

　　单层厂房的结构按其承重结构的材料来分,包括混合结构、钢筋混凝土结构和钢结构等类型。

　　单层厂房的结构按其施工方法来分,包括装配式和现浇式两种。

　　按承重结构的形式分,排架结构也称框架结构;刚架结构也称钢框架结构,如图 8-1～图 8-3 所示。

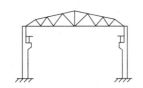
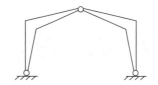
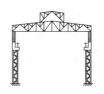

图 8-1　钢筋混凝土排架结构　　　图 8-2　钢筋混凝土门式刚架　　　图 8-3　钢框架结构

单层厂房排架结构通常由屋架或屋面梁、柱和基础组成。当屋架与柱顶为铰接,柱与基础顶面为刚接时,这样组成的结构叫作排架。

排架结构按其所用材料分为以下几类。

钢筋混凝土—砖排架:由钢筋混凝土屋架或屋面梁、烧结普通砖柱和基础组成。其承载能力和抗震性能均较低,因此一般用于跨度不大于 15m。檐高不超过 8m,无吊车或吊车起重量小于 5t 的中小型工业厂房。

钢筋混凝土排架:由钢筋混凝土的屋架或屋面梁、柱及基础组成。由于其具有较高的承载能力和较好的抗震性能,因此,可用于跨度不大于 36m、檐高不大于 20m、吊车起重量不超过 200t 的大型工业厂房。

钢—钢筋混凝土:排架由钢屋架、钢筋混凝土柱和基础组成。其承载能力和抗震性能较钢筋混凝土排架好,可用于跨度大于 36m、吊车起重量超过 250t 的重型工业厂房。

按照厂房的生产工艺和使用要求不同,排架结构可设计为单跨或多跨、等高或不等高等多种形式,如图 8-4 所示。

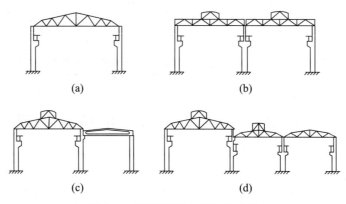

图 8-4　钢筋混凝土排架结构分类

8.1.2　单层厂房排架的结构组成、传力途径及设计内容

单层工业厂房排架结构通常由屋盖结构、横向平面排架、纵向平面排架及维护结构组成一个整体的空间结构体系,具体则由图 8-5 所示的构件组成。

屋盖结构分无檩和有檩两种体系,无檩体系由大型屋面板、屋面梁或屋架以及屋盖支撑所组成,如图 8-6 所示。有檩体系由小型屋面板、檩条、屋架(包括屋盖支撑)组成,如图 8-7 所示。屋盖结构有时还有天窗架、托架,其作用主要是围护和承重(承受屋盖结构自重、屋面活荷载、雪荷载和其他荷载),以及采光和通风。

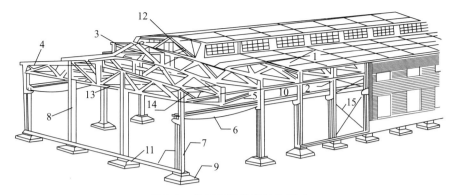

图 8-5　单层厂房排架结构组成

1—屋面板;2—天沟板;3—天窗架;4—屋架;5—托架;6—吊车梁;7—排架柱;
8—抗风柱;9—基础;10—连系梁;11—基础梁;12—天窗架垂直支撑;
13—屋架下弦横向水平支撑;14—屋架端部垂直支撑;15—柱间支撑

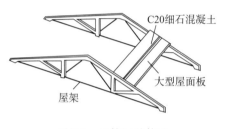

图 8-6　无檩屋盖体系

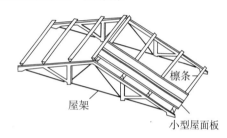

图 8-7　有檩屋盖体系

围护结构包括外墙、抗风柱、墙梁、基础梁等,其作用主要是围护和承重。

横向平面排架是由屋面梁或屋架、横向柱列和基础等组成,它是厂房基本承重结构。厂房横向排架承受竖向荷载(如结构自重、屋面活荷载和吊车竖向荷载等)及横向水平荷载(如风荷载、吊车横向制动力和地震作用等),如图 8-8 所示。

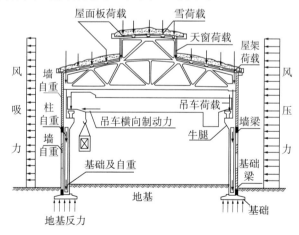

图 8-8　横向平面排架受载示意图

纵向排架结构体系是由纵向柱列和基础、连系梁和柱间支撑等组成,是厂房结构中的重要组成构件。其作用是保证厂房结构的纵向稳定和承重,厂房纵向排架主要承受纵向水平荷载,如纵向风荷载、吊车纵向制动力、纵向地震作用和温度应力等,如图8-9所示。

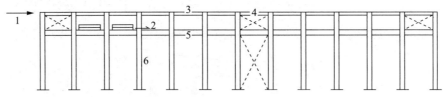

图 8-9　纵向平面排架受载示意图

1—风力;2—吊车纵向制动力;3—连系梁;4—柱间支撑;5—吊车梁;6—柱

作用在单层厂房排架结构上的荷载主要有以下几种。

（1）永久荷载。它是长期作用在厂房结构上的不变荷载(恒荷载),如各种结构构件、围护结构以及设备的自重等。

（2）可变荷载。它是作用在厂房结构上的活荷载,主要有以下几种。

① 雪荷载:以基本雪压所算得的在厂房各屋面上的积雪重量。

② 风荷载:以基本风压所算得的在厂房各部分表面上的风压(吸)力。

③ 吊车荷载:吊车起吊重物在厂房内运行时的移动集中荷载包括吊车竖向荷载和吊车水平荷载。

④ 积灰荷载:大量排灰的厂房及其邻近建筑,应考虑积灰荷载。

⑤ 施工荷载:厂房在施工或检修时的荷载。

（3）偶然荷载。主要是指地震、爆炸等。

作用在单层厂房结构上所有荷载按其作用方向可分为竖向荷载、横向水平荷载以及纵向水平荷载三种。荷载的传递,特别是水平荷载的传递,实际上是很复杂的,而不是简单的直接传递。为了清晰起见,再把上面分析的荷载传递路线综合成图表来表达,如图8-10所示。在一般的单层厂房中,横向排架是主要承重结构,而屋架、吊车梁、柱和基础是厂房中的主要承重构件。

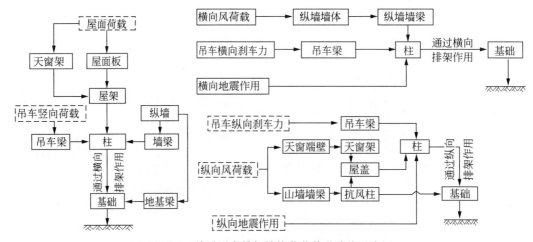

图 8-10　单层厂房排架结构荷载传递路线示意图

单层工业厂房结构设计是根据建筑设计资料,以及坚固适用、技术先进、经济合理的原则进行结构设计。单层厂房结构设计的主要内容如下。

（1）确定结构方案，进行结构布置。

（2）确定主要承重构件。

（3）进行排架内力分析与组合。

（4）排架柱设计。

（5）确定主要构件之间的连接构造。

任务 8.2 单层厂房排架的结构布置

单层厂房排架的结构布置主要包括柱网布置、变形缝设置、支撑的布置、抗风柱的布置及圈梁、连系梁、过梁和基础梁的布置。屋面板、屋架及其支撑、基础梁等构件，一般按所选用的标准图集的编号和相应的规定进行布置。柱和基础则根据实际情况自行编号进行布置。

8.2.1 柱网布置

单层厂房承重柱的纵向和横向定位轴线在平面上形成的有规律的网格称为柱网。柱子纵向定位轴线间的距离称为跨度，横向定位轴线间的距离称为柱距。

确定柱网尺寸时，首先要满足生产工艺要求，尤其是工艺设备的布置；其次是根据建筑材料、结构形式、施工技术水平、经济效果，以及提高建筑工业化程度和建筑处理、扩大生产、技术改造等方面因素来确定；此外，还应满足模数制的要求。

对于跨度，单层厂房的跨度在 18m 以下时，应采用 3m 的倍数，如 9m、12m、15m、18m；在 18m 以上时，应采用扩大模数 6m 的倍数，如 24m、30m、36m 等。

对于柱距，从经济指标、材料消耗和施工条件等考虑，6m 柱距比 12m 柱距更为优越，因此单层厂房的柱距多采用 6m。单层厂房排架结构跨度和柱距示意图如图 8-11 所示。

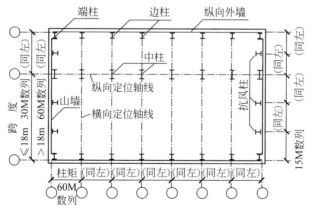

图 8-11 单层厂房排架结构跨度和柱距示意图

8.2.2 变形缝设置

变形缝包括伸缩缝、沉降缝和防震缝三种。

伸缩缝的设置是为减少厂房结构的温度应力,将厂房结构分成若干温度区段。温度区段的长度,也就是伸缩缝的间距,取决于结构类型和温度变化情况,如表 8-1 所示。伸缩缝的一般做法是从基础顶面开始将相邻温度区段的上部结构完全分开,在伸缩缝两侧设置并列的双排柱、双榀屋架,而基础可做成将双排柱连在一起的双杯口基础。

表 8-1　伸缩缝最大间距　　　　　　　　　单位:m

结 构 类 别		室内或土中	露天
排架结构	装配式	100	70
框架结构	装配式	75	50
	现浇式	55	35
剪力墙结构	装配式	65	40
	现浇式	45	30
挡土墙、地下室墙壁等结构	装配式	40	30
	现浇式	30	20

由于单层厂房结构主要由简支构件装配而成,因地基发生不均匀沉降在构件中产生的附加内力不大,所以在单层厂房结构中,除主厂房结构与生活间等附属建筑物相连接处外,很少采用沉降缝。沉降缝应将建筑物从基础到屋顶全部分开,以使缝两边发生不同沉降时不至于相互影响。

抗震缝是为减轻震害而采取的措施之一。当厂房平面、立面复杂,结构高度或刚度相差很大,以及在厂房侧边布置附房,如生活间、变电所、炉子间等时,设置抗震缝将相邻部分分开,防震缝的宽度在厂房纵横跨交接处可采用 $100\sim150\mathrm{mm}$,其他情况可采用 $50\sim90\mathrm{mm}$。

8.2.3　支撑的布置

单层厂房排架结构中支撑的主要作用是使厂房结构形成一个空间整体,保证厂房结构的纵向及横向水平刚度;在施工和使用阶段,保证结构构件的稳定性;将某些水平荷载传给主要承重结构或基础。实际工程中,如果支撑不当,不仅会影响厂房的正常使用,严重时还会引起工程事故,因此务必给予重视。

1. 屋盖支撑

屋盖支撑包括上弦横向水平支撑、下弦横向水平支撑、下弦纵向水平支撑、垂直支撑及系杆等,如图 8-12 所示。

1) 横向水平支撑

上弦横向水平支撑的作用是抵抗端墙传来风荷载;增加屋盖横向刚度;减小屋架上弦计算长度。各种屋盖包括天窗架都要设置,一般布置在房屋或纵向温度缝区两端第一或第二柱间,横向间距不超过 60m,大于 60m 时应在区段中间增加上弦横向水平支撑。

下弦横向水平支撑的作用抵抗端墙传来风荷载,增加屋盖横向刚度,减小屋架下弦计算长度。当屋架跨度≥18m;有桥式吊车、屋架下弦有悬挂吊车、抗风柱支撑在屋架下弦时;或

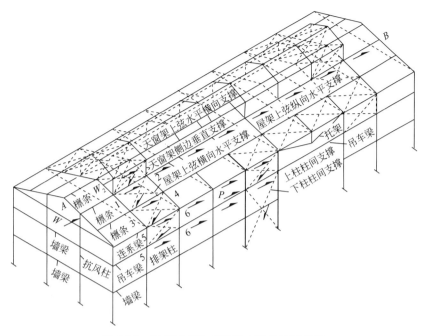

图 8-12　有檩屋盖体系厂房支撑作用示意图

采用下弦弯折的屋架以及山墙抗风柱支承于屋架下弦时应设置下弦横向水平支撑,与上弦横向水平支撑同间距设置。

2)纵向水平支撑

纵向水平支撑的作用是与横向水平支撑形成封闭体系,从而增加屋盖纵向刚度,并承受和传递吊车横向水平制动力。以下情况需要设置纵向水平支撑:有重级工作制,或大吨位吊车,或锻锤等振动设备时;屋架下弦有纵向或横向吊车轨道时;有托架时;屋架跨度或房屋高度较高时。纵向水平支撑一般设在下弦端节间,与下弦横向水平支撑构成封闭支撑系统,如图 8-13(b)所示,三角形屋架或某些特殊情况,纵向水平支撑也可设于上弦平面。

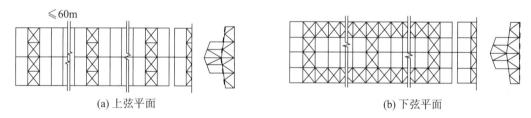

(a)上弦平面　　　　　　　　　　　　　　(b)下弦平面

图 8-13　屋盖支撑布置示意图

3)垂直支撑

垂直支撑的作用是使相邻两屋架形成几何不变空间体系,维持屋架端部及中间截面的竖向稳定。设置原则为:设在有上弦横向支撑的柱间;对梯形屋架,至少设三道,跨度大于 30m 或有天窗时增设;对三角形屋架,跨度≤18m 时中间设一道,超过 18m 设两道;梯形屋架,当 $l>30m$ 时在两端以及跨度 $l/3$ 处或天窗架侧柱处共设四道。

4)系杆

系杆的作用是保证无横向支撑的其他屋架的侧向稳定,充当屋架上下弦的侧向支撑点。

系杆可分为刚性系杆和柔性系杆。上弦平面内,大型屋面板可为系杆(焊牢),因此一般在屋脊及两端设系杆。有檩屋盖中,檩条可以代替上弦系杆,但必须满足系杆要求。下弦平面内,在跨中或跨中附近设置一道或两道系杆。设置原则为:垂直支撑平面内,一般设置上、下系杆;在屋架支座节点处和上弦屋脊节点处通常应设置刚性系杆,支座节点处如有钢筋混凝土圈梁,此处刚性系杆可不考虑;当横向支撑做在端部第二开间时,端部开间的所有系杆应按刚性系杆设计;天窗侧柱处下弦跨中或跨中附近设置柔性系杆。

5) 天窗架支撑

天窗架支撑的作用是增强整体刚度,保证其系统的空间稳定性,并把端壁上的水平风荷载传递给屋架。当屋盖有天窗架时,对天窗架也应与屋架一样,布置天窗架上弦横向水平支撑和垂直支撑以及相应系杆。垂直支撑通常设于相邻两榀天窗架的侧柱间平面内,天窗架跨度 $l \geqslant 12m$ 时还设于中央竖杆间平面内。

2. 柱间支撑

柱间支撑的作用是保证厂房的纵向刚度和稳定性,吊车纵向制动力和山墙纵向风荷载及纵向地震力经屋盖系统传递到两纵向柱列上去。

柱间支撑一般采用交叉钢斜杆组成。交叉倾角 α 在 $35° \sim 55°$,以 $45°$ 为宜,钢杆件的截面尺寸需经强度和稳定计算确定,如图 8-14(a)所示。当柱间因交通、设备布置或柱距较大而不能采用交叉斜杆式支撑时,可以做成门架式支撑,如图 8-14(b)所示。

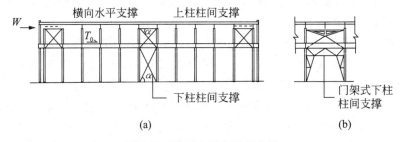

图 8-14 柱间支撑布置示意图

一般上柱柱间支撑设置在温度区段两侧与屋盖横向水平支撑相对应的柱间,以及温度区段中央或邻近中央的柱间,下柱柱间支撑设置在温度区段中部与上柱柱间支撑相对应的位置。

凡属下列情况之一的一般厂房需设置柱间支撑。

(1) 设有重级工作制吊车或中轻级工作制吊车起重量 $\geqslant 10t$ 时。

(2) 厂房跨度 $\geqslant 18m$,或柱高 $\geqslant 8m$ 时。

(3) 纵向柱的总数每排 $\leqslant 7$ 根。

(4) 设有 $3t$ 及 $3t$ 以上悬挂吊车时。

(5) 露天吊车柱列。

8.2.4 抗风柱的布置

单层厂房的山墙,受风面积比较大,一般需要设置抗风柱,从而将山墙分为几个区格,以便使墙面受到的风荷载分为两部分分别传到基础上。一部分直接经纵向柱列传给基础;一部分经抗风柱上端通过屋盖结构传给纵向柱列和抗风柱下端再传给基础。

当厂房高度和跨度不大时,可采用砖壁柱作为抗风柱,并设在山墙中;当厂房高度和跨度比较大时(柱顶在 8m 以上,跨度超过 12m),可采用钢筋混凝土抗风柱,此时设在山墙内侧,并用钢筋与之拉结。

8.2.5　圈梁、连系梁、过梁和基础梁的布置

当用砖砌体作为厂房围护墙时,一般要设置圈梁、连续梁、过梁和基础梁。

圈梁的作用是将墙体同厂房柱箍在一起,以加强厂房的整体刚度,防止由于地基不均匀沉降、较大振动荷载或地震引起的对厂房不利影响。圈梁设在墙内,并与柱用钢筋拉接。圈梁不承受墙体重量,因此柱上不设置支承圈梁的牛腿。圈梁的布置与墙体高度、厂房的刚度要求及地基情况有关。圈梁应连续设置在墙体的同一水平面上,并尽可能沿整个建筑物形成封闭状。圈梁的截面宽度宜与墙厚相同。

连系梁的作用是连系纵向柱列,以增强厂房的纵向刚度,并将风荷载传给纵向柱列。此外,连系梁还承受其上面墙体的重量。连系梁通常是预制的,两端搁置在柱牛腿上,用螺栓或电焊与牛腿连接。

过梁的作用是承托门窗洞口上部墙体的重量。尽可能将圈梁、连系梁、过梁三者结合起来,以节约材料,方便施工。

在一般厂房中,通常用基础梁来承受围护墙体的重量,而不需另做墙基础。基础梁与柱一般不要求连接,直接搁置在基础的杯口上,当基础埋置较深时,可以搁置在基础顶上的混凝土垫块上。

任务 8.3　单层厂房排架结构的内力计算

单层厂房排架结构实际上是由纵横向排架组成的空间结构体系,为了方便计算,一般分别按纵、横两个方向作为平面排架来分析,即假定各个横向平面排架(或纵向平面排架)均单独工作。纵向平面排架的柱子较多,水平刚度较大,分配到每根柱子上的水平力较小,因此除进行抗震和温度应力分析,纵向排架一般不计算。

排架内力计算是为了确定柱和基础的内力。其主要计算内容包括:计算简图的确定、荷载计算、内力分析和内力组合。必要时,还需要验算排架的水平侧移。

8.3.1　排架结构计算简图的确定

单层厂房是一个复杂的空间结构,实际计算时,一般由相邻柱距的中部截取一个典型区段,称为计算单元,如图 8-15 所示的阴影部分。除吊车等移动荷载以外,阴影部分就是一个排架的负荷范围。

根据实践经验和构造特点,同时为了简化计算,在确定排架结构的计算简图时,通常做

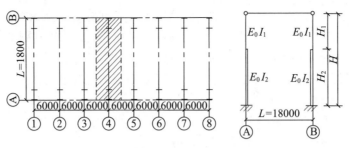

图 8-15 计算单元的选取

出如下假定。

1. 柱顶端与屋架或屋面梁为铰接

柱顶端与屋架或屋面梁连接处,一般用预埋钢板焊牢或螺栓连接,它抵抗转动的能力很小,计算中只考虑传递垂直力和水平剪力,按铰接节点考虑。

2. 柱下端与基础顶面为固接

排架柱与基础的连接做法通常是:预制柱插入基础杯口一定深度,柱和基础间用高强度等级细石混凝土浇筑密实并连成一体,因此排架柱与基础连接处按固定端位于基础顶面。

3. 横梁(即屋架或屋面梁)为轴向刚度很大的刚性连杆

铰接排架的横梁(屋架)的刚度很大,受力后的轴向变形可忽略不计。排架受力后横梁两端两个柱子的柱顶水平位移相等。但是,对于组合屋架、两铰或三铰拱屋架,应考虑其轴向变形对排架内力的影响。

按照以上假定,可以得到排架结构的计算简图,如图 8-16 所示。

排架柱的高度由固定端算至柱顶铰接处,排架柱的轴线为柱的几何中心线。当柱为变截面时,排架柱的轴线为一折线,如图 8-16(a)和(b)所示。

排架的跨度以厂房的纵向定位轴线为准,计算简图如图 8-16(c)所示。只需在变截面处增加一个力偶 M,M 等于上柱传下的竖向力乘以上、下柱几何中心线间距离 e。

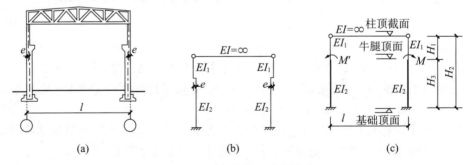

| (a) | (b) | (c) |

图 8-16 排架结构的计算简图

8.3.2 荷载计算

作用在排架上的荷载分为恒荷载和活荷载两类。恒荷载主要是结构和构件的自重。活荷载一般包括屋面均布活荷载、雪荷载、积灰荷载、吊车荷载和风荷载等,除吊车荷载外,其他荷载均取自计算单元范围内,如图 8-17 所示。

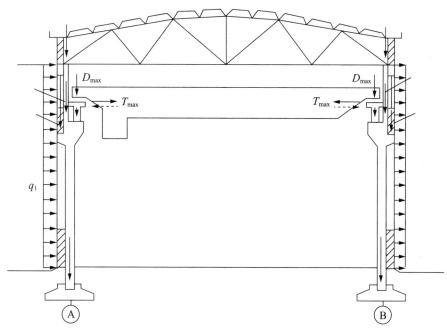

图 8-17　排架结构的荷载简图

1. 恒荷载

屋面恒荷载：用 G_1 表示，它包括各种构造层屋面板、天沟板、屋架、天窗、天窗架、屋架支撑、托架等自重。

上柱自重：用 G_2 表示，它沿上柱中心线作用，按上柱截面尺寸和柱高计算。

下柱自重：用 G_3 表示，它沿下柱中心线作用，按下柱截面尺寸和柱高计算。

吊车梁及轨道等零件自重：用 G_4 表示，它沿吊车梁中心线作用于牛腿顶面，一般吊车梁中心线到柱外边缘(边柱)或柱中心线(中柱)的距离为 750mm。

支承在柱牛腿上的围护结构等自重：用 G_5 表示，它沿承重梁中心线作用在柱牛腿顶面。

2. 屋面活荷载

屋面活荷载用 Q_1 表示，作用点和计算简图与屋盖恒荷载相同。屋面活荷载包括屋面均布活荷载、雪荷载和积灰荷载三种，均按屋面的水平投影面积计算。

1) 屋面均布活荷载

屋面均布活荷载按《荷载规范》采用，不上人的屋面为 $0.5kN/m^2$；上人的屋面为 $2.0kN/m^2$。当施工荷载较大时，则按实际情况采用。

2) 雪荷载

雪荷载的标准值应按下式计算：

$$s_k = \mu_r s_0 \tag{8-1}$$

式中，s_k——雪荷载标准值(kN/m^2)；

μ_r——屋面积雪分布系数，与屋面形式类别有关；

s_0——基本雪压。

3) 积灰荷载

对生产中有大量排灰的厂房及其邻近建筑物应考虑积灰荷载，可由《荷载规范》查得。

屋面均布活荷载不与雪荷载同时考虑,取两者中的较大值;当有屋面积灰荷载时,积灰荷载应与雪荷载或不上人的屋面均布活荷载两者中的较大值同时考虑。

3. 吊车荷载

吊车按生产工艺要求和吊车本身构造特点可分为单梁式和桥式两种。其中,桥式吊车为厂房中最常用的一种吊车形式,桥式吊车一般由大车(桥架)和小车组成,如图 8-17 所示。吊车共分 $A_1 \sim A_8$ 八个工作级别。其中,$A_1 \sim A_3$ 为轻级;A_4、A_5 为中级;A_6、A_7 为重级;A_8 为超重级。

吊车对排架的作用主要有竖向荷载、横向水平荷载和纵向水平荷载三种,分别如下。

1) 吊车竖向荷载

吊车竖向荷载是一种通过轮压传给排架柱的移动荷载,由吊车额定起重量、大车自重、小车自重三部分组成。

当吊车小车在额定最大起重量行驶至大车某一侧端头极限位置时,小车所在一侧的每个大车轮压即为起重机的最大轮压 $P_{\max}$,同时另外一侧的每个大车轮压即为最小轮压 $P_{\min}$,如图 8-18 所示。最大轮压和最小轮压可根据所选用的起重机型号、规格由产品目录或手册查得。

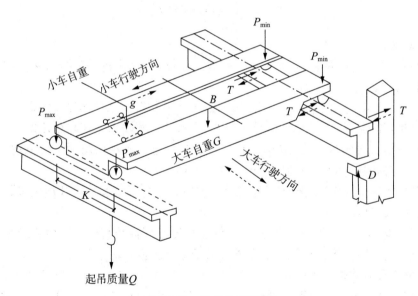

图 8-18　桥式吊车荷载

每榀排架上作用的吊车竖向荷载指的是几台吊车组合后通过吊车梁传给柱的可能的最大反力。

由于吊车荷载是移动荷载,每榀排架上作用的吊车竖向荷载组合值需用影响线原理求出。作用在排架上的吊车竖向荷载的组合值与吊车的台数及吊车沿厂房纵向运行所处位置有关。

当两台吊车挨紧并行,且其中一台起重量较大的吊车轮子正好运行至计算排架上,而两台吊车的其余轮子分布在相邻两柱距之间时,吊车竖向荷载组合值可达最大,如图 8-19 所示。其标准值 $D_{\max}$、$D_{\min}$ 按下列公式计算:

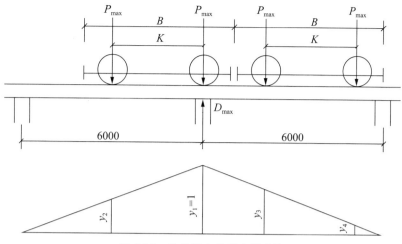

图 8-19　吊车梁支座反力影响线

$$\begin{cases} D_{\max} = P_{\max} \sum y_i \\ D_{\min} = P_{\min} \sum y_i \end{cases} \tag{8-2}$$

式中，$\sum y_i$——与吊车轮子相对应的支座反力影响线上的竖标，可按图 8-19 所示的几何

关系求得。

吊车竖向荷载 $D_{\max}$ 和 $D_{\min}$ 沿吊车梁的中心线作用在牛腿顶面。

2）吊车横向水平荷载

小车吊起起重量以后，在启动和刹车时产生的惯性力，即为横向水平制动力。吊车的横向制动力平均传给两侧的结构。在计算吊车横向水平荷载作用下的排架结构内力时，无论是单跨还是多跨，最多考虑两台吊车同时刹车。

对于一般四轮桥式吊车，每一个轮子作用在轨道上的横向水平制动力 T 为

$$T = \frac{\alpha}{4}(g + Q) \tag{8-3}$$

式中，g——小车自重标准值（kN）；

Q——吊车起重量标准值（kN）；

α——横向制动力系数。对于硬钩吊车取 0.2，对于软钩吊车：

当额定起重量 $Q \leqslant 100\text{kN}$ 时，取 0.12；

当额定起重量 $Q = 150 \sim 500\text{kN}$ 时，取 0.10；

当额定起重量 $Q \geqslant 750\text{kN}$ 时，取 0.08。

每个大车轮传给吊车轨道的横向水平制动力 T 确定后，即可按计算吊车竖向荷载 $D_{\max}$ 和 $D_{\min}$ 的方法计算 $T_{\max}$：

$$T_{\max} = T \sum y_i \tag{8-4}$$

由于小车是沿桥架向左、右运行，有左、右两种制动情况。因此计算排架时，吊车的横向水平荷载应考虑向左和向右两种情况。

3）吊车纵向水平荷载

吊车纵向水平荷载标准值 T_0，按作用在一边轨道上所有刹车轮的最大轮压之和的

10%采用,即

$$T_0 = m \frac{nP_{max}}{10} \tag{8-5}$$

式中,n——施加在一边轨道上所有刹车轮数之和,对于一般的四轮吊车,$n=1$;

    m——起重量相同的吊车台数,无论单跨或多跨厂房,在计算吊车纵向水平荷载时,一侧的整个纵向排架上最多只能考虑2台吊车。

4. 风荷载

垂直于建筑物表面上的风荷载标准值,应按下式计算:

$$\omega_k = \beta_z \mu_s \mu_z \omega_0 \tag{8-6}$$

式中,ω_k——风荷载标准值(kN/m^2);

    β_z——高度z处的风振系数;

    μ_s——风荷载体型系数;

    μ_z——风压高度变化系数;

    ω_0——基本风压(kN/m^2)。

进行排架结构内力分析时,通常将作用在厂房上的风荷载做如下简化。

(1)作用在排架柱顶以下墙面上的水平风荷载近似按均布荷载计算,迎风面为q_1,背风面为q_2,其风压高度变化系数可根据柱顶标高确定,其标准值可以按下式计算:

$$q_1 = w_{k1} B \tag{8-7}$$
$$q_2 = w_{k2} B$$

式中,B——计算单元的宽度(m)。

(2)作用在排架柱顶以上屋盖上的风荷载仍取为垂直于屋面的均布荷载,但仅考虑其水平分力对排架的作用,且以水平集中荷载F_w的形式作用在排架柱顶。

风荷载是变向的,既要考虑风从左边吹来的受力情况,也要考虑风从右边吹来的受力情况。

8.3.3 内力计算

排架内力分析就是确定排架柱在各种荷载单独作用下各个控制截面上的内力,并绘制各排架柱的弯矩M图、轴力N图及剪力V图。

1. 等高排架

等高排架是指在排架计算简图中,各柱柱顶标高相同或柱顶标高虽不同,但柱顶有倾斜横梁贯通连接的排架。对于等高排架,可采用剪力分配法计算。

(1)当排架柱顶作用水平集中荷载F时,如图8-20所示。由于横梁为刚性连杆,所以各柱柱顶水平位移相等。即

$$\Delta_1 = \Delta_2 = \Delta_i = \Delta$$

如沿横梁与柱的连接部位将各柱柱顶切开,因柱顶是铰无弯矩,在各柱的切口上代替一对相应剪力V_1、V_2、V_i,并取横梁为脱离体,则由平衡条件$\sum F_x = 0$得

$$V_1 + V_2 + \cdots + V_i = F \tag{8-8}$$

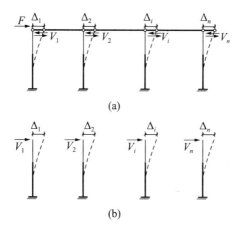

图 8-20　柱顶作用水平集中荷载的等高排架

设各柱柱顶在单位水平集中力作用下柱顶位移为 δ_1、δ_2 和 δ_i。则在柱顶剪力 V_1、V_2、V_i 作用下,各柱柱顶水平位移为

$$\Delta_1 = V_1 \delta_1$$
$$\Delta_2 = V_2 \delta_2$$
$$\Delta_i = V_i \delta_i$$

可得

$$V_i = \frac{\dfrac{1}{\delta_i}}{\sum\limits_{i=1}^{n} \dfrac{1}{\delta_i}} F = \eta_i F \tag{8-9}$$

求得柱顶剪力 V_i 后,用平衡条件可得排架柱各截面的弯矩和剪力。

当排架结构柱顶作用水平集中力 F 时,各柱的剪力按其抗剪刚度与各柱抗剪刚度总和的比例关系进行分配,因此称为剪力分配法。

剪力分配系数必满足 $\sum \eta = 1$。

各柱的柱顶剪力 V_i 仅与 F 的大小有关,与其作用位置无关,但 F 的作用位置对横梁内力有影响。

（2）当任意荷载作用时,如图 8-21 所示。

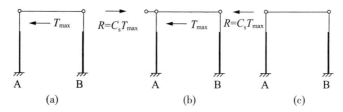

图 8-21　柱顶作用任意荷载的等高排架

在任意荷载作用下,排架柱的计算分为以下三个步骤。

① 在排架柱顶附加一个不动铰支座以阻止水平侧移,如图 8-21(b)所示,求出支座反力 R 和柱顶剪力。

② 撤除附加不动铰支座,并将 R 以反方向作用于排架柱顶,如图 8-21(c)所示,以恢复到原来结构体系,利用剪力分配法求出柱顶剪力。

③ 叠加前两步求出的柱顶剪力,即可求出任意荷载作用下的柱顶剪力,也就可以求出各柱的内力。

2. 不等高排架

对于不等高排架,在水平荷载作用下,排架中各柱水平侧移不相等,所以内力计算时不能采用剪力分配法,多采用力学方法或借助于图表进行内力分析,在此不再进行介绍。

8.3.4 内力组合

内力组合是将排架柱在各单项荷载作用下的内力,按照它们在使用过程中同时出现的可能性,求出在某些荷载共同作用下,柱控制截面可能产生的最不利内力,作为柱和基础配筋计算的依据。

1. 控制截面

控制截面就是对柱子配筋量起控制作用的某些截面。

一般取上柱柱底截面Ⅰ—Ⅰ为上柱的控制截面。对下柱,在吊车竖向荷载作用下,牛腿顶面处的弯矩最大;在风荷载和吊车横向水平荷载作用下,柱底截面的弯矩最大。因此通常取牛腿顶面Ⅱ—Ⅱ和柱底Ⅲ—Ⅲ这两个截面为下柱的控制截面,如图 8-22 所示。

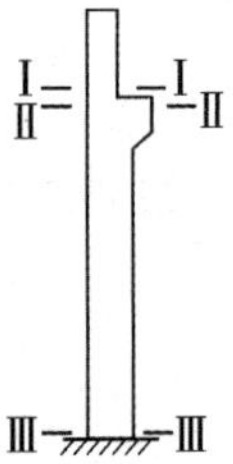

2. 荷载组合

对于一般排架结构,《混凝土结构设计规范》中规定:荷载效应的基本组合可采用简化规则,并按下列组合值中取最不利值确定。

由可变荷载效应控制的组合:

$$S = \gamma_G S_{GK} + \gamma_{Q1} S_{Q1K}$$

$$S = \gamma_G S_{GK} + 0.9 \sum_{i=1}^{n} \gamma_{Qi} S_{QiK}$$

由永久荷载效应控制的组合:

$$S = \gamma_G S_{GK} + \sum_{i=1}^{n} \gamma_{Qi} \Psi_{ci} S_{QiK}$$

图8-22 柱的控制截面

3. 内力组合

未确定柱截面大偏压或小偏压之前,对于矩形、I 形截面柱的每一个控制截面,一般应考虑以下四种不利内力组合类型。

(1)$+M_{max}$ 及相应的 N、V。

(2)$-M_{max}$ 及相应的 N、V。

(3)N_{max} 及相应的 M、V。

(4)N_{min} 及相应的 M、V。

在以上四种组合之外,实际还可能存在更不利的内力组合。但工程实践表明,按上述四种不利内力组合确定柱的内力,结构的安全性一般是可以得到保证的。

在进行排架柱控制截面最不利内力组合时,还应注意以下几点。

（1）在任何情况下,都必须考虑恒荷载产生的内力。

（2）每次内力组合时,只能以一种内力为目标来决定可变荷载的取舍,并求得与其相应的其余两种内力。

（3）在吊车竖向荷载中,同一柱的同一侧牛腿上有 $D_{\max}$ 或 $D_{\min}$ 作用,两者只能选择一种参加组合。

（4）吊车横向水平荷载 $T_{\max}$ 同时作用在同一跨内的两个柱子上,向左或向右,组合时只能选取其中一个方向。

（5）风荷载有向左、向右吹两种情况,只能选择一种参加组合。

（6）由于多台吊车同时满载的可能性较小,所以当多台吊车参与组合时,其内力应乘以相应的荷载折减系数。

任务 8.4　单层厂房排架柱的设计

单层厂房排架柱的设计内容主要包括柱截面形式的选择、柱截面尺寸的确定、柱截面配筋计算、牛腿设计等内容。下面将分别进行叙述。

8.4.1　柱截面形式的选择

柱是单层厂房排架结构中的主要承重构件。其常用的截面形式有矩形、I 形、双肢形等,如图 8-23 所示。一般当厂房的跨度、高度和吊车起重量较小时,可采用矩形或 I 形截面柱;与之相反时,可采用双肢形或管形截面柱。矩形柱的混凝土用量多,经济指标较差,但外形简单,施工方便,抗震性能好,是目前用得最普遍的。

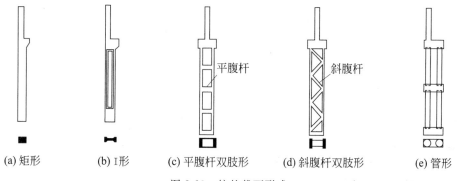

(a) 矩形　　(b) I形　　(c) 平腹杆双肢形　　(d) 斜腹杆双肢形　　(e) 管形

图 8-23　柱的截面形式

8.4.2　柱截面尺寸的确定

柱截面尺寸不仅要保证柱具有足够的承载力外,还应使柱具有足够的刚度,以免造成厂房在正常使用时产生过大的横向和纵向变形,从而发生吊车运行时卡轨,造成吊车轮和轨道的过早磨损,进而影响起重机正常运行或导致墙体开裂。因此要求柱的截面尺寸不应太小。表 8-2 给出了柱距为 6m 的单跨或多跨厂房矩形或 I 形柱最小截面尺寸的限值。

表 8-2 柱距 6m 的矩形或 I 形截面柱最小截面尺寸的限值

柱的类型	b	h		
		$Q_k \leqslant 100\text{kN}$	$100\text{kN} < Q_k < 300\text{kN}$	$300\text{kN} \leqslant Q_k < 500\text{kN}$
有吊车厂房下柱	$>H_l/25$	$>H_l/14$	$>H_l/12$	$>H_l/10$
露天吊车柱	$>H_l/25$	$>H_l/10$	$>H_l/8$	$>H_l/7$
单跨无吊车厂房柱	$>H/30$	$>1.5H/25$(或 $0.06H$)		
多跨无吊车厂房柱	$>H/30$	$>H/20$		
仅承受风荷载与自重的 山墙抗风柱	$>H_b/40$	$>H_l/25$		
同时承受由连系梁传来 山墙重的山墙抗风柱	$>H_b/30$	$>H_l/25$		

8.4.3 柱截面配筋计算

根据 8.4.2 小节内容计算求得的控制截面最不利的内力组合 M 和 N,按偏心受压构件进行截面计算。对于刚性屋盖单层厂房排架柱、露天起重机柱和栈桥柱,其计算长度 l_0 可按表 8-3 采用。

表 8-3 刚性屋盖单层工业厂房柱、露天吊车柱和栈桥柱的计算长度 l_0

项次	柱的类型		排架方向	垂直排架方向	
				有柱间支撑	无柱间支撑
1	无吊车厂房柱	单跨	$1.5H$	1.0	$1.2H$
		两跨及多跨	$1.25H$	H	$1.2H$
2	有吊车厂房柱	上柱	$2.0H_u$	$1.25H_u$	$1.5H_u$
		下柱	H_l	$0.8H_l$	H_l
3	露天吊车柱和栈桥柱		$2.0H_l$	H_l	—

注:1. 表中:H——从基础顶面算起的柱全高;H_l——从基础顶面至装配式吊车梁底面或现浇式吊车梁顶面的柱下部高度;H_u——从装配式吊车梁底面或从现浇式吊车梁顶面算起的柱上部高度。

2. 表中有吊车厂房的柱的计算长度,当计算中不考虑吊车荷载时,可按无吊车厂房采用。但上柱的计算长度仍按有吊车厂房采用。

3. 表中有吊车厂房柱,在排架方向上柱的计算长度;仅适用于 $H_u/H_l \geqslant 0.3$ 的情况;当 $H_u/H_l < 0.3$ 时,宜采用 $2.5H_u$。

矩形柱和 I 形柱的混凝土强度等级常采用 C20、C30 和 C40,当轴向力大时宜用较高等级。柱中纵向受力钢筋一般采用 HRB335 级和 HRB400 级钢筋,构造钢筋可用 HPB300 级或 HRB335 级钢筋,直径 $d \geqslant 6\text{mm}$ 的箍筋用 PB300 级钢筋。

柱中纵向受力钢筋直径不宜小于 12mm,全部纵向受力钢筋的配筋率不宜超过 5%;当混凝土强度等级小于或等于 C50 时,全部纵向受力钢筋的配筋率不应小于 0.5%;当混凝土强度等级大于 C50 时,不应小于 0.6%;柱截面每边纵向钢筋的配筋率不应小于 0.2%。当柱的截面高度 $h \geqslant 600\text{mm}$ 时,在侧面应设置直径为 $10 \sim 16\text{mm}$ 的纵向构造钢筋,并相应地设置复合箍筋或拉结筋。

柱内纵向钢筋的净距不应小于 50mm,柱中箍筋的构造应满足偏心受压构件的要求。

8.4.4　柱牛腿设计

牛腿设计内容主要有确定牛腿的截面尺寸,进行配筋计算和构造设计。

牛腿按其所受竖向荷载作用点到牛腿下部与柱边缘交接点的水平距离 a 的大小,可把牛腿分为两大类。当 $a \leqslant h_0$ 时为短牛腿,如图 8-24(a)所示;当 $a > h_0$ 时为长牛腿,如图 8-24(b)所示。其中 h_0 为牛腿根部垂直截面的有效高度。当为长牛腿时,与悬臂梁相似,按悬臂梁进行计算。

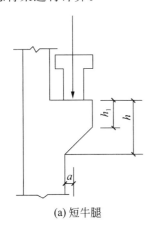 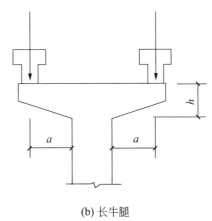

(a) 短牛腿　　　　　　　　　　　　　　(b) 长牛腿

图 8-24　牛腿的类型

1. 截面尺寸的确定

牛腿的截面宽度通常与柱相同。牛腿的顶面长度与吊车梁中线的位置、吊车梁端部的宽度 b_c 及吊车梁至牛腿端部的距离 c_l 有关。一般吊车梁中线到上柱外边缘的水平距离为 750mm,吊车梁至牛腿端部的水平距离 c_l 通常为 $70 \sim 100\text{mm}$,如图 8-25 所示。而吊车梁端部的宽度 b_c 可由标准图集查得。

牛腿的外边缘高度 h_1 应大于或等于 $h/3$(h 为牛腿总高度),且大于或等于 200mm;底面倾角 α 要求不超过 45°。

牛腿截面高度一般按使用阶段不出现斜裂缝,或仅出现微细裂缝作为控制条件。由构造要求初定的牛腿截面高度应按下式进行验算:

$$F_{vk} \leqslant \beta \left(1 - 0.5 \frac{F_{hk}}{F_{vk}} \right) \frac{f_{tk} b h_0}{0.5 + \dfrac{a}{h_0}} \qquad (8\text{-}10)$$

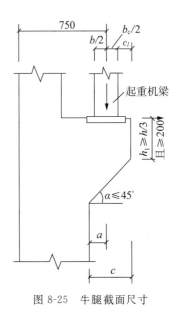

图 8-25　牛腿截面尺寸

式中，F_{vk}——作用于牛腿顶面按荷载标准组合计算的竖向力值；

F_{hk}——作用于牛腿顶面按荷载标准组合计算的水平拉力值；

β——裂缝控制系数：对支承吊车梁的牛腿，取 $\beta=0.65$；对其他牛腿，取 $\beta=0.80$；

a——竖向力作用点至下柱边缘的水平距离，此时，应考虑安装偏差 20mm；竖向力的作用点考虑偏差后仍位于下柱截面以内时，取 $a=0$；

b——牛腿宽度；

h_0——牛腿与下柱交接处的垂直截面有效高度，取 $h_0=h-a_s$。

2. 牛腿的配筋计算与构造

牛腿在即将破坏时的计算可视为一个三角桁架，水平拉杆由纵向受力钢筋组成，斜压杆由竖向力作用点与牛腿根部之间的混凝土组成。而纵向受力钢筋又由承受竖向力所需的受拉钢筋和承受水平拉力所需的水平锚筋组成，其总面积按下式计算：

$$A_s \geqslant \frac{F_v a}{0.85 f_y h_0} + 1.2 \frac{F_h}{f_y} \tag{8-11}$$

式中，F_v——作用于牛腿顶部的竖向力设计值；

F_h——作用于牛腿顶部的水平拉力设计值；

a——竖向力 F_v 作用点至下柱边缘的水平距离，当 $a<0.3h_0$ 时，取 $a=0.3h_0$。

牛腿顶部的纵筋宜采用变形钢筋，全部纵筋及弯起钢筋应沿牛腿外边缘向下伸入下柱内 150mm 后截断。纵筋及弯起钢筋伸入上柱的锚固长度，当采用直线锚固时应符合受拉钢筋锚固长度 l_a 的规定；当上柱尺寸不足以设置直线锚固长度时，上部纵筋应伸至节点对边并向下 90° 弯折，其弯折前的水平投影长度不应小于 $0.4l_a$，弯折后的垂直投影长度不应小于 $15d$。承受竖向力所需的纵筋的配筋率不应小于 0.2% 及 $0.45f_t/f_y$，也不宜大于 0.6%，且根数不宜少于 4 根，直径不宜小于 12mm。

当牛腿设于上柱柱顶时，宜将牛腿对边的柱外侧纵向受力钢筋沿柱顶水平弯入牛腿，作为牛腿纵向受拉钢筋使用。当牛腿顶面纵向受拉钢筋与牛腿对边的柱外侧纵向钢筋分开配置时，牛腿顶面纵向受拉钢筋应弯入柱外侧，并应符合《混凝土结构设计规范》中有关钢筋搭接的规定。

箍筋及弯起钢筋的构造：牛腿中应设置水平箍筋，以便形成钢筋骨架和限制斜裂缝开展，水平箍筋的直径宜为 6~12mm，间距宜为 100~150mm，且在上 $2h_0/3$ 范围内的水平箍筋总截面面积不宜小于承受竖向力的受拉钢筋截面面积的 $1/2$。

当牛腿的剪跨比 $a/h_0 \geqslant 0.3$ 时，宜设置弯起钢筋。弯起钢筋宜采用变形钢筋，并应配置在牛腿上部 $l/6~l/2$（l 为该连线的长度）的范围内，其截面面积不宜小于承受竖向力的受拉钢筋截面面积的 $1/2$，根数不宜少于 2 根，直径不宜小于 12mm。纵向受拉钢筋不得兼作弯起钢筋。

3. 局部受压验算

为防止牛腿顶面加载板下混凝土局部受压破坏，其局部受压应力不得超过 $0.75f_c$，也即：

$$\sigma = \frac{F_{vk}}{A} \leqslant 0.75 f_c \tag{8-12}$$

式中，A——局部受压面积，$A=ab$，其中 a、b 分别为垫板的长度和宽度。

当上式不满足时,可采取必要措施,如加大受压面积,提高混凝土强度等级或在牛腿柱中加配钢筋网等。

任务 8.5　单层厂房排架结构承重构件的选型

单层厂房排架结构的构件,除了柱子和基础外,一般都可以根据工程的实际情况,从工业厂房结构构件的标准图集中选择合适的标准构件。下面介绍几种主要承重构件的选型。

8.5.1　屋面板

无檩体系通常采用大型屋面板,一般适用于大中型单层厂房。各种无檩体系屋面板的类型、特点、尺寸、允许均布荷载及适用条件如表 8-4 所示。

表 8-4　无檩体系屋面板

序号	构件名称 (标准图号)	形　式	特点及适用条件
1	预应力混凝土 屋面板 (G410、CG411)	 240、300　5970、8970　1490	(1) 屋面有卷材防水及非卷材防水两种。 (2) 屋面水平刚度好。 (3) 适用于中、重型和振动较大,对屋面刚度要求较高的厂房。 (4) 屋面坡度:卷材防水最大 1/5,非卷材防水 1/4
2	预应力混凝土 F 形屋面板 (CG412)	 200　5970　1490	(1) 屋面自防水,板沿纵向互相搭接,横缝及脊缝加盖瓦和脊瓦。 (2) 屋面材料省,屋面水平刚度及防水效果较预应力混凝土屋面板差,如构造和施工不当,易飘雨、飘雪。 (3) 适用于中、轻型非保温厂房,不适用于对屋面刚度及防水要求较高的厂房。 (4) 屋面坡度 1/4
3	预应力混凝土 单肋板	 180、250　8980、5980　935、1200	(1) 屋面自防水,板沿纵向互相搭接、横缝及脊缝加盖瓦和脊瓦,主肋只有一个。 (2) 屋面材料省,但屋面刚度差。 (3) 适用于中、轻型非保温厂房,不适用于对屋面刚度及防水要求较高的厂房。 (4) 屋面坡度 1/4～1/3
4	预应力混凝土 夹心保温屋面板 (三合一板)	 130　1490　5950	(1) 具有承重、保温、防水三种作用,因此称三合一板。 (2) 屋面材料省,如处理不当,易开裂、渗漏。 (3) 适用于一般保温厂房,不适用于气候寒冷、冻融频繁的地区和有腐蚀性气体及湿度较大的厂房。 (4) 屋面坡度 1/12～1/8

有檩体系屋面板类型、尺寸、特点及适用条件如表 8-5 所示。

表 8-5　有檩体系屋面板

构件名称	形　式	尺　寸 （宽×长×高） /mm	适　用　条　件
钢筋混凝土 槽板		$1000 \times \begin{Bmatrix} 3300 \\ \sim \\ 3900 \end{Bmatrix} \times 100$	适用于轻型厂房,不适用于有腐蚀性气体、有较大振动、对屋面刚度及隔热要求较高的厂房
钢筋混凝土 挂瓦板		$635 \times \begin{Bmatrix} 2380 \\ \sim \\ 5980 \end{Bmatrix} \times \begin{Bmatrix} 100 \\ \sim \\ 160 \end{Bmatrix}$	适用于采用小型瓦材的轻型厂房、仓库
钢丝网 水泥波形瓦		$1000 \times \begin{Bmatrix} 1700 \\ \sim \\ 2000 \end{Bmatrix}$	适用于轻型厂房,不适用于有腐蚀性气体、有较大振动、对屋面刚度及隔热要求较高的厂房

8.5.2　屋架和屋面梁

屋架或屋面梁直接承受屋面荷载,有些厂房的屋架(或屋面梁)还承受悬挂吊车、管道或其他工艺设备及天窗架等荷载,并和屋盖支撑系统一起,保证屋盖水平和垂直方向的刚度和稳定性。

目前常用的钢筋混凝土屋架的形式及其适用条件如表 8-6 所示。

屋面梁和屋架一般为平卧制作,因此除按一般受弯构件计算外,还应进行施工阶段翻身扶直以及吊装(或运输)时的验算,验算时应将构件自重乘以 1.5 的动力系数。

表 8-6　钢筋混凝土屋架的形式及其适用条件

序号	构件名称 （标准图号）	形　式	跨度/m	特点及适用条件
1	预应力混凝土单坡屋面梁(G414)		6 9	
2	预应力混凝土双坡屋面梁(G414)		12 15 18	(1) 自重较大。 (2) 适用于跨度不大、有较大振动或有腐蚀性介质的厂房。 (3) 屋面坡度 1/12～1/8
3	预应力混凝土空腹屋面梁		12 15 18	
4	先张法预应力混凝土拱式屋架(上海冶金设计院 TCF95)		9 12 15	(1) 下弦施加预应力,自重较屋面梁轻。 (2) 适用于跨度不大的厂房。 (3) 屋面坡度 1/5

续表

序号	构件名称 (标准图号)	形　式	跨度/m	特点及适用条件
5	钢筋混凝土两铰 拱屋架(G310、CG311)		9 12 15	(1) 上弦为钢筋混凝土构件,下弦为角钢,顶节点刚接,自重较轻,构造简单,应防止下弦受压。 (2) 适用于跨度不大的中、轻型厂房。 (3) 屋面坡度:卷材防水 1/5,非卷材防水 1/4
6	钢筋混凝土三铰 拱屋架(G312,CG313)		9 12 15	顶节点铰接 (1) 上弦为钢筋混凝土构件,下弦为角钢,顶节点刚接,自重较轻,构造简单,应防止下弦受压。 (2) 适用于跨度不大的中、轻型厂房。 (3) 屋面坡度:卷材防水 1/5,非卷材防水 1/4
7	预应力混凝土三 铰拱屋架(CG424)		9 12 15 18	上弦为先张法预应力混凝土构件,下弦为角钢 (1) 上弦为钢筋混凝土构件,下弦为角钢,顶节点刚接,自重较轻,构造简单,应防止下弦受压。 (2) 适用于跨度不大的中、轻型厂房。 (3) 屋面坡度:卷材防水 1/5,非卷材防水 1/4
8	钢筋混凝土组合 式屋架(CG315)		12 15 18	(1) 上弦及受压腹杆为钢筋混凝土构件,下弦及受拉腹杆为角钢,自重较轻,刚度较差。 (2) 适用于中、轻型厂房。 (3) 屋面坡度 1/4
9	钢筋混凝土下撑 式五角形屋架		12 15	(1) 构造简单,自重较轻,但对房屋净空有影响。 (2) 适用于仓库和中、轻型厂房。 (3) 屋面坡度 1/10～1/7.5
10	钢筋混凝土三角形 屋架(原 G145,G146)		9 12 15	(1) 自重较大、屋架上设檩条或挂瓦板。 (2) 适用于跨度不大的中、轻型厂房。 (3) 屋面坡度 1/3～1/2
11	钢筋混凝土折线 形屋架(卷材防水屋 面)(G314)		15 18 21 24	(1) 外形较合理,屋面坡度合适。 (2) 适用于卷材防水屋面的中型厂房。 (3) 屋面坡度 1/15～1/5

续表

序号	构件名称 （标准图号）	形　式	跨度/m	特点及适用条件
12	预应力混凝土折线形屋架（卷材防水屋面）（G415）		15 18 21 24 27 30	（1）外形较合理，屋面坡度合适，自重较轻。 （2）适用于卷材防水屋面的中、重型厂房。 （3）屋面坡度 1/15～1/5
13	预应力混凝土折线形屋架（非卷材防水屋面）（CG432）		18 21 24	（1）外形较合理，屋面坡度合适，自重较轻。 （2）适用于非卷材防水屋面的中型厂房。 （3）屋面坡度 1/4
14	预应力混凝土拱形屋架（原 G215）		18～36	（1）外形合理，自重轻，但屋架端部屋面坡度太陡。 （2）适用于卷材防水屋面的中、重型厂房。 （3）屋面坡度 1/30～1/3
15	预应力混凝土梯形屋架		18～30	（1）自重较大，刚度好。 （2）适用于卷材防水的重型厂房以及高温及采用井式或横向天窗的厂房。 （3）屋面坡度 1/12～1/10
16	预应力混凝土空腹屋架		15～36	（1）无斜腹杆，构造简单。 （2）适用于采用横向天窗或井式天窗的厂房

8.5.3　吊车梁

吊车梁是吊车厂房的重要承重构件，它承受吊车荷载（竖向荷载及纵、横向水平制动力）、吊车轨道及吊车梁自重，并将这些力传给厂房柱。因此吊车梁除了要满足强度、刚度、抗裂度的要求之外，还要满足疲劳强度的要求。

吊车梁一般按吊车的起重能力、跨度和吊车工作制的不同，采用不同的形式。常用钢筋混凝土吊车梁如表 8-7 所示。

表 8-7　钢筋混凝土吊车梁的形式及其适用条件

构件名称（图集编号）	形 式	构件跨度/m	适用起重量/t
钢筋混凝土吊车梁 G323（一）、（二）		6	轻级：3～50 中级：3～30 重级：5～20
先张法预应力混凝土等截面吊车梁 G425		6	轻级：5～125 中级：5～75 重级：5～50
后张法预应力混凝土等截面吊车梁 CG426（二）		6	轻级：15～100 中级：5～100 重级：5～50
后张法预应力混凝土鱼腹式吊车梁 CG427		6	中级：15～125 重级：10～100
后张法预应力混凝土鱼腹式吊车梁 CG428		12	中级：5～200 重级：5～50
轻型吊车梁设计图集		6	轻、中级≤5
组合式吊车梁		6 12	轻、中级≤5
部分预应力（先张法）混凝土吊车梁		6	轻、中级≤30

8.5.4　基础

基础支承了厂房上部结构的全部重量,然后传递到地基中,因此基础起着承上传下的作用。基础类型的选择,主要取决于上部结构荷载的大小和性质、工程地质条件等。一般情况下,可采用独立的杯形基础。

任务 8.6 单层厂房排架结构各构件间的连接

8.6.1 屋架与柱的连接

屋架与柱的连接有焊接和螺栓两种连接方法。

如图 8-26(a)所示为焊接连接。在屋架或屋面梁端部支承部位的预埋件底部焊上一块垫板,待屋架或屋面梁就位校正后,与柱顶预埋钢筋焊接牢固即可。

如图 8-26(b)所示为螺栓连接。在柱顶伸出预埋螺栓,在屋架或屋面梁端部支承部位焊上带有缺口的支承钢板,就位校正后,用螺母拧紧即可。

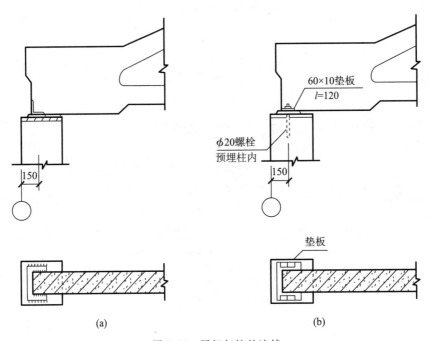

图 8-26 屋架与柱的连接

柱与屋架或屋面梁连接处的预埋件承受由屋架传来的垂直压力。

8.6.2 吊车梁与柱的连接

吊车梁支撑在柱的牛腿上,吊车梁梁顶和梁底分别承受吊车的水平制动力和竖向压力,因此要求梁顶和梁底都须与柱有可靠的连接。

在此,为承受吊车水平制动力,在吊车梁上翼缘与柱间用钢板或角钢焊接;为承受吊车梁竖向压力,在吊车梁底部安装前应焊接一块垫板(或称支承钢板)与柱牛腿顶面预埋钢板焊牢。吊车梁的对头空隙、吊车梁与柱之间的空隙均须用 C20 混凝土填实。

8.6.3　抗风柱与屋架的连接

抗风柱与基础一般采用刚接,与屋架通常采用铰接。抗风柱与屋架的连接在构造处理上应满足两个要求:①在水平方向与屋架应有可靠的连接,以保证有效地传递风荷载;②在竖向应使屋架与抗风柱之间有一定的相对竖向位移的可能性,以防止抗风柱与厂房沉降不均时屋盖的竖向荷载传给抗风柱,对屋盖结构产生不利影响。因此,抗风柱和屋架一般采用水平方向有较大刚度而竖向可移动的弹簧板连接,如图 8-27(a)所示。如果厂房沉降比较大时,则宜采用长圆孔的螺栓进行连接,如图 8-27(b)所示。

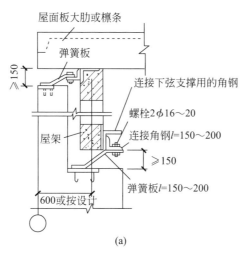

(a)

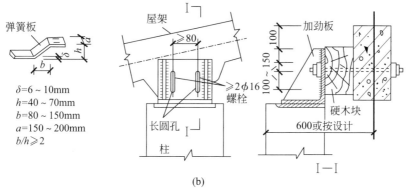

(b)

图 8-27　屋架与抗风柱的连接

8.6.4　柱与连系梁、柱间支撑的连接

柱间支撑的作用是保证厂房的纵向刚度和稳定性,将吊车纵向制动力和山墙纵向风荷载及纵向地震力经屋盖系统传递到两纵向柱列上。柱间支撑一般由型钢制成,柱与柱间支撑的埋设件承受拉力和剪力。

连系梁有设在墙内和不在墙内两种,前者也称墙梁。墙梁分承重和非承重两种。非承重墙梁的主要作用是增强厂房纵向刚度,将山墙传来的风荷载传递到纵向柱列中,同时承受墙上的水平风荷载。它一般搁置在柱的牛腿上并通过焊接或螺栓连接。

思 考 题

1. 单层厂房的结构按其承重结构的材料可分为哪几类?
2. 排架结构按其所用材料分为哪几类?
3. 单层厂房排架结构由哪几部分组成?
4. 作用在单层厂房排架结构上的荷载主要有哪些?
5. 单层厂房结构设计的主要内容有哪些?
6. 单层厂房排架的结构布置主要包括哪些内容?
7. 单层厂房排架结构中的支撑有哪些?
8. 排架内力计算包括哪些内容?
9. 单层厂房排架柱的设计主要包括哪些内容?
10. 矩形、I 形截面柱的每一个控制截面,一般应考虑哪四种不利内力组合类型?

项目 **9** 多高层房屋结构

教学目标

　　本项目介绍了多高层建筑的形式与结构体系以及框架结构、剪力墙结构、框架-剪力墙结构的受力特点。通过学习,掌握高层建筑的定义,多层框架结构的类型及布置;熟悉框架结构计算简图的确定,框架结构受力情况,框架结构的内力及侧移计算方法。

教学要求

能 力 目 标	知 识 目 标	权重/%
多高层建筑的形式与结构体系	高层建筑的定义;多高层建筑的形式与结构体系;框架结构、剪力墙结构、框架-剪力墙结构的受力特点	40
框架结构体系及结构布置	多层框架结构的类型及布置;熟悉框架结构计算简图的确定;框架结构受力情况;框架结构的内力及侧移计算方法	60

任务 **9.1** 钢筋混凝土多层及高层房屋结构

9.1.1 高层建筑结构认识

　　现代高层建筑是随着社会生产的发展和人们生活的需要而发展起来的,是商业化、工业化和城市化的结果。不同的国家对高层建筑的定义也不尽相同,我国《高层建筑混凝土结构技术规程》(JGJ 3—2010)中,把 10 层及 10 层以上或房屋高度大于 28m 的住宅建筑结构和房屋高度大于 24m 的其他高层民用建筑结构定义为高层建筑。其中,房屋高度是指自室外地面至房屋主要屋面的高度,不包括突出屋面的电梯机房、水箱、构架等高度。

　　1883 年,美国芝加哥建造了世界上第一幢现代高层建筑——高 11 层的家庭保险大楼(铸铁框架)。之后,高层建筑得到了迅猛发展。例如,1931 年建成的纽约帝国大厦,高 381m,102 层;1974 年建成的芝加哥西尔斯大厦,高 443m,110 层;1998 年建成的吉隆坡石油双塔,高 452m,地上 88 层;2010 年建成位于阿拉伯联合酋长国迪拜的哈利法塔又称迪拜大厦或比斯迪拜塔,总高 828m,160 层。

　　近些年我国高层建筑的发展也很快。20 世纪 80 年代,我国最高的建筑是深圳国际贸易中心(高 160m,50 层)。进入 20 世纪 90 年代,1998 年上海建成了金茂大厦,地上88 层、地下 4 层,高达 420m,建筑面积 29 万平方米,总用钢量 24.5 万吨。同年深圳建成了地王大厦,高 384m,81 层,建筑面积 14.7 万平方米。位于上海陆家嘴的上海环球金融中心,2008 年竣工使用,高 492m,地上 101 层、地下 3 层,建筑面积 38.16 万平方米。2016 年完工的上海中心大厦,建筑主体为 119 层,总高为 632m,结构高度为 580m,建筑面积约为 43.4 万平方米。高层建筑之所以能够迅猛发展,是因为高层建筑具有节省土地,节约市政工程费用,减少拆迁费用,有利于建筑工业化的发展和城市美化等优点,同时科学技术的进步、轻质高强材料的涌现,以及机械化、电气化、计算机在建筑中的广泛应用,也为高层建筑的发展提供了物质和技术条件。但房屋过高和过分集中会带来一系列问题,不仅使房屋的结构、供水、供电、空调、防火等费用大幅度提高,还会给人们的工作、生活带来诸多不便和压力。目前,多层房屋多采用混合结构和钢筋混凝土结构,高层房屋常采用钢筋混凝土结构、钢结构、钢-混凝土混合结构。本项目介绍钢筋混凝土多层与高层房屋结构。

9.1.2 多高层建筑结构的特点及结构类型

高层建筑高度大、自重大,对结构体系及材料性能提出了更高的要求。在低层和多层房屋结构中,水平力产生的影响较小,以抵抗竖向荷载为主,侧向位移小,通常忽略不计。在高层建筑结构中,随着高度的增加,水平力(风荷载及地震作用)产生的内力和位移迅速增大。如果把房屋看成一根竖向悬臂构件,其轴力与高度成正比,水平力产生的弯矩与高度的二次方成正比,水平力产生的侧向顶点位移与高度的四次方成正比,因此对结构体系设计提出了更高的要求。为有效提高结构抵抗水平荷载的能力和增加结构的侧向刚度,随着高度及荷载的变化,结构体系相应地有以下几种不同的体系。

1. 框架结构

由梁和柱为主要构件组成的承受竖向和水平作用的结构称为框架结构,如图 9-1 所示。

框架结构的优点是建筑平面布置灵活,可形成较大的空间,承受竖向荷载合理,施工简便,较经济,且在立面处理上易于满足建筑艺术的要求。其弱点是抗侧移刚度小,侧移大。根据分析,框架房屋高度增加时,侧向力作用急剧增长,当建筑物达到一定高度时,侧向位移将很大,水平荷载产生的内力远远超过竖向荷载产生的内力,因此也称柔性结构。此结构抗震性能较差,所以高度受限。该结构广泛应用于多层工业厂房及多高层办公楼、医院、旅馆、教学楼、住宅等。框架结构的适用高度为 6~15 层,非地震区也可建到 15~20 层。

2. 剪力墙结构

用建筑物的墙体作为竖向承重和抵抗侧力的结构称为剪力墙结构,如图 9-2 所示。剪力墙实际上是固结于基础的钢筋混凝土墙片,具有很高的抗侧移能力。因其既承担竖向荷载,又承担水平荷载(即剪力),所以称为剪力墙。

剪力墙结构优点是剪力墙承受竖向荷载及水平荷载的能力都较大,整体性好,侧向刚度大,适宜较高的高层建筑,水平力作用下侧移小,并且由于没有梁、柱等外露构件,整齐美观,不影响房屋的使用功能。缺点是由于剪力墙位置的约束,使得建筑内部空间的划分比较狭小,不能提供大空间房屋,结构延性较差。因此一般用于住宅、旅馆等开间要求较小的建筑,使用高度为 15~30 层。

3. 框架-剪力墙结构

为了弥补框架结构随房屋层数增加,水平荷载迅速增大而抗侧移刚度不足的缺点,可在框架结构中增设钢筋混凝土剪力墙,形成框架和剪力墙结合在一起共同承受竖向和水平力的体系——框架-剪力墙结构(见图 9-3),简称框-剪结构。剪力墙可以是单片墙体,也可以是电梯井、楼梯井、管道井组成的封闭式井筒。

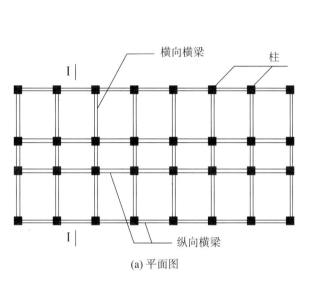

(a) 平面图　　　　　　(b) I—I 剖面图

图 9-1　框架结构

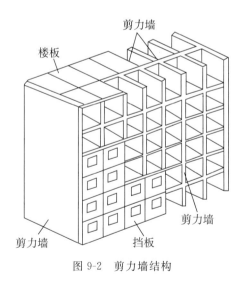

图 9-2　剪力墙结构

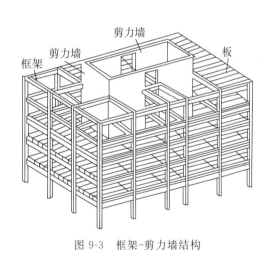

图 9-3　框架-剪力墙结构

框架-剪力墙体系的侧向刚度比框架结构大,大部分水平力由剪力墙承担,而竖向荷载主要由框架承受,因此用于高层房屋比框架结构更为经济合理。同时由于它只在部分位置上有剪力墙,保持了框架结构易于分割空间、立面易于变化等优点。此外,这种体系的抗震性能也较好。所以,框-剪体系在多层及高层办公楼、旅馆等建筑中得到了广泛应用。框-剪体系的适用高度为 15～25 层,一般不宜超过 30 层。

4. 筒体结构

由筒体为主组成的承受竖向和水平作用的结构称为筒体结构体系。筒体结构的筒体分剪力墙围城的薄壁筒和由密柱框架或壁式框架围成的框筒。筒体结构是由剪力墙结构和框架-剪力墙结构综合演变发展而形成的一种建筑结构形式,它是将剪力墙或密柱框架集中到房屋的内部和外围而形成的封闭空间的筒体。筒体结构适用于平面或竖向布置复杂、水平荷载较大的高层建筑,因剪力墙集中故可获得较大的自由分割空间,多用于商务酒店或写字楼建筑。筒体结构多用于 30 层以上的高层或超高层公共建筑中,但经济高度以不超过 80 层为限。

筒体结构根据筒体不同布置情况又可分成框筒结构、筒体-框架结构、筒中筒结构和束筒结构等,如图 9-4 所示。

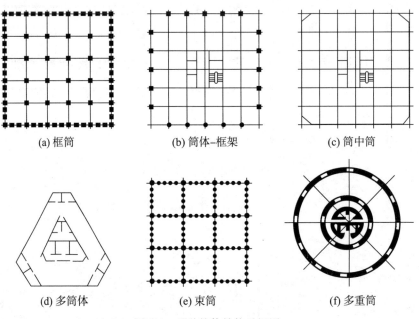

| (a) 框筒 | (b) 筒体-框架 | (c) 筒中筒 |
| (d) 多筒体 | (e) 束筒 | (f) 多重筒 |

图 9-4　几种筒体结构透视图

各种体系房屋最大适用高度和适用高宽比(H/B),按《高层建筑混凝土结构技术规程》规定取用。钢筋混凝土高层建筑结构的最大适用高度应区分为 A 级和 B 级。B 级高度高层建筑结构的最大适用高度可较 A 级适当放宽,但其结构抗震等级、有关的计算和构造措施应更加严格,并应符合《高层建筑混凝土结构技术规程》的有关规定。对于平面和竖向均不规则的高层建筑结构,其最大适用高度应适当降低。钢筋混凝土高层建筑的最大适用高度如表 9-1 和表 9-2 所示。

表 9-1　A 级高度钢筋混凝土高层建筑的最大适用高度　　　　单位:m

结　构　体　系	非抗震设计	抗震设防烈度				
		6 度	7 度	8 度		9 度
				0.20g	0.30g	
框架	70	60	50	40	35	24

续表

结 构 体 系		非抗震设计	抗震设防烈度				
			6 度	7 度	8 度		9 度
					0.20g	0.30g	
框架-剪力墙		150	130	120	100	80	50
剪力墙	全部落地剪力墙	150	140	120	100	80	60
	部分框支剪力墙	130	120	100	80	50	不应采用
筒体	框架-核心筒	160	150	130	100	90	70
	筒中筒	200	180	150	120	100	80

注:1. 表中框架不含异形柱框架结构。

2. 部分框支剪力墙结构指地面以上有部分框支剪力墙的剪力墙结构。

3. 甲类建筑,6、7、8 度时宜按本地区抗震设防烈度提高一度后符合本表的要求,9 度时应经过专门研究决定。

4. 框架结构以及 9 度抗震设防的表列其他结构,当房屋高度超过本表数值时,结构设计应有可靠依据,并采取有效的加强措施。

表 9-2　B 级高度钢筋混凝土高层建筑的最大适用高度　　　单位:m

结 构 体 系		非抗震设计	抗震设防烈度			
			6 度	7 度	8 度	
					0.20g	0.30g
框架-剪力墙		170	160	140	120	100
剪力墙	全部落地剪力墙	180	170	150	130	110
	部分框支剪力墙	150	140	120	100	80
筒体	框架-核心筒	220	210	180	140	120
	筒中筒	300	280	230	170	150

注:1. 部分框支剪力墙结构指地面以上有部分框支剪力墙的剪力墙结构。

2. 甲类建筑,6、7 度时宜按本地区设防烈度提高一度后符合本表的要求,8 度时应经过专门研究决定。

3. 当房屋高度超过表中数值时,结构设计应有可靠依据,并采取有效措施。

任务 9.2　框架结构体系及结构布置

9.2.1　多层框架的类型及布置

1. 框架结构的类型

框架结构按施工方法可分为现浇整体式框架结构、装配式框架结构和装配整体式框架结构。

1) 现浇整体式框架结构

全部构件均在现场浇筑的框架结构称为现浇整体式框架结构。这种形式的优点是:整体性及抗震性能好,预埋铁件少,较其他形式的框架结构节省钢材,建筑平面布置较灵活等。缺点是模板消耗量大,现场湿作业较多,施工周期长,在寒冷地区冬季施工困难等。对使用要求较高、功能复杂或处于地震高烈度区域的框架房屋,宜采用现浇框架结构。

2) 装配式框架结构

装配式框架结构是将梁、板、柱全部预制,然后在现场进行装配、焊接而成的框架结构。装配式框架结构的构件可采用先进的生产工艺在工厂进行大批量的生产,在现场以先进的组织管理方式进行机械化装配。优点是构件质量容易保证,并可节约大量模板,改善施工条件,加快施工进度。缺点是结构整体性差,节点预埋件多,总用钢量较全现浇框架多,施工需要大型运输和吊装机械。

3) 装配整体式框架结构

装配整体式框架结构是将预制梁、柱和板在现场安装就位后,再在构件连接处现浇混凝土使之成为整体而形成框架。与全装配式框架结构相比,装配整体式框架结构保证了节点的刚性,提高了框架的整体性,省去了大部分的预埋铁件,节点用钢量减少。缺点是增加了现场浇筑混凝土量,施工复杂。由于装配整体式框架结构施工复杂,目前已很少使用。

2. 框架结构的布置

1) 框架结构的布置原则

(1) 柱网应规则、整齐,间距合理,传力体系合理,减少开间、进深的类型。

(2) 房屋平面应尽可能规整,均匀对称,体型力求简单,以使结构受力合理。

(3) 提高结构总体刚度,减小位移。

(4) 应考虑地基不均匀沉降、温度变化和混凝土收缩等影响,设置必要的变形缝。

2) 柱网与层高

框架结构的柱网尺寸主要根据生产工艺、使用要求,并需符合模数要求,柱网和层高一般取 300mm 的倍数。根据使用性质不同,在工业建筑与民用建筑中柱网布置略有不同。

(1) 工业建筑的柱网布置可分为内廊式和跨度组合式。

① 内廊式柱网。进深:6m、6.6m、6.9m;走廊宽:2.4m、2.7m、3.0m;开间:6m。

② 跨度组合式柱网。跨度:6m、7.5m、9m、12m;柱距:6m;层高:3.6m、3.9m、4.5m、4.8m、5.4m。

(2) 民用建筑柱网布置。开间:6.3m、6.6m、6.9m;进深:4.8m、5.0m、6.0m、6.6m、6.9m;层高:3.0m、3.3m、3.6m、3.9m、4.2m。

3) 框架结构的布置方案

柱网确定后,梁、柱相连形成平面框架。在框架结构体系中,主要承受楼面和屋面荷载以框架柱为支承的梁称为框架梁,联系框架或结构构件的梁称为连系梁。框架梁和柱组成主要承重框架,连系梁和柱组成非主要承重框架。若采用双向板,则双向框架都是承重框架。

另外,通常将空间框架分解成纵向框架和横向框架。把平行于房屋短轴方向的框架称为横向框架,平行于长轴方向的框架称为纵向框架。承重框架有以下三种布置方案。

(1) 横向布置方案。它是指框架梁沿房屋横向布置,连系梁和楼(屋)面板沿纵向布置,如图 9-5(a)所示。由于房屋纵向刚度较富裕,而横向刚度较弱,采用这种布置方案有利于增加房屋的横向刚度,提高抵抗水平作用的能力,因此在实际工程中应用较多。缺点是由于主梁截面尺寸较大,当房屋需要较大空间时,其净空间较小。

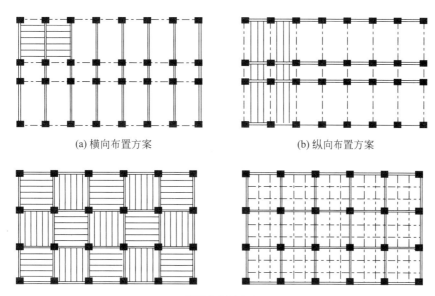

(a) 横向布置方案　　　　　　　(b) 纵向布置方案

(c)纵横向布置方案

图 9-5　承重框架布置方案

(2) 纵向布置方案。它是指框架梁沿房屋纵向布置,楼板和连系梁沿横向布置,如图 9-5(b)所示。其房间布置灵活、采光和通风较好,利于提高楼层净高,需要设置集中通风系统的厂房常采用这种方案。但因其横向刚度较差,在民用建筑中一般较少采用。

(3) 纵横向布置方案

沿房屋的纵向和横向都布置承重框架,如图 9-5(c)所示。采用这种布置方案,可使两个方向都获得较大的刚度,因此,柱网尺寸为正方形或接近正方形、地震区的多层框架房屋,以及由于工艺要求需双向承重的厂房常采用这种方案。

4) 变形缝

为了防止因气温变化、不均匀沉降以及地震等因素造成对建筑物的使用和安全影响,设计时预先在变形敏感部位将建筑物断开,分成若干个相对独立的单元,且预留的缝隙能保证建筑物有足够的变形空间,这种构造缝称为变形缝。设置变形缝对构造、施工、造价及结构整体性和空间刚度都不利,基础防水也不易处理。因此,实际工程中常通过采用合理的结构方案、可靠的构造措施和施工措施(如设置后浇带)减少或避免设缝。在需要同时设置一种以上变形缝时,应合并设置。变形缝包括伸缩缝、沉降缝、防震缝。伸缩缝的最大间距如表 9-3 所示。

表 9-3　伸缩缝的最大间距

结构体系	施工方法	最大间距/m
框架结构	现浇	55
剪力墙结构	现浇	45

9.2.2 框架结构的计算简图

1. 计算单元的确定

框架结构房屋是由横向框架和纵向框架组成的空间结构。一般情况下,横向和纵向框架都是均匀布置的,各榀框架的刚度基本相同;作用在房屋上的荷载,如恒荷载、雪荷载、风荷载一般也是均匀分布的。因此,在荷载作用下,不论是横向还是纵向,各榀框架将产生大致相同的内力,相互之间不会产生大的约束力,因此可单独取出一片框架作为计算单元。在纵横向布置时,应根据结构的不同特点进行分析,并对荷载进行适当简化,如图 9-6 所示。

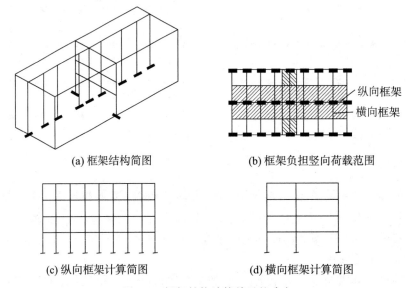

(a) 框架结构简图 (b) 框架负担竖向荷载范围

纵向框架
横向框架

(c) 纵向框架计算简图 (d) 横向框架计算简图

图 9-6 框架结构计算单元的确定

2. 节点的简化及计算模型的确定

框架节点一般总是三向受力的,当按平面框架进行结构分析时,则节点也相应地简化。框架节点可简化为刚接节点(见图 9-7)、铰接节点和组合节点(见图 9-8),具体应根据施工方案和构造措施确定。对于现浇整体式框架各节点视为刚接节点。

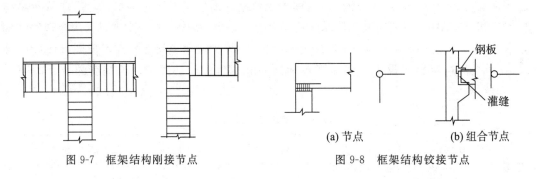

钢板
灌缝

(a) 节点 (b) 组合节点

图 9-7 框架结构刚接节点   图 9-8 框架结构铰接节点

在框架结构计算模型的简化过程中,梁、柱均以其截面的几何轴线来确定,框架中的杆件用杆轴线表示,框架中各杆件之间的连接用节点表示,荷载作用在杆件的轴线上。框架梁的跨度取柱轴线间的距离,柱高取层高(即各层梁顶之间的高度),底层柱高取基础顶面到二层梁顶之间的高度,如图 9-9 所示。

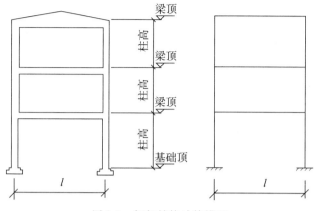

图 9-9　框架结构计算模型

3. 梁柱截面形状及尺寸

1) 框架梁的截面尺寸及形状

框架梁的截面形状在现浇整体式框架中以 T 形和倒 L 形为主;在装配式框架中一般采用矩形,也可做成 T 形或花篮形;装配整体式框架中常做成花篮形。

框架梁的截面高度一般取梁高 $h_b=(1/18\sim1/10)l_b$,其中 l_b 为梁的计算跨度。为防止梁发生剪切破坏,梁高不宜大于 $l_n/4$,其中 l_n 为梁的净跨。框架梁的截面宽度可取 $b_b=(1/4\sim1/2)h_b$,为了使端部节点更为可靠,梁宽 b 不宜小于 $h_b/4$,也不宜小于 200mm。实际工程中通常取 250mm、300mm,以便使用定型模板。

2) 框架柱的形状及截面尺寸

框架柱截面形状一般为矩形或正方形,也可根据需要做成圆形或其他形状。

柱截面高度可取 $h_c=(1/15\sim1/10)H$,H 为柱高;柱截面宽度 $b_c=(1/3\sim1)h_c$。柱的截面高度不宜小于 400mm,宽度不宜小于 300mm,圆柱截面直径不宜小于 350mm。为避免发生剪切破坏,柱净高与截面长边之比宜大于 4。柱的截面尺寸通常采用 400mm× 400mm、450mm×450mm、500mm×500mm、550mm×550mm、600mm×600mm 等。

4. 材料强度等级

现浇框架的混凝土等级不应低于 C20。抗震设计时,一级抗震等级框架梁、柱及其节点的混凝土强度等级不应低于 C30,二到四级抗震等级框架梁、柱混凝土强度等级不应低于C20。型钢混凝土梁、柱的混凝土强度等级不应低于 C30。

一般情况下,框架梁、柱内普通纵向受力钢筋宜采用 HRB400、HRB500、HRBF400、HRBF500 钢筋,也可采用 HRB335、HRBF335、HPB300 和 RRB400 钢筋。普通箍筋宜采用HRB400、HRBF400、HRB500、HRBF500 钢筋,也可采用 HRB335、HRBF335 和 HPB300 钢筋。

9.2.3　框架结构受力情况

框架结构承受的作用包括竖向荷载、水平荷载。竖向荷载包括结构自重及楼(屋)面活荷载,使用活荷载、雪荷载,一般为分布荷载,有时为集中荷载。水平荷载为风荷载和水平地震作用。

在多层框架结构中,影响结构内力的主要因素是竖向荷载,而结构变形则主要考虑梁在竖向荷载作用下的挠度,一般不必考虑结构侧移对建筑物的使用功能和结构可靠性的影响。随着房屋高度的增加,增加最快的是结构位移,弯矩次之,因此在高层框架结构中,竖向荷载的作用与多层建筑相似,柱内轴力随层数增加而增加,而水平荷载的内力和位移则成为控制因素。同时,多层建筑中的柱以轴力为主,而高层框架中的柱受到压、弯、剪的复合作用,其破坏形态更为复杂。

框架结构在水平荷载作用下产生侧移由两部分组成:第一部分侧移由柱和梁的弯曲变形产生;第二部分侧移由柱的轴向变形产生。在两部分侧移中第一部分侧移是主要的,随着建筑高度的增加,第二部分变形比例逐渐加大。结构过大的侧向变形不仅会影响使用,还会使填充墙或建筑装修出现裂缝或损坏,同时还会使主体结构出现裂缝、损坏甚至倒塌。因此,高层建筑不仅需要较大的承载能力,而且需要较大的刚度。框架抗侧刚度主要取决于梁、柱的截面尺寸。通常梁柱截面惯性矩较小,侧向变形较大。虽然通过合理设计,可以使钢筋混凝土框架获得良好的延性,但由于框架结构层间变形较大,在地震区,高层框架结构容易引起非结构构件的破坏,这是框架结构的主要缺点,也因此限制了框架结构的使用高度。

9.2.4　框架的内力和侧移计算简介

荷载作用下引起的多层框架结构中的内力分析通常是通过结构力学方法编制程序并利用计算机完成的,也就是我们常说的电算方法。如果采用手算,一般采用近似计算的方法。手算方法主要有分层法、弯矩二次分配法、反弯点法和 D 值法。其中分层法和弯矩二次分配法适用于竖向荷载作用下的内力分析,反弯点法和 D 值法适用于水平荷载作用下的内力分析。

1. 分层法

应用结构力学中力法和位移法的计算结果表明,在竖向荷载作用下,当多层框架梁的线刚度大于柱的线刚度时,在结构基本对称、荷载较为均匀的情况下,结构侧移对其内力影响不大,而且每一层框架梁上的荷载只对与本层梁相连的上下柱的弯矩影响较大,对其他层横梁及柱的弯矩影响较小。因此可考虑分层法,分层计算各层框架弯矩图,再叠加各分层框架的内力从而得到整体框架的最终弯矩图,如图 9-10 所示。分层法适用于节点梁柱线刚度比不小于 3,结构与荷载沿高度分布比较均匀的多层框架的内力分析。

为了简化计算,对竖向荷载作用下的框架的内力分析可做如下假设。

(1) 框架的侧移忽略不计,即不考虑框架侧移对内力的影响。

(2) 每层梁上的荷载对其他层梁柱内力的影响忽略不计,仅考虑本层梁上荷载对本层梁柱内力的影响。

用分层法计算时,假定敞口框架上下柱的远端均为固定端。但实际上除底层柱与基础的连接为嵌固可视为固定端支座外,其他各层柱的柱端均会产生转角,应为弹性支座,即分层简化后结构的刚度比实际增大了。为减少计算误差,计算时须把底层柱以外的其他各层

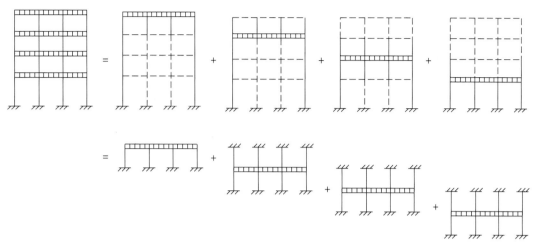

图 9-10　分层法计算简图

柱的线刚度 i_c 乘以修正系数 0.9；另外,杆端弯矩向远端传递时,底层梁柱的传递系数为 1/2,其他各层梁柱的传递系数为 1/3。

分层法计算步骤如下。

(1) 分层：将框架分为若干个敞口框架,将除底层柱外的其他各层柱的线刚度乘以修正系数 0.9,得计算简图。

(2) 内力计算：计算各层框架梁柱的内力,(底层梁柱的传递系数取 1/2,其他各层梁柱的传递系数取 1/3)。

(3) 叠加：叠加计算最后内力。

2. 弯矩二次分配法

弯矩二次分配法与力学中的弯矩分配法类似,但为简化计算,在对不平衡弯矩分配与传递的过程中仅进行两轮计算。

由分层法可知,多层框架的节点不平衡弯矩对邻近节点影响较大,而对远端节点影响较小。为简化计算,可假定某一节点的不平衡弯矩只对与该节点相连的各杆件的远端内力有影响,而对其余杆件的影响忽略不计。计算时,先对各节点不平衡弯矩进行第一次分配,并向远端传递(此时传递系数均取 1/2),再将因传递弯矩形成的新的不平衡弯矩进行第二次分配,整个弯矩分配和传递过程结束,此即弯矩二次分配法。

弯矩二次分配法计算步骤如下。

(1) 计算各杆件线刚度,并求各节点杆端弯矩分配系数。

(2) 计算各跨梁在竖向荷载作用下的固端弯矩。

(3) 将各节点不平衡弯矩进行第一次分配与传递(传递系数均取 1/2)。

(4) 将在各节点上形成的不平衡弯矩进行二次分配,使节点平衡。

(5) 叠加杆端各弯矩(固端弯矩、分配弯矩和传递弯矩),即得各杆端弯矩。

3. 反弯点法

反弯点法是一种求水平荷载作用下,框架结构内力和侧移的近似计算方法。框架结构水平荷载主要考虑风荷载与水平地震荷载。在风荷载和水平地震荷载的作用下,可以将荷载简化为框架节点上受到水平集中力的作用,侧移成为框架的主要变形因素。这时,水平集中力作用下的各杆件的弯矩图均为直线,每根杆件都会有一个反弯点,该点处弯矩为零,但剪力不为零。若能够求出各柱的剪力与反弯点的位置,就可以计算柱端弯矩,进而求得梁柱内力。因此,反弯点法计算水平荷载作用下框架结构内力的关键在于计算柱间剪力分配及各柱反弯点高度。反弯点法框架弯矩图和变位图如图 9-11 所示。由于反弯点法计算框架内力有限制条件,所以使用很少,在此不再叙述,下面主要介绍修正反弯点法,即 D 值法。

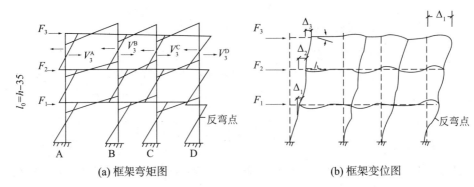

图 9-11　反弯点法框架弯矩图和变位图

4. D 值法

D 值法是对反弯点法求水平荷载作用下框架内力的一种改进方法,也称修正反弯点法。D 值法认为,柱的侧移刚度不仅与柱本身线刚度和层高有关,还与梁的线刚度有关,而且柱的反弯点高度不是定值,需要对柱的侧移刚度进行修正,修正后的柱的侧移刚度用 D 表示,所以此法称"D 值法"。D 值法的关键在于计算柱的侧移刚度 D 和柱的反弯点高度 yH_r。

1) 柱的侧移刚度 D

柱的侧移刚度是指使柱顶产生单位水平位移时,在柱顶施加水平力的值。

当柱两端固定时,即认为柱两端梁的线刚度无穷大,节点处不发生转角位移,此时取柱的侧移刚度 $D = 12i_c/h^2$。

当柱两端非固定时,即柱两端与框架梁相连,节点处有转角位移产生,因此柱的位移刚度应有所降低,此时取柱的侧移刚度:

$$D = \alpha_c \frac{12i_c}{h^2} \tag{9-1}$$

式中,α_c——柱侧移刚度修正系数,如表 9-4 所示。

表 9-4　柱侧移刚度修正系数

楼层位置	边　柱			中　柱			α_c
一般楼层	i_c	i_1 i_2	$\overline{K} = \dfrac{i_1 + i_2}{2i_c}$	i_1 i_c i_3	i_2 i_4	$\overline{K} = \dfrac{i_1 + i_2 + i_3 + i_4}{2i_c}$	$\alpha_c = \dfrac{\overline{K}}{2 + \overline{K}}$

续表

楼层位置	边　柱		中　柱		α_c
底层	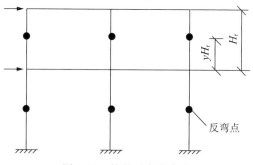	$\overline{K}=\dfrac{i_1}{i_c}$		$\overline{K}=\dfrac{i_1+i_2}{i_c}$	$\alpha_c=\dfrac{0.5+\overline{K}}{2+\overline{K}}$

注:i 为梁线刚度;i_c 为柱线刚度;$\overline{K}$ 为梁柱线刚度比。

2) 柱的反弯点高度 yH_r

柱的反弯点高度 yH_r 是指从柱的反弯点到柱下端的距离,其中 H_r 为柱高,如图 9-12 所示。柱的反弯点高度与楼层所在位置、梁柱线刚度比、上下层层高变化等因素有关。一般情况下,柱上反弯点位置总是偏向刚度较小的一端。若把各层梁、各层柱线刚度相同的多层框架称为规则框架,那么由规则框架求得的柱反弯点高度称为标准反弯点高度,用 y_0H_r 表示。若柱两端节点刚度不相同时,可以以标准反弯点高度为标准,再考虑柱两端节点刚度不相同的因素,对标准反弯点高度进行上下调整,从而求得实际反弯点高度 yH_r,具体公式如下:

$$yH_r=(y_0+y_1+y_2+y_3)H_r \tag{9-2}$$

式中,y_0——标准反弯点高度比,其值与框架总层数 m、该柱所在层 n 和梁柱线刚度比 $\overline{K}$ 有关,可以通过查表而得;

y_1——上下层梁线刚度变化时反弯点高度比修正值;

y_2、y_3——层高变化影响系数,可以通过查表而得。

图 9-12　柱的反弯点高度

D 值法的基本思路是:先求出各框架柱的侧移刚度 D 和柱的反弯点高度 yH_r,然后按剪力分配法求得任一根层间柱的反弯点处的水平剪力 V_i,进而求出柱两端的弯矩,最后通过节点的弯矩平衡条件求出梁端的弯矩,再由梁端弯矩求出相应的梁端剪力,即得到水平荷载作用下框架各杆件的弯矩图与剪力图。D 值法的计算步骤如下。

（1）求各层间柱反弯点处的剪力值 V_i。

① 求梁柱线刚度比。

$$\text{一般楼层:}\overline{K}=\frac{\sum i_b}{2i_c} \qquad \text{底层:}\overline{K}=\frac{\sum i_b}{i_c}$$

② 求各柱侧移刚度 D。

$$\text{一般楼层:}\alpha_c = \frac{\overline{K}}{2+\overline{K}} \qquad\qquad \text{底层:}\alpha_c = \frac{0.5+\overline{K}}{2+\overline{K}}$$

$$D = \alpha_c \frac{12i_c}{h^2}$$

③ 求各柱剪力值 V_i。

$$V_i = \frac{D_i}{\sum D_i}\sum F$$

（2）求柱反弯点高度 yH_r。

$$yH_r = (y_0 + y_1 + y_2 + y_3)H_r$$

式中,y_0、y_1、y_2、y_3 均可通过查表而得。

（3）求柱上下两端弯矩。

$$\text{柱上端弯矩:}M_\text{上} = V(1-y)h \qquad\qquad \text{柱下端弯矩:}M_\text{下} = Vyh$$

（4）由节点平衡条件求各横梁梁端弯矩。

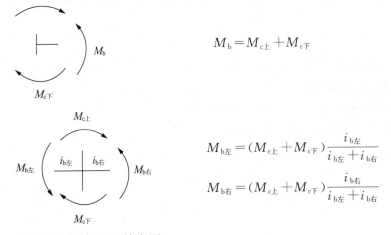

$$M_b = M_{c\text{上}} + M_{c\text{下}}$$

$$M_{b\text{左}} = (M_{c\text{上}} + M_{c\text{下}})\frac{i_{b\text{左}}}{i_{b\text{左}} + i_{b\text{右}}}$$

$$M_{b\text{右}} = (M_{c\text{上}} + M_{c\text{下}})\frac{i_{b\text{右}}}{i_{b\text{左}} + i_{b\text{右}}}$$

（5）画框架弯矩及剪力图。

9.2.5　抗震要求框架节点构造

房屋建筑混凝土结构构件的抗震设计,应根据设防类别、烈度、结构类型和房屋高度采用不同的抗震等级。房屋建筑的抗震分为四个等级,一级抗震要求最高,四级抗震要求最低。

1. 框架柱纵向钢筋

框架柱纵向钢筋在顶层中间节点的锚固可采用直锚、弯锚和加锚头(锚板)三种形式。

当采用直锚形式伸入顶层节点时,钢筋应自梁底伸至柱顶,且锚固长度不应小于 l_{aE},l_{aE} 为钢筋抗震锚固长度,如图 9-15(a)所示。

当顶层节点处梁截面高度不足时,可采用弯锚形式,即柱纵向钢筋应伸至柱顶并向节点内水平 90°弯折。当充分利用柱纵向钢筋的抗拉强度时,其锚固段弯折前的竖直投影长度不应小于 $0.5l_{abE}$ 且自梁底伸至柱顶,弯折后的水平投影长度不应小于 $12d$,l_{abE} 为钢筋抗震基本锚固长度,d 为纵向钢筋的直径,如图 9-13(b)所示。当柱顶有现浇板且板厚不小于 100mm 时,柱纵向钢筋也可向外弯折,弯折后的水平投影长度不应小于 $12d$,如图 9-13(c)所示。

当须采用弯锚而节点位置因钢筋过密无法水平弯折时,也可采用加锚头(锚板)的形式进行锚固,此时钢筋应自梁底伸至柱顶,且锚固长度不应小于 $0.5l_{abE}$,如图 9-13(d)所示。

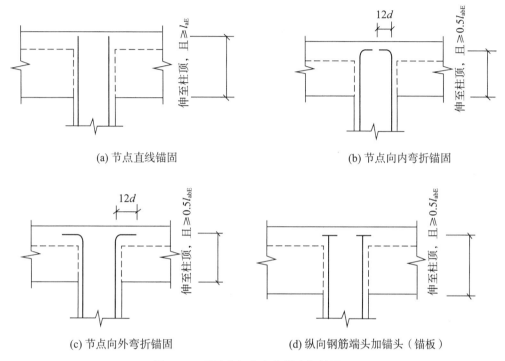

(a) 节点直线锚固　　　　　　　　　(b) 节点向内弯折锚固

(c) 节点向外弯折锚固　　　　　　　(d) 纵向钢筋端头加锚头(锚板)

图 9-13　顶层中间节点柱纵向钢筋锚固

2. 框架梁纵向钢筋

1) 上部纵向钢筋节点构造

框架梁上部纵向钢筋端部节点的锚固也采用直锚、弯锚和加锚头(锚板)三种形式。

当采用直线锚固形式时,不应小于框架梁上部纵向钢筋伸入中间层端节点的锚固长度,且不小于 l_{aE},且应伸过柱中心线,伸过的长度不宜小于 $5d$,如图 9-14(a)所示,d 为梁上部纵向钢筋的直径。

当柱截面尺寸不足时,梁上部纵向钢筋可采用钢筋端部加机械锚头(锚板)的锚固方式。梁上部纵筋宜伸至柱外侧纵筋内侧,包括机械锚头在内的水平投影锚固长度不应小于 $0.4l_{abE}$,如图 9-14(b)所示。

梁上部纵筋也可以采用钢筋末端 90° 弯折锚固方式,此时梁上部应伸至节点对边并向节点内弯折,纵筋弯折前的水平锚固长度(包括弯弧段在内)不应小于 $0.4l_{abE}$,弯折后的竖直锚固长度(包括弯弧段在内)不应小于 $15d$,如图 9-14(c)所示。

对于框架梁中间节点,框架梁上部纵向钢筋应贯穿中间节点,如图 9-15 中上部钢筋所示。

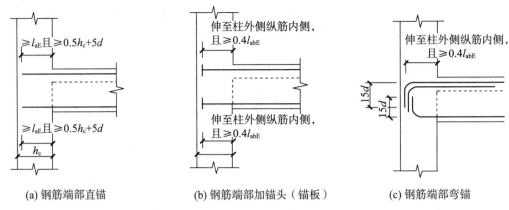

(a) 钢筋端部直锚   (b) 钢筋端部加锚头（锚板）   (c) 钢筋端部弯锚

图 9-14 梁上部纵向钢筋在中间层端节点的锚固

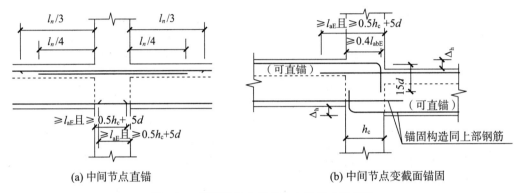

(a) 中间节点直锚   (b) 中间节点变截面锚固

图 9-15 梁下部纵向钢筋在中间节点的锚固

2）下部纵向钢筋

与框架梁上部纵向钢筋端部节点的锚固方式相同，框架梁下部纵向钢筋端部节点的锚固也采用直锚、弯锚和加锚头（锚板）三种形式，在此不再叙述。对于框架梁中间节点，下部纵向钢筋多采用直锚形式，如图 9-15（a）所示，当截面尺寸发生变化无法直锚时，可采用弯锚形式，如图 9-15（b）所示。

3. 节点构造

梁、柱节点构造是保证框架结构整体空间受力性能的重要措施。受力钢筋的连接接头应符合下列规定。

（1）搭接接头可沿顶层端节点外侧及梁顶部布置，搭接长度不应小于 $1.5l_{abE}$，如图 9-16（a）所示。其中，伸入梁内的柱外侧钢筋截面面积不宜小于其全部面积的 65%；梁宽范围以外的柱外侧钢筋宜沿节点顶部伸至柱内边锚固。当柱钢筋位于柱顶第一层时，钢筋伸至柱内边后宜向下弯折不小于 $8d$（d 为柱纵向钢筋直径）后截断；当柱纵向钢筋位于柱顶第二层时，可不向下弯折。梁宽范围以内的柱外侧纵向钢筋也可伸入现浇板内，其长度与伸入梁内的柱纵向钢筋相同。

（2）当柱外侧纵向钢筋配筋率大于 1.2% 时，伸入梁内的柱纵向钢筋应满足上述规定且宜分两批截断，截断点之间的距离不宜小于 $20d$，d 为柱外侧纵向钢筋的直径。梁上部纵向钢筋应伸至节点外侧，并向下弯至梁下边缘高度位置截断。

（3）搭接接头也可沿节点外侧直线布置，如图 9-16（b）所示，此时搭接长度自柱顶算起不应小于 $1.7l_{abE}$。当上部纵向钢筋配筋率大于 1.2% 时，弯入柱外侧纵向梁上部的纵向钢筋应满足上述搭接长度，且宜分两批截断，截断点之间的距离不宜小于 $20d$，d 为梁上部纵向钢筋的直径。

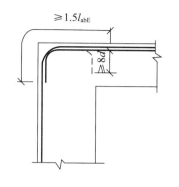
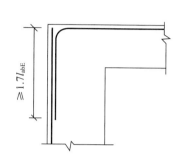

(a) 钢筋在顶层端节点外侧及梁端顶部弯折搭接　　　(b) 钢筋在顶层端节点外侧直线搭接

图 9-16　梁和柱的纵向钢筋在节点区的锚固和搭接

思　考　题

1. 什么是高层建筑？多高层钢筋混凝土结构体系有哪几种？
2. 什么是框架结构体系？适用于何种建筑？
3. 什么是剪力墙结构体系？适用于何种建筑？
4. 什么是框架-剪力墙结构体系？适用于何种建筑？
5. 什么是筒体结构体系？筒体结构根据筒体布置情况又分为哪些？
6. 框架结构的类型有哪些？
7. 框架结构的布置原则是什么？承重框架有哪几种布置方案？
8. 框架结构的计算简图是如何确定的？
9. 框架梁、柱的截面尺寸如何选取？柱网如何确定？
10. 框架结构上的荷载有哪些？
11. 多层框架结构中内力的常用手算方法有哪些？
12. 简述分层法的计算思路。
13. 简述 D 值法的计算思路。

参考文献

[1] 张学宏.建筑结构[M].北京:中国建筑工业出版社,2016.

[2] 张保善.混凝土结构[M].武汉:武汉理工大学出版社,2008.

[3] 吴承霞.建筑力学与结构[M].北京:北京大学出版社,2012.

[4] 李乃宏,张国胜.混凝土结构与砌体结构[M].上海:上海交通大学出版社,2015.

[5] 刘立新.混凝土结构原理[M].武汉:武汉理工大学出版社,2012.

[6] 赵顺波.混凝土结构设计原理[M].上海:同济大学出版社,2004.

[7] 干惟.混凝土建筑结构设计[M].北京:中国水利水电出版社,2008.

[8] 程文瀼.混凝土结构[M].北京:中国建筑工业出版社,2008.

[9] 赵研.建筑结构[M].北京:中国建筑工业出版社,2016.

[10] 中华人民共和国住房和城乡建设部.混凝土结构设计规范(GB 50010—2010)(2015 年版)[S].北京:中国建筑工业出版社,2015.

[11] 中华人民共和国住房和城乡建设部.建筑结构荷载规范(GB 50009—2012)[S].北京:中国建筑工业出版社,2012.

[12] 中国建筑科学研究院.高层建筑混凝土结构技术规程(JGJ 3—2010)[S].北京:中国建筑工业出版社,2010.

[13] 中华人民共和国住房和城乡建设部.建筑工程抗震设防分类标准(GB 50223—2008)[S].北京:中国建筑工业出版社,2008.

[14] 中冶京诚工程技术有限公司.钢结构设计规范(GB 50017—2017)[S].北京:中国建筑工业出版社,2017.

[15] 中国建筑标准设计研究院.混凝土结构施工图平面整体表示方法制图规则与构造详图(现浇混凝土框架、剪力墙、梁、板)(16G101—1)[S].北京:中国计划出版社,2016.

附　录

附录一

普通钢筋屈服强度标准值、设计值和弹性模量

牌　号	符号	公称直径 d/mm	屈服强度标准值 f_{yk}/(N/mm²)	强度设计值/(N/mm²)		弹性模量 E_s/MPa
				抗拉 f_y	抗压 f_y'	
HPB300	φ	6～14	300	270	270	$2.1×10^5$
HRB335	ϕ	6～14	335	300	300	$2.0×10^5$
HRB400 HRBF400 RRB400	ϕF ϕR ϕ	6～50	400	360	360	$2.0×10^5$
HRB500 HRBF500	Φ ΦF	6～50	500	435	435	$2.0×10^5$

附录二

预应力钢筋极限强度标准值、设计值和弹性模量　　　　单位:N/mm²

种　类	极限强度标准值 f_{pxk}	抗拉强度设计值 f_{py}	抗压强度设计值 f_{py}'	弹性模量 E_s
中强度预应力钢丝	800	510	410	$2.05×10^5$
	970	650		
	1270	810		
消除应力钢丝	1470	1040	410	$2.05×10^5$
	1570	1110		
	1860	1320		
钢绞线	1570	1110	390	$1.95×10^5$
	1720	1220		
	1860	1320		
	1960	1390		
预应力螺纹钢筋（精轧钢筋）	980	650	410	$2.00×10^5$
	1080	770		
	1230	900		

注:当预应力筋的强度标准值不符合上表规定时,其强度设计值应进行相应的比例换算。

附录三

单位：N/mm²

混凝土的强度标准值、设计值和弹性模量

强度种类		符号	混凝土强度等级													
			C15	C20	C25	C30	C35	C40	C45	C50	C55	C60	C65	C70	C75	C80
强度标准值	轴心抗压	f_{ck}	10.0	13.4	16.7	20.1	23.4	26.8	29.6	32.4	35.5	38.5	41.5	44.5	47.4	50.2
	抗拉	f_{tk}	1.27	1.54	1.78	2.01	2.20	2.39	2.51	2.64	2.74	2.85	2.93	2.99	3.05	3.11
强度设计值	轴心抗压	f_c	7.2	9.6	11.9	14.3	16.7	19.1	21.1	23.1	25.3	27.5	29.7	31.8	33.8	35.9
	抗拉	f_t	0.91	1.10	1.27	1.43	1.57	1.71	1.80	1.89	1.96	2.04	2.09	2.14	2.18	2.22
弹性模量		$E_c \times 10^4$	2.20	2.55	2.80	3.00	3.15	3.25	3.35	3.45	3.55	3.60	3.65	3.70	3.75	3.80

注：1. 当有可靠试验依据时，弹性模量可根据实测数据确定。

2. 当混凝土中掺有大量矿物掺合料时，弹性模量可按规定龄期根据实测数据确定。

附录四

常用材料及构件重量表

项次	名　称	自重	单位	备　注
1	杉木	4	kN/m³	随含水率而不同
2	普通木板条、椽檩木料	5	kN/m³	随含水率而不同
3	胶合三合板（水曲柳）	0.028	kN/m²	
4	木屑板（按 10mm 厚计）	0.12	kN/m²	常用厚度为 6.10mm
5	钢	78.5	kN/m³	
6	石灰砂浆、混合砂浆	17	kN/m³	
7	纸筋石灰泥	16	kN/m³	
8	水泥砂浆	20	kN/m³	
9	素混凝土	22～24	kN/m³	振捣或不振捣
10	焦渣混凝土	10～14	kN/m³	填充用
11	加气混凝土	6～8.5	kN/m³	
12	钢筋混凝土	24～25	kN/m³	
13	浆砌毛方石	24	kN/m³	石灰石
14	浆砌普通砖	18	kN/m³	
15	浆砌机制砖	19	kN/m³	
16	混凝土多孔砖	16.8	kN/m³	
17	混凝土空心砌块	14.5	kN/m³	

续表

项次	名 称	自 重	单 位	备 注
18	沥青蛭石制品	3.5～4.5	kN/m³	
19	膨胀蛭石	0.8～2.0	kN/m³	
20	膨胀珍珠岩粉料	0.8～2.5	kN/m³	
21	水泥膨胀制品	3.5～4.0	kN/m³	
22	水泥粉刷墙面	0.36	kN/m²	20mm 厚,水泥粗砂
23	水磨石墙面	0.55	kN/m²	25mm 厚,包括打底
24	水刷石墙面	0.5	kN/m²	25mm 厚,包括打底
25	贴瓷砖墙面	0.5	kN/m²	25mm 厚包括水泥砂浆打底
26	双面抹灰板条隔墙	0.9	kN/m²	每面抹灰厚 16～24mm,龙骨在内
27	单面抹灰板条隔墙	0.5	kN/m²	
28	C 型轻钢龙骨隔墙	0.27	kN/m²	两层 12mm 纸面石膏板,无保温层
29	木屋架	0.07+0.007×跨度	kN/m²	按屋面水平投影面积计算,跨度以 m 计
30	钢屋架	0.12+0.011×跨度	kN/m²	无天窗,包括支撑,按屋面水平投影面积计算,跨度以 m 计
31	木框玻璃窗	0.2～0.3	kN/m²	
32	钢框玻璃窗	0.4～0.45	kN/m²	
33	木门	0.1～0.2	kN/m²	
34	铁门	0.4～0.45	kN/m²	
35	黏土平瓦屋面	0.55	kN/m²	按实际面积计算
36	小青瓦屋面	0.9～1.1	kN/m²	按实际面积计算
37	冷摊瓦屋面	0.5	kN/m²	按实际面积计算
38	波形石棉瓦	0.2	kN/m²	182mm×725mm×8mm
39	油毡防水层	0.05	kN/m²	一层油毡刷油两遍
		0.3～0.35	kN/m²	二毡三油上铺小石子
		0.35～0.40	kN/m²	三毡四油上铺小石子
40	钢丝网抹灰吊顶	0.45	kN/m²	
41	麻刀灰板条吊顶	0.45	kN/m²	吊木在内,平均灰厚 20mm
42	V 形轻钢龙骨吊顶	0.12	kN/m²	一层 9mm 纸面石膏板;无保温层
		0.17	kN/m²	一层 9mm 纸面石膏板,有厚 50mm 的岩棉板保温层

续表

项次	名　称	自重	单　位	备　注
43	水磨石地面	0.65	kN/m²	10mm 面层、20mm 水泥砂浆打底
44	小瓷砖地面	0.55	kN/m²	包括水泥粗砂打底

附录五

民用建筑楼面活荷载标准值及其组合值、频遇值和准永久值系数

项次	类　别	标准值/(kN/m²)	组合值系数 ψ_c	频遇值系数 ψ_f	准永久值系数 ψ_q
1	(1) 住宅、宿舍、旅馆、办公楼、医院病房、托儿所、幼儿园	2.0	0.7	0.5	0.4
	(2) 试验室、阅览室、会议室、医院门诊室	2.0	0.7	0.6	0.5
2	食堂、餐厅、一般资料档案室、教室	2.5	0.7	0.6	0.5
3	(1) 礼堂、剧场、影院、有固定座位的看台	3.0	0.7	0.5	0.3
	(2) 公共洗衣房	3.0	0.7	0.6	0.5
4	(1) 商店、展览厅、车站、港口、机场大厅及旅客等候室	3.5	0.7	0.6	0.5
	(2) 无固定座位的看台	3.5	0.7	0.5	0.3
5	(1) 健身房、演出舞台	4.0	0.7	0.6	0.5
	(2) 舞厅、运动场	4.0	0.7	0.6	0.3
6	(1) 书库、档案库、贮藏室	5.0	0.9	0.9	0.8
	(2) 密集柜书库	12.0	0.9	0.9	0.8
7	通风机房、电梯机房	7.0	0.9	0.9	0.8
8	汽车通道及客车停车库: (1) 单向板楼盖(板跨不小于 2m)和双向板楼盖(板跨 3m×3m) 　　客车	4.0	0.7	0.7	0.6
	消防车	35	0.7	0.5	0.0
	(2) 双向板楼盖(板跨不小于 6m×6m)和无梁楼盖(柱网尺寸不小于 6m×6m) 　　客车	2.5	0.7	0.7	0.6
	消防车	20.0	0.7	0.5	0.0
9	厨房(1) 餐厅	4.0	0.7	0.7	0.7
	(2) 其他	2.0	0.7	0.6	0.5
10	浴室、卫生间、盥洗室	2.5	0.7	0.6	0.5

续表

项次	类　　别	标准值/(kN/m²)	组合值系数 ψ_c	频遇值系数 ψ_f	准永久值系数 ψ_q
11	走廊、门厅： (1) 宿舍、旅馆、医院病房、托儿所、幼儿园、住宅	2.0	0.7	0.5	0.4
	(2) 办公楼、餐厅、医院门诊部	2.5	0.7	0.6	0.5
	(3) 教学楼及其他人流可能密集的情况	3.5	0.7	0.5	0.3
12	楼梯： (1) 多层住宅	2.0	0.7	0.5	0.4
	(2) 其他	3.5	0.7	0.5	0.3
13	阳台： (1) 一般情况	2.5	0.7	0.6	0.5
	(2) 当人群有可能密集时	3.5			

注：1. 本表所给各项活荷载适用于一般使用条件，当使用荷载较大或情况特殊时，应按实际情况采用。

2. 第 6 项书库活荷载，当书架高度大于 2m 时，书库活荷载还应按每米书架高度不小于 2.5kN/m² 确定。

3. 第 8 项中的客车活荷载只适用于停放载人少于 9 人的客车；消防车活荷载适用于满载总重为 300kN 的大型车辆；当不符合本表的要求时，应将车轮的局部荷载按结构效应的等效原则，换算为等效均布荷载。

4. 第 8 项的消防车活荷载，当双向板楼盖介于 3m×3m 到 6m×6m 之间时，应按跨度线性插值确定。

5. 第 12 项楼梯活荷载，对预制楼梯踏步平板，还应按 1.5kN 集中荷载验算。

6. 本表各项荷载不包括隔墙自重和二次装修荷载。对固定隔墙的自重应按恒荷载考虑，当隔墙位置可灵活自由布置时，非固定隔墙的自重应取每延米长墙重（kN/m）的 1/3 作为楼面活荷载的附加值（kN/m²）计入，附加值不小于 1.0kN/m²。

附录六　楼面活荷载标准值的折减系数

附表 6-1　设计楼面梁时的楼面活荷载标准值折减系数

项次	房　屋　类　别			折减系数
1	附录五第 1(1) 项梁的从属面积 ≥25m² 时			0.9
2	附录五第 1(2)～7 项梁的从属面积 ≥50m² 时			0.9
3	附录五第 8 项	(1) 单向板楼盖	次梁	0.8
			主梁	0.6
		(2) 双向板楼盖		0.8
4	附录五第 9～13 项的梁			按所属房屋类别相同的折减系数采用

注：1. 楼面梁的从属面积是指向梁两侧各延伸 1/2 梁间距范围内的实际面积。

2. 槽形板纵肋按单向板楼盖次梁考虑。

附表 6-2 设计墙、柱和基础时楼面活荷载标准值折减系数

项次	房 屋 类 别			计算截面以上各楼层活荷载折减系数	附 注
1	附录五第 1 (1)项	墙、柱、基础计算截面以上的层数	1	1.00	梁的从属面积≥25m² 时,取 0.9
			2～3	0.85	
			4～5	0.70	
			6～8	0.65	
			9～20	0.60	
			>20	0.55	
2	附录五第 1(2)～7 项			采用与其楼面梁相同的折减系数	
3	附录五第 8 项	(1) 单向板楼盖		0.50	
		(2) 双向板和无梁楼盖		0.80	
4	附录五第 9～13 项			采用与所属房屋类别相同的折减系数	

附录七

屋面活荷载标准值及其准永久值系数

项次	类 别		标准值 (kN/m²)	准永久值系数 ψ_q	附 注
1	不上人屋面	(1) 石棉瓦、瓦楞铁等轻屋面和瓦屋面	0.3	0	当施工荷载较大时,应按实际情况采用
		(2) 钢丝网水泥及其他水泥制品轻屋面以及薄钢结构承重的钢筋混凝土屋面	0.5	0	
		(3) 由钢结构或钢筋混凝土结构承重的钢筋混凝土屋面、钢筋混凝土挑檐、雨篷	0.5	0	
2	上人屋面		2.0	0.4	兼作其他用途时,应按相应的楼面活荷载采用
3	屋顶花园		3.0	0.5	不包括花圃土石

注:1. 表中所列均布活荷载不与雪荷载和风荷载同时考虑。

2. 设计屋面板、檩条等屋面构件及钢筋混凝土挑檐时,还应按《建筑结构荷载规范》第 5.5.1 条考虑施工或检修集中荷载 1.0kN 作用在最不利位置进行验算。

3. 设计钢筋混凝土雨篷时,应按《建筑结构荷载规范》第 5.5.1 条考虑施工或检修集中荷载:在承载力计算时,沿板宽每隔 1.0m 取一个集中荷载;在倾覆验算时,沿板宽每隔 2.5～3.0m 取一个集中荷载。

附录八

纵向受力钢筋的最小配筋率 ρ_{min}

受 力 类 型			最小配筋率/%
受压构件	全部纵向钢筋	强度等级 500MPa	0.5
		强度等级 400MPa	0.55
		强度等级 300MPa、335MPa	0.60
	一侧纵向钢筋		0.20
受弯构件、偏心受拉、轴心受拉构件一侧的受拉钢筋			0.2 和 $45f_t/f_y$ 中的较大值

注:1. 受压构件全部纵向钢筋最小配筋率,当采用 C60 以上强度等级的混凝土时,应按表中规定增大 0.10。

2. 板类受弯构件(不包括悬臂板)的受拉钢筋,当采用强度等级 400MPa、500MPa 的钢筋时,其最小配筋率应允许采用 0.15 和 $45f_t/f_y$ 中的较大值。

3. 偏心受拉构件中的受压钢筋,应按受压构件一侧纵向钢筋考虑。

4. 受压构件的全部纵向钢筋和一侧纵向钢筋的配筋率以及轴心受拉构件和小偏心受拉构件一侧受拉钢筋的配筋率均应按构件的全截面面积计算。

5. 受弯构件、大偏心受拉构件一侧受拉钢筋的配筋率应按全截面面积扣除受压翼缘面积 $(b_f'-b)h_f'$ 后的截面面积计算。

6. 当钢筋沿构件截面周边布置时,"一侧纵向钢筋"是指沿受力方向两个对边中一边布置的纵向钢筋。

附录九

钢筋混凝土矩形截面受弯构件正截面受弯承载力计算系数表

ξ	γ_s	a_s	ξ	γ_s	a_s
0.01	0.995	0.010	0.16	0.920	0.147
0.02	0.990	0.020	0.17	0.915	0.156
0.03	0.985	0.030	0.18	0.910	0.164
0.04	0.980	0.039	0.19	0.905	0.172
0.05	0.975	0.048	0.20	0.900	0.180
0.06	0.970	0.058	0.21	0.895	0.183
0.07	0.965	0.067	0.22	0.890	0.196
0.08	0.960	0.077	0.23	0.885	0.204
0.09	0.955	0.086	0.24	0.880	0.211
0.10	0.950	0.095	0.25	0.875	0.219
0.11	0.945	0.104	0.26	0.870	0.226
0.12	0.940	0.113	0.27	0.865	0.234
0.13	0.935	0.121	0.28	0.860	0.241
0.14	0.930	0.130	0.29	0.855	0.248
0.15	0.925	0.139	0.30	0.850	0.255

续表

ξ	γ_s	a_s	ξ	γ_s	a_s
0.34	0.830	0.282	0.482	0.759	0.366
0.35	0.825	0.289	0.49	0.755	0.370
0.36	0.820	0.295	0.50	0.750	0.375
0.37	0.815	0.302	0.51	0.745	0.380
0.38	0.810	0.308	0.518	0.741	0.384
0.39	0.805	0.314	0.52	0.740	0.385
0.40	0.800	0.320	0.31	0.845	0.262
0.41	0.795	0.326	0.32	0.840	0.269
0.42	0.790	0.332	0.33	0.835	0.276
0.43	0.785	0.338	0.53	0.735	0.390
0.44	0.780	0.343	0.54	0.730	0.394
0.45	0.775	0.349	0.55	0.725	0.400
0.46	0.770	0.354	0.56	0.720	0.403
0.47	0.765	0.364	0.57	0.715	0.408
0.48	0.760	0.365	0.576	0.713	0.410

注:1. 表中 $M = \alpha_1 a_s b h_0^2 f_c$；$\xi = \dfrac{x}{h_0} = \dfrac{A_s f_y}{\alpha_1 b h_0 f_c}$；$A_s = \dfrac{M}{\gamma_s h_0 f_y}$ 或 $A_s = \alpha_1 \xi b h_0 \dfrac{f_c}{f_y}$。

2. 表中 $\xi = 0.482$ 以下的数值不适用于 HRB500、HRBF500 级钢筋；$\xi = 0.518$ 以下的数值不适用于 HRB400、HRBF400、RRB400 级钢筋；$\xi = 0.55$ 以下的数值不适用于 HRB335、HRBF335 级钢筋。

3. 本表数值适用于混凝土强度等级不超过 C50 的受弯构件。

附录十

钢筋混凝土受弯构件配筋计算用 ξ 表

a_s	0	1	2	3	4	5	6	7	8	9
0.000	0.0000	0.0010	0.0020	0.0030	0.0040	0.0050	0.0060	0.0070	0.0080	0.0090
0.010	0.0101	0.0111	0.0121	0.0131	0.0141	0.0151	0.0161	0.0171	0.0182	0.0192
0.020	0.0202	0.0212	0.0222	0.0233	0.0243	0.0253	0.0263	0.0274	0.0284	0.0294
0.030	0.0305	0.0315	0.0325	0.0336	0.0346	0.0356	0.0367	0.0377	0.0388	0.0398
0.040	0.0408	0.0419	0.0429	0.0440	0.0450	0.0461	0.0471	0.0482	0.0492	0.0503
0.050	0.0513	0.0524	0.0534	0.0515	0.0555	0.0566	0.0577	0.0587	0.0598	0.0600
0.060	0.0619	0.0630	0.0641	0.0651	0.0662	0.0673	0.0683	0.0694	0.0705	0.0716
0.070	0.0726	0.0737	0.0748	0.0759	0.0770	0.0780	0.0791	0.0802	0.0813	0.0321
0.080	0.0835	0.0846	0.0857	0.0868	0.0879	0.0890	0.0901	0.0912	0.0923	0.0931
0.090	0.0945	0.0956	0.0967	0.0978	0.0989	0.1000	0.1011	0.1022	0.1033	0.1045

a_s	0	1	2	3	4	5	6	7	8	9
0.100	0.1056	0.1067	0.1078	0.1089	0.1101	0.1112	0.1123	0.1134	0.1146	0.1157
0.110	0.1168	0.1180	0.1191	0.1202	0.1244	0.1225	0.1236	0.1248	0.1259	0.1271
0.120	0.1282	0.1294	0.1305	0.1317	0.1328	0.1340	0.1351	0.1363	0.1374	0.1386
0.130	0.1398	0.1409	0.1421	0.1433	0.1444	0.1456	0.1468	0.1479	0.1491	0.1503
0.140	0.1515	0.1527	0.1538	0.1550	0.1562	0.1571	0.1580	0.1598	0.1610	0.1621
0.150	0.1633	0.1615	0.1657	0.1669	0.1681	0.1693	0.1705	0.1717	0.1730	0.1712
0.160	0.1754	0.1766	0.1778	0.1790	0.1802	0.1815	0.1827	0.1839	0.1851	0.1861
0.170	0.1876	0.1888	0.1901	0.1913	0.1925	0.1938	0.1950	0.1963	0.1975	0.1988
0.180	0.2000	0.2013	0.2025	0.2038	0.2059	0.2063	0.2075	0.2088	0.2101	0.2113
0.190	0.2126	0.2139	0.2151	0.2161	0.2177	0.2190	0.2203	0.2245	0.2223	0.2211
0.200	0.2254	0.2267	0.2280	0.2293	0.2306	0.2319	0.2332	0.2345	0.2358	0.2371
0.210	0.2384	0.2397	0.2411	0.2424	0.2437	0.2450	0.2163	0.2477	0.2400	0.2503
0.220	0.2517	0.2530	0.2543	0.2557	0.2570	0.2584	0.2597	0.2611	0.2624	0.2638
0.230	0.2652	0.2665	0.2679	0.2692	0.2706	0.2720	0.2734	0.2747	0.2761	0.2775
0.240	0.2789	0.2803	0.2817	0.2834	0.2815	0.2859	0.2873	0.2887	0.2901	0.2915
0.250	0.2929	0.2943	0.2957	0.2971	0.2980	0.3000	0.3014	0.3029	0.3043	0.3057
0.260	0.3072	0.3086	0.3101	0.3115	0.3130	0.3144	0.3159	0.3174	0.3188	0.3203
0.270	0.3218	0.3232	0.3247	0.3262	0.3277	0.3292	0.3307	0.3322	0.3337	0.3352
0.280	0.3367	0.3382	0.3397	0.3442	0.3427	0.3443	0.3453	0.3473	0.3488	0.3504
0.290	0.3519	0.3535	0.3550	0.3566	0.3581	0.3597	0.3613	0.3628	0.3644	0.3660
0.300	0.3675	0.3691	0.3707	0.3723	0.3739	0.3755	0.3771	0.3787	0.3803	0.3819
0.310	0.3836	0.3852	0.3868	0.3884	0.3901	0.3917	0.3934	0.3950	0.3967	0.3983
0.320	0.4000	0.4017	0.4033	0.4050	0.4007	0.4084	0.4101	0.4118	0.4135	0.4152
0.330	0.4169	0.4186	0.4203	0.4221	0.4238	0.4255	0.4273	0.4290	0.4308	0.4325
0.340	0.4343	0.4361	0.4379	0.4396	0.4444	0.4432	0.4450	0.4468	0.4486	0.4505
0.350	0.4523	0.4541	0.4559	0.4578	0.4596	0.4615	0.4633	0.4652	0.4671	0.4690
0.360	0.4708	0.4727	0.4746	0.4765	0.4785	0.4804	0.4823	0.4842	0.4862	0.4884
0.370	0.4901	0.4921	0.4940	0.4960	0.4980	0.5000	0.5020	0.5040	0.5060	0.5081
0.380	0.5101	0.5121	0.5142	0.5163	0.5183	0.5204	0.5225	0.5246	0.5267	0.5288
0.390	0.5310	0.5331	0.5352	0.5374	0.5396	0.5417	0.5439	0.5461	0.5411	0.5506
0.400	0.5528	0.5550	0.5573	0.5595	0.5618	0.5641	0.5664	0.5687	0.5710	0.5734
0.410	0.5757	0.5781	0.5805	0.5829	0.5853	0.5877	0.5901	0.5926	0.5950	0.5975
0.420	0.6000	0.6025	0.6050	0.6076	0.6101	0.6127	0.6153			

注：$a_s = \dfrac{M}{\alpha_1 b h_0^2 f_c}$；$A_s = \alpha_1 \xi b h_0 \dfrac{f_c}{f_y}$。

附录十一

钢筋混凝土受弯构件配筋计算用 γ_s 表

a_s	0	1	2	3	4	5	6	7	8	9
0.000	1.0000	0.9995	0.9990	0.9985	0.9980	0.9975	0.9970	0.9965	0.9960	0.9955
0.010	0.9950	0.9945	0.9940	0.9935	0.9930	0.9924	0.9919	0.9914	0.9909	0.9904
0.020	0.9899	0.9894	0.9889	0.9884	0.9879	0.9873	0.9868	0.9863	0.9858	0.9853
0.030	0.9848	0.9843	0.9837	0.9832	0.9827	0.9822	0.9817	0.9811	0.9806	0.9801
0.040	0.9796	0.9791	0.9785	0.9780	0.9775	0.9770	0.9764	0.9759	0.9754	0.9749
0.050	0.9743	0.9738	0.9733	0.9728	0.9722	0.9717	0.9712	0.9706	0.9701	0.9696
0.060	0.9690	0.9685	0.9680	0.9674	0.9669	0.9664	0.9658	0.9653	0.9648	0.9642
0.070	0.9637	0.9631	0.9626	0.9621	0.9615	0.9610	0.9604	0.9599	0.9593	0.9588
0.080	0.9583	0.9577	0.9572	0.9566	0.9561	0.9555	0.9550	0.9544	0.9539	0.9533
0.090	0.9528	0.9522	0.9517	0.9511	0.9506	0.9500	0.9494	0.9489	0.9483	0.9478
0.100	0.9472	0.9467	0.9461	0.9455	0.9450	0.9444	0.9438	0.9433	0.9427	0.9422
0.110	0.9416	0.9410	0.9405	0.9399	0.9393	0.9387	0.9382	0.9376	0.9370	0.9365
0.120	0.9359	0.9353	0.9347	0.9342	0.9336	0.9330	0.9324	0.9319	0.9313	0.9307
0.130	0.9301	0.9295	0.9290	0.9284	0.9278	0.9272	0.9266	0.9260	0.9254	0.9249
0.140	0.9243	0.9237	0.9231	0.9225	0.9219	0.9213	0.9207	0.9201	0.9195	0.9189
0.150	0.9183	0.9177	0.9171	0.9165	0.9159	0.9153	0.9147	0.9141	0.9135	0.9129
0.160	0.9123	0.9117	0.9111	0.9105	0.9099	0.9093	0.9087	0.9080	0.9074	0.9068
0.170	0.9062	0.9056	0.9050	0.9044	0.9037	0.9031	0.9025	0.9019	0.9012	0.9006
0.180	0.9000	0.8994	0.8987	0.8981	0.8975	0.8969	0.8962	0.8956	0.8950	0.8943
0.190	0.8937	0.8931	0.8924	0.8918	0.8912	0.8905	0.8899	0.8892	0.8886	0.8879
0.200	0.8873	0.8867	0.8860	0.8854	0.8847	0.8841	0.8834	0.8828	0.8821	0.8814
0.210	0.8808	0.8801	0.8795	0.8788	0.8782	0.8775	0.8768	0.8762	0.8755	0.8748
0.220	0.8742	0.8735	0.8728	0.8722	0.8715	0.8708	0.8701	0.8695	0.8688	0.8681
0.230	0.8674	0.8667	0.8661	0.8654	0.8647	0.8640	0.8633	0.8626	0.8619	0.8612
0.240	0.8606	0.8599	0.8592	0.8585	0.8578	0.8571	0.8564	0.8557	0.8550	0.8543
0.250	0.8536	0.8528	0.8521	0.8514	0.8507	0.8500	0.8493	0.8486	0.8479	0.8471

续表

a_s	0	1	2	3	4	5	6	7	8	9
0.260	0.8464	0.8457	0.8450	0.8442	0.8435	0.8428	0.8421	0.8412	0.8406	0.8399
0.270	0.8391	0.8384	0.8376	0.8369	0.8362	0.8354	0.8347	0.8339	0.8332	0.8324
0.280	0.8317	0.8309	0.8302	0.8294	0.8286	0.8279	0.8271	0.8263	0.8256	0.8248
0.290	0.8240	0.8233	0.8225	0.8217	0.8209	0.8202	0.8194	0.8186	0.8178	0.8170
0.300	0.8162	0.8154	0.8146	0.8138	0.8130	0.8122	0.8114	0.8106	0.8098	0.8090
0.310	0.8082	0.8074	0.8066	0.8058	0.8050	0.8041	0.8033	0.8025	0.8017	0.8008
0.320	0.8000	0.7992	0.7983	0.7975	0.7966	0.7958	0.7950	0.7941	0.7933	0.7924
0.330	0.7915	0.7907	0.7898	0.7890	0.7881	0.7872	0.7864	0.7855	0.7846	0.7837
0.340	0.7828	0.7820	0.7811	0.7802	0.7793	0.7784	0.7775	0.7766	0.7757	0.7748
0.350	0.7739	0.7729	0.7720	0.7711	0.7702	0.7693	0.7683	0.7674	0.7665	0.7655
0.360	0.7646	0.7636	0.7627	0.7617	0.7608	0.7598	0.7588	0.7579	0.7569	0.7559
0.370	0.7550	0.7540	0.7530	0.7520	0.7510	0.7500	0.7490	0.7480	0.7470	0.7460
0.380	0.7449	0.7439	0.7429	0.7419	0.7408	0.7398	0.7387	0.7377	0.7366	0.7356
0.390	0.7345	0.7335	0.7324	0.7313	0.7302	0.7291	0.7280	0.7269	0.7258	0.7247
0.400	0.7236	0.7225	0.7214	0.7202	0.7191	0.7179	0.7168	0.7156	0.7145	0.7133
0.410	0.7121	0.7110	0.7098	0.7086	0.7074	0.7062	0.7049	0.7037	0.7025	0.7012
0.420	0.7000	0.6987	0.6975	0.6962	0.6949	0.6936	0.6924			

注：$a_s = \dfrac{M}{\alpha_1 b h_0^2 f_c}$；$A_s = \dfrac{M}{f_y \gamma_s h_0}$。

附录十二

钢筋的计算截面面积及公称质量表

直径 d/mm	不同根数钢筋的计算截面面积/mm²									单根钢筋公称质量/(kg/m)
	1	2	3	4	5	6	7	8	9	
3	7.1	14.1	21.2	28.3	35.3	42.4	49.5	56.5	63.6	0.055
4	12.6	25.1	37.7	50.2	62.8	75.4	87.9	100.5	113	0.099
5	19.6	39	59	79	98	118	138	157	177	0.154
6	28.3	57	85	113	142	170	198	226	255	0.222
6.5	33.2	66	100	133	166	199	232	265	299	0.260

续表

直径	不同根数钢筋的计算截面面积/mm²									单根钢筋公称
d/mm	1	2	3	4	5	6	7	8	9	质量/(kg/m)
7	38.5	77	115	154	192	231	269	308	346	0.302
8	50.3	101	151	201	252	302	352	402	453	0.395
8.2	52.8	106	158	211	264	317	370	423	475	0.432
9	63.6	127	191	254	318	382	445	509	572	0.499
10	78.5	157	236	314	393	471	550	628	707	0.617
12	113.1	226	339	452	565	678	791	904	1017	0.888
14	153.9	308	461	615	769	923	1077	1230	1387	1.21
16	201.1	402	603	804	1005	1206	1407	1608	1809	1.58
18	254.5	509	763	1017	1272	1526	1780	2036	2290	2.00
20	314.2	628	942	1256	1570	1884	2200	2513	2827	2.47
22	380.1	760	1140	1520	1900	2281	2661	3041	3421	2.98
25	490.9	982	1473	1964	2454	2945	3436	3927	4418	3.85
28	615.3	1232	1847	2463	3079	3695	4310	4926	5542	4.83
32	804.3	1609	2418	3217	4021	4826	5630	6434	7238	6.31
36	1017.9	2036	3054	4072	5089	6017	7125	8143	9161	7.99
40	1256.1	2513	3770	5027	6283	7540	8796	10053	11310	9.87

注:表中直径 $d=8.2\text{mm}$ 的计算截面面积及公称质量仅适用于有纵肋的热处理钢筋。

附录十三

钢筋混凝土板每米板宽的钢筋截面面积

钢筋间	当钢筋直径(mm)为下列数值时的钢筋截面面积/mm²													
距/mm	3	4	5	6	6/8	8	8/10	10	10/12	12	12/14	14	14/16	16
70	101	179	281	404	561	719	920	1121	1369	1616	1908	2199	2536	2872
75	94.3	167	262	377	524	671	859	1017	1277	1508	1780	2053	2367	2681
80	88.4	157	245	354	491	629	805	981	1198	1414	1669	1924	2218	2513
85	83.2	148	231	333	462	592	758	924	1127	1331	1571	1811	2088	2365
90	78.5	140	218	314	437	559	716	872	1064	1257	1484	1710	1972	2234
95	74.5	132	207	298	414	529	678	826	1008	1190	1405	1620	1868	2116
100	70.6	126	196	283	393	503	644	785	958	1131	1335	1539	1775	2011

续表

钢筋间距/mm	当钢筋直径(mm)为下列数值时的钢筋截面面积/mm²													
	3	4	5	6	6/8	8	8/10	10	10/12	12	12/14	14	14/16	16
110	64.2	114	178	257	357	457	585	714	871	1028	1214	1399	1614	1828
120	58.9	105	163	236	327	419	537	654	798	942	1112	1283	1480	1676
125	56.5	100	157	226	314	402	515	628	766	905	1068	1232	1420	1608
130	54.4	96.6	151	218	302	387	495	604	737	870	1027	1184	1366	1547
140	50.5	89.7	140	202	281	359	460	561	684	808	954	1100	1268	1436
150	47.1	83.8	131	189	262	335	429	523	639	754	890	1026	1183	1340
160	44.1	78.5	123	177	246	314	403	491	599	707	834	962	1110	1257
170	41.5	73.9	115	166	231	296	379	462	564	665	786	906	1044	1183
180	39.2	69.8	109	157	218	279	358	436	532	628	742	855	985	1117
190	37.2	66.1	103	149	207	265	339	413	504	595	702	810	934	1058
200	35.3	62.8	98.2	141	196	251	322	393	479	565	607	770	888	1005
220	32.1	57.1	89.3	129	178	228	392	357	436	514	607	700	807	914
240	29.4	52.4	81.9	118	164	209	268	327	399	471	556	641	740	838
250	28.3	50.2	78.5	113	157	201	258	314	383	452	534	616	710	804
260	27.2	48.3	75.5	109	151	193	248	302	368	435	514	592	682	773
280	25.2	44.9	70.1	101	140	180	230	281	342	404	477	550	634	718
300	23.6	41.9	66.5	94	131	168	215	262	320	377	445	513	592	670
320	22.1	39.2	61.4	88	123	157	201	245	299	353	417	481	554	628

注：表中钢筋直径中的 6/8、8/10 等是指两种直径的钢筋间隔放置。

附录十四

受弯构件的挠度限值

构　件　类　型		允许挠度(以计算跨度 l_0 计算)
吊车梁	手动吊车	$l_0/500$
	电动吊车	$l_0/600$
屋盖、楼盖及楼梯构件	当 $l_0 < 7\text{m}$ 时	$l_0/200(l_0/250)$
	当 $7\text{m} \leqslant l_0 \leqslant 9\text{m}$ 时	$l_0/250(l_0/300)$
	当 $l_0 > 9\text{m}$ 时	$l_0/300(l_0/400)$

注：1. 表中 l_0 为构件的计算跨度，当计算悬臂构件的挠度限值时，其计算跨度 l_0 按实际悬臂长度的 2 倍取用。

2. 括号中的数值适用于对挠度有较高要求的构件。

3. 如果构件制作时预先起拱，且使用上也允许，则在验算挠度时，可将计算所得的挠度减去起拱值，对预应力混凝土构件，还可减去预应力所产生的反拱值。

4. 构件制作时的起拱值和预应力所产生的反拱值，不宜超过构件在相应荷载组合作用下的计算挠度值。

附录十五

结构构件裂缝控制等级和最大裂缝宽度限值

环境类别	钢筋混凝土结构		预应力混凝土结构	
	裂缝控制等级	ω_{lim}/mm	裂缝控制等级	ω_{lim}/mm
一	三级	0.3(0.4)	三级	0.20
二 a				0.10
二 b		0.2	二级	—
三 a、三 b			一级	—

注:1. 年平均相对湿度小于 60% 的地区一类环境下的受弯构件,其最大裂缝宽度限值可采用括号内的数字。

2. 在一类环境下,对钢筋混凝土屋架、托架及需作疲劳验算的吊车梁,其最大裂缝宽度限值应取为 0.20mm;对钢筋混凝土屋面梁和托梁,其最大裂缝宽度限值应取为 0.30mm。

3. 在一类环境下,对预应力混凝土屋架、托架及双向板体系,应按二级裂缝控制等级进行验算;对一类环境下的预应力混凝土屋面梁、托梁、单向板,应按表中二 a 类环境的要求进行验算;在一类和二 a 类环境下需作疲劳验算的预应力混凝土吊车梁,应按裂缝控制等级不低于二级的构件进行验算。

4. 表中规定的预应力混凝土构件的裂缝控制等级和最大裂缝宽度限值仅适用于正截面的验算;预应力混凝土构件的斜截面裂缝控制验算应符合相关规范的要求。

5. 对于烟囱、筒仓和处于液体压力下的结构构件,其裂缝控制要求应符合专门标准的有关规定。

6. 对处于四、五类环境下的结构构件,其裂缝控制要求应符合专门标准的有关规定。

7. 表中的最大裂缝宽度限值用于验算荷载作用引起的最大裂缝宽度。

附录十六

等截面等跨连续梁在常用荷载作用下按弹性分析的内力系数表

1. 在均布及三角形荷载作用下

$$M = 表中系数 \times ql^2$$

$$V = 表中系数 \times ql$$

2. 在集中荷载作用下

$$M = 表中系数 \times Pl$$

$$V = 表中系数 \times P$$

3. 内力正负号规定

M——使截面上部受压、下部受拉为正;

V——对邻近截面所产生的力矩沿顺时针方向者为正。

附表 16-1 两跨梁

荷 载 图	跨内最大弯矩		支座弯矩	剪 力		
	M_1	M_2	M_B	V_A	V_{Bl} V_{Br}	V_C
	0.070	0.070	−0.125	0.375	−0.625 0.625	−0.375

续表

荷　载　图	跨内最大弯矩		支座弯矩	剪　力		
	M_1	M_2	M_B	V_A	V_{Bl} V_{Br}	V_C
	0.096	−0.025	−0.063	0.437	−0.563 0.063	0.063
	0.048	0.048	−0.078	0.172	−0.328 0.328	−0.172
	0.064	—	−0.039	0.211	−0.289 0.039	0.039
	0.156	0.156	−0.188	0.312	−0.688 0.688	−0.312
	0.203	−0.047	−0.094	0.406	−0.594 0.094	0.094
	0.222	0.222	−0.333	0.667	−1.333 1.333	−0.667
	0.278	−0.056	−0.167	0.833	−1.167 0.167	0.167

附表 16-2　三跨梁

荷　载　图	跨内最大弯矩		支座弯矩		剪　力			
	M_1	M_2	M_B	M_C	V_A	V_{Bl} V_{Br}	V_{Cl} V_{Cr}	V_D
	0.080	0.025	−0.100	−0.100	0.400	−0.600 0.500	−0.500 0.600	−0.400
	0.101	−0.050	−0.050	−0.050	−0.450	−0.550 0	0 0.550	−0.450
	−0.025	0.075	−0.050	−0.050	−0.050	−0.050 0.500	−0.500 0.050	0.050
	0.073	0.054	−0.117	−0.033	0.383	−0.617 0.583	−0.417 0.033	0.033

续表

荷 载 图	跨内最大弯矩		支座弯矩		剪 力			
	M_1	M_2	M_B	M_C	V_A	V_{Bl} / V_{Br}	V_{Cl} / V_{Cr}	V_D
(均布满跨荷载)	0.094	—	−0.067	0.017	0.433	−0.567 / 0.083	0.083 / −0.017	−0.017
(均布荷载)	0.054	0.021	−0.063	−0.063	0.188	−0.313 / 0.250	−0.250 / 0.313	−0.188
(均布荷载)	0.068	—	−0.031	−0.031	0.219	−0.281 / 0	0 / 0.281	−0.219
(均布荷载)	—	0.052	−0.031	−0.031	−0.031	−0.031 / 0.250	−0.250 / 0.031	0.031
(均布荷载)	0.050	0.038	−0.073	−0.021	0.177	−0.323 / 0.302	−0.198 / 0.021	0.021
(均布荷载)	0.063	—	−0.042	0.010	0.208	−0.292 / 0.052	0.052 / −0.010	−0.010
(P P P)	0.175	0.100	−0.150	−0.150	0.350	−0.650 / 0.500	−0.500 / 0.650	−0.350
(P P)	0.213	−0.075	−0.075	−0.075	0.425	−0.575 / 0	0 / 0.575	−0.425
(P)	−0.038	0.175	−0.075	−0.075	−0.075	−0.075 / 0.500	−0.500 / 0.075	0.075
(P P)	0.162	0.137	−0.175	−0.050	0.325	−0.675 / 0.625	−0.375 / 0.050	−0.050
(P)	0.200	—	−0.100	0.025	0.400	−0.600 / 0.125	0.125 / −0.025	−0.025
(PP PP PP)	0.244	0.067	−0.267	−0.267	0.733	−1.267 / 1.000	−1.000 / 1.267	−0.733
(PP PP)	0.289	−0.133	−0.133	−0.133	0.866	−1.134 / 0	0 / 1.134	−0.866
(PP)	−0.044	0.200	−0.133	−0.133	−0.133	−0.133 / 1.000	−1.000 / 0.133	0.133
(PP PP)	0.229	0.170	−0.311	−0.089	0.689	−1.311 / 1.222	−0.778 / 0.089	0.089
(PP)	0.274	—	−0.178	0.044	0.822	−1.178 / 0.222	0.222 / −0.044	−0.044

附表 16-3　四跨梁

荷载图	跨内最大弯矩				支座弯矩			剪力				
	M_1	M_2	M_3	M_4	M_B	M_C	M_D	V_A	V_{Bl} / V_{Br}	V_{Cl} / V_{Cr}	V_{Dl} / V_{Dr}	V_E
	0.077	0.036	0.036	0.077	−0.107	−0.071	−0.107	0.393	−0.607 / 0.536	−0.464 / 0.464	−0.536 / 0.607	−0.393
	0.100	−0.045	0.081	−0.023	−0.054	−0.036	−0.054	0.446	−0.554 / 0.018	0.018 / 0.482	−0.518 / 0.054	0.054
	0.072	0.061	—	0.098	−0.121	−0.018	−0.058	0.380	−0.620 / 0.603	−0.397 / −0.040	−0.040 / 0.558	−0.442
	—	—	0.056	—	−0.036	−0.107	−0.036	−0.036	−0.036 / 0.429	−0.571 / 0.571	−0.429 / 0.036	−0.036
	0.094	—	—	—	−0.067	0.018	−0.004	0.433	−0.567 / 0.085	0.085 / −0.022	−0.022 / 0.004	0.004
	—	0.071	—	—	−0.049	−0.054	0.013	−0.049	−0.049 / 0.496	−0.504 / 0.067	0.067 / −0.013	−0.013
	0.052	0.028	0.028	0.052	−0.067	−0.045	−0.067	0.183	−0.317 / 0.272	−0.228 / 0.228	−0.272 / 0.317	−0.183

续表

荷载图	跨内最大弯矩				支座弯矩			剪力				
	M_1	M_2	M_3	M_4	M_B	M_C	M_D	V_A	V_{Bl} / V_{Br}	V_{Cl} / V_{Cr}	V_{Dl} / V_{Dr}	V_E
	0.067	—	0.055	—	−0.034	−0.022	−0.034	0.217	−0.284 / 0.011	0.011 / 0.239	−0.261 / 0.034	0.034
	0.049	0.042	—	0.066	−0.075	−0.011	−0.036	0.175	−0.325 / 0.314	−0.186 / 0.025	−0.025 / 0.286	−0.214
	—	0.040	0.040	—	−0.022	−0.067	−0.022	−0.022	−0.022 / 0.205	−0.295 / 0.295	−0.205 / 0.022	0.022
	0.063	—	—	—	−0.042	0.011	−0.003	0.208	−0.292 / 0.053	0.053 / −0.014	−0.014 / 0.003	0.003
	—	0.051	—	—	−0.031	−0.034	0.008	−0.031	−0.031 / 0.247	−0.253 / 0.042	0.042 / −0.008	−0.008
	0.169	0.116	0.116	0.169	−0.161	−0.107	−0.161	0.339	−0.661 / 0.554	−0.446 / 0.446	−0.554 / 0.661	−0.339
	0.210	−0.067	0.183	−0.040	−0.080	−0.054	−0.080	0.420	−0.580 / 0.027	0.027 / 0.473	−0.527 / 0.080	0.080
	0.159	0.146	—	0.206	−0.181	−0.027	−0.087	−0.319	−0.681 / 0.654	−0.346 / 0.060	−0.060 / 0.587	−0.413

续表

荷载图	跨内最大弯矩				支座弯矩			剪　力				
	M_1	M_2	M_3	M_4	M_B	M_C	M_D	V_A	V_{Bl} / V_{Br}	V_{Cl} / V_{Cr}	V_{Dl} / V_{Dr}	V_E
(荷载图)	—	0.142	0.142	—	-0.054	-0.161	-0.054	0.054	-0.054 / 0.393	-0.607 / 0.607	-0.393 / 0.054	0.054
(荷载图)	0.200	—	—	—	-0.100	0.027	-0.007	0.400	-0.600 / 0.127	0.127 / -0.033	-0.033 / 0.007	0.007
(荷载图)	—	0.173	—	—	-0.074	-0.080	0.020	-0.074	-0.074 / 0.493	-0.507 / 0.100	0.100 / -0.020	-0.020
(荷载图)	0.238	0.111	0.111	0.238	-0.286	-0.191	-0.286	0.714	-1.286 / 1.095	-0.905 / 0.905	-1.095 / 1.286	-0.714
(荷载图)	0.286	-0.111	0.222	-0.048	-0.143	-0.095	-0.143	0.857	-1.143 / 0.048	0.048 / 0.952	-1.048 / 0.143	0.143
(荷载图)	0.226	0.194	—	0.282	-0.321	-0.048	-0.155	0.679	-1.321 / 1.274	-0.726 / -0.107	-0.107 / 1.155	-0.845
(荷载图)	—	0.175	0.175	—	-0.095	-0.286	-0.095	-0.095	-0.095 / 0.810	-1.190 / 1.190	-0.810 / 0.095	0.095
(荷载图)	0.274	—	—	—	-0.178	0.048	-0.012	0.822	-1.178 / 0.226	0.226 / -0.060	-0.060 / 0.012	0.012
(荷载图)	—	0.198	—	—	-0.131	-0.143	0.036	-0.131	-0.131 / 0.988	-1.012 / 0.178	0.178 / -0.036	-0.036

附表 16-4　五跨梁

荷载图	跨内最大弯矩			支座弯矩				剪　力					
	M_1	M_2	M_3	M_B	M_C	M_D	M_E	V_A	V_{Bl} / V_{Br}	V_{Cl} / V_{Cr}	V_{Dl} / V_{Dr}	V_{El} / V_{Er}	V_F
(载荷图)	0.078	0.033	0.046	−0.105	−0.079	−0.079	−0.105	0.394	−0.606 / 0.526	−0.474 / 0.500	−0.500 / 0.474	−0.526 / 0.606	−0.394
(载荷图)	0.100	−0.0461	0.085	−0.053	−0.040	−0.040	−0.053	0.447	−0.553 / 0.013	0.013 / 0.500	−0.500 / −0.013	−0.013 / 0.553	−0.447
(载荷图)	−0.0263	0.079	−0.0395	−0.053	−0.040	−0.040	−0.053	−0.053	−0.053 / 0.513	−0.487 / 0	0 / 0.487	−0.513 / 0.053	0.053
(载荷图)	0.073	② 0.059 / 0.078	—	−0.119	−0.022	−0.044	−0.051	0.380	−0.620 / 0.598	−0.402 / −0.023	−0.023 / 0.493	−0.507 / 0.052	0.052
(载荷图)	① — / 0.098	0.055	0.064	−0.035	−0.111	−0.020	−0.057	−0.035	−0.035 / 0.424	−0.576 / 0.591	−0.409 / −0.037	−0.037 / 0.557	−0.443
(载荷图)	0.094	—	—	−0.067	0.018	−0.005	0.001	0.433	−0.567 / 0.085	0.085 / −0.023	−0.023 / 0.006	0.006 / −0.001	−0.001
(载荷图)	—	—	0.072	−0.049	−0.054	0.014	−0.004	0.019	−0.049 / 0.495	−0.505 / 0.068	0.068 / −0.018	−0.018 / 0.004	0.004
(载荷图)	—	0.074	—	0.013	−0.053	−0.053	0.013	0.013	0.013 / −0.066	−0.066 / 0.500	−0.500 / 0.066	0.066 / −0.013	−0.013
(载荷图)	0.053	0.026	0.034	−0.066	−0.049	−0.049	−0.066	0.184	−0.316 / 0.266	−0.234 / 0.250	−0.250 / 0.234	−0.266 / 0.316	−0.184

续表

荷载图	M₁	M₂	M₃	M_B	M_C	M_D	M_E	V_A	V_Bl / V_Br	V_Cl / V_Cr	V_Dl / V_Dr	V_El / V_Er	V_F
	0.067	—	0.059	−0.033	−0.025	−0.025	−0.033	0.217	−0.283 / 0.008	0.008 / 0.250	−0.250 / −0.008	−0.008 / 0.283	−0.217
	—	0.055	—	−0.033	−0.025	−0.025	−0.033	0.033	−0.033 / 0.258	−0.242 / 0	0 / 0.242	−0.258 / 0.033	0.033
	① $\dfrac{-}{0.066}$	② $\dfrac{0.041}{0.053}$	—	−0.075	−0.014	−0.028	−0.032	0.175	0.325 / 0.311	−0.189 / −0.014	−0.014 / 0.246	−0.255 / 0.032	0.032
	0.063	0.039	0.044	−0.022	−0.070	−0.013	−0.036	−0.022	−0.022 / 0.202	−0.298 / 0.307	−0.193 / −0.023	−0.023 / 0.286	0.214
	—	—	—	−0.042	0.011	−0.003	0.001	0.208	−0.292 / 0.053	0.053 / −0.014	−0.014 / 0.004	0.004 / −0.001	−0.001
	—	0.051	—	−0.031	−0.034	0.009	−0.002	−0.031	−0.031 / 0.247	−0.253 / 0.043	0.043 / −0.011	−0.011 / 0.002	0.002
	—	—	0.050	0.008	−0.033	−0.033	0.008	0.008	0.008 / −0.041	−0.041 / 0.250	−0.250 / 0.041	0.041 / −0.008	−0.008
	0.171	0.112	0.132	−0.158	−0.118	−0.118	−0.158	0.342	−0.658 / 0.540	−0.460 / 0.500	−0.500 / 0.460	−0.540 / 0.658	−0.342
	0.211	−0.069	0.191	−0.079	−0.059	−0.059	−0.079	0.421	−0.579 / 0.020	0.020 / 0.500	−0.500 / −0.020	−0.020 / 0.579	−0.421

跨内最大弯矩：M₁、M₂、M₃　支座弯矩：M_B、M_C、M_D、M_E　剪力：V_A、V_Bl/V_Br、V_Cl/V_Cr、V_Dl/V_Dr、V_El/V_Er、V_F

续表

荷 载 图	跨内最大弯矩			支座弯矩				剪 力					
	M_1	M_2	M_3	M_B	M_C	M_D	M_E	V_A	V_{Bl} V_{Br}	V_{Cl} V_{Cr}	V_{Dl} V_{Dr}	V_{El} V_{Er}	V_F
	−0.039	0.181	−0.059	−0.079	−0.059	−0.059	−0.079	−0.079	−0.079 0.520	−0.480 0	0 0.480	−0.520 0.079	0.079
	0.160	$\frac{②0.144}{0.178}$	—	−0.179	−0.032	−0.066	−0.077	0.321	−0.679 0.647	−0.353 −0.034	−0.034 0.489	−0.511 0.077	0.077
	$\frac{①-}{0.207}$	0.140	0.151	−0.052	−0.167	−0.031	−0.086	−0.052	−0.052 0.385	−0.615 0.637	−0.363 −0.056	−0.056 0.586	−0.414
	0.200	—	—	−0.100	0.027	−0.007	0.002	0.400	−0.600 0.127	0.127 −0.031	−0.034 0.009	0.009 −0.002	−0.002
	—	0.173	—	−0.073	−0.081	0.022	−0.005	−0.073	−0.073 0.493	−0.507 0.102	0.102 −0.027	−0.027 0.005	0.005
	—	—	0.171	0.020	−0.079	−0.079	−0.020	0.020	0.020 −0.099	−0.099 0.500	−0.500 0.099	0.099 −0.020	−0.020
	0.240	0.100	0.122	−0.281	−0.211	−0.211	−0.281	0.719	−1.281 1.070	−0.930 1.000	−1.000 0.930	−1.070 1.281	−0.719
	0.287	−0.117	0.228	−0.140	−0.105	−0.105	−0.140	0.860	−1.140 0.035	0.035 1.000	−1.000 −0.035	−0.035 1.140	−0.860

续表

荷载图	跨内最大弯矩 M_1	M_2	M_3	支座弯矩 M_B	M_C	M_D	M_E	剪力 V_A	V_{Bl} / V_{Br}	V_{Cl} / V_{Cr}	V_{Dl} / V_{Dr}	V_{El} / V_{Er}	V_F
(图)	-0.047	0.216	-0.105	-0.140	-0.105	-0.105	-0.140	-0.140	-0.140 / 1.035	-0.965 / 0	0.000 / 0.965	-1.035 / 0.140	0.140
(图)	0.227	②0.189 / 0.209	—	-0.319	-0.057	-0.118	-0.137	0.681	-1.319 / 1.262	-0.738 / -0.061	-0.061 / 0.981	-1.019 / 0.137	0.137
(图)	①— / 0.282	0.172	0.198	-0.093	-0.297	-0.054	-0.153	-0.093	-0.093 / 0.796	-1.204 / 1.243	-0.757 / -0.099	-0.099 / 1.153	-0.847
(图)	0.274	—	—	-0.179	0.048	-0.013	0.003	0.821	-1.179 / 0.227	0.227 / -0.061	-0.061 / 0.016	0.016 / -0.003	-0.003
(图)	—	0.198	—	-0.131	-0.144	0.038	-0.010	-0.131	-0.131 / 0.987	-1.013 / 0.182	0.182 / -0.048	-0.048 / 0.010	0.010
(图)	—	—	0.193	0.035	-0.140	-0.140	0.035	0.035	0.035 / -0.175	-0.175 / 1.000	-1.000 / 0.175	0.175 / -0.035	-0.035

注：1. 分子及分母分别为 M_1 及 M_5 的弯矩系数。

2. 分子及分母分别为 M_2 及 M_4 的弯矩系数。

附录十七

承受均布荷载的双向板计算系数表

符号说明

B_l——刚度，$B_l = \dfrac{Eh^3}{12(1-\nu)}$；

E——弹性模量；

h——板厚；

ν——泊桑比；

f, f_{max}——分别为板中心点的挠度和最大挠度；

$m_x, m_{x,max}$——分别为平行于 l_x 方向板中心点单位板宽内的弯矩和板跨内最大弯矩；

$m_y, m_{y,max}$——分别为平行于 l_y 方向板中心点单位板宽内的弯矩和板跨内最大弯矩；

m_{0x}, m_{0y}——分别为平行于 l_x 和 l_y 方向自由边的中点单位板宽内的弯矩；

m'_x——固定边中点沿 l_x 方向单位板宽内的弯矩；

m'_y——固定边中点沿 l_y 方向单位板宽内的弯矩；

m'_{xz}——平行于 l_x 方向自由边上固定端单位板宽内的支座弯矩。

_____ 代表固定边；———— 代表简支边。

正负号的规定：

弯矩——使板的受荷面受压者为正；

挠度——变位方向与荷载方向相同者为正。

附表 17-1　第一种边界条件

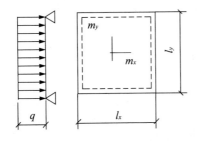

挠度＝表中系数 $\times \dfrac{ql^4}{B_l}$

$\nu = 0$，弯矩＝表中系数 $\times ql^2$

式中 l 取用 l_x 和 l_y 中较小者

l_x/l_y	f	m_x	m_y	l_x/l_y	f	m_x	m_y
0.50	0.01013	0.0965	0.0174	0.80	0.00603	0.0561	0.0334
0.55	0.00940	0.0892	0.0210	0.85	0.00547	0.0506	0.0348
0.60	0.00867	0.0820	0.0242	0.90	0.00496	0.0456	0.0358
0.65	0.00796	0.0750	0.0271	0.95	0.00449	0.0410	0.0364
0.70	0.00727	0.0683	0.0296	1.00	0.00406	0.0368	0.0368
0.75	0.00663	0.0620	0.0317				

附表 17-2　第二种边界条件

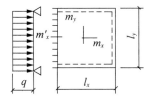

挠度 = 表中系数 $\times \dfrac{ql^4}{B_l}$

$\nu = 0$，弯矩 = 表中系数 $\times ql^2$

式中 l 取用 l_x 和 l_y 中较小者

l_x/l_y	l_y/l_x	f	f_{max}	m_x	$m_{x,max}$	m_y	$m_{y,max}$	m'_x
0.50		0.00488	0.00504	0.0583	0.0646	0.0060	0.0063	−0.1212
0.55		0.00471	0.00492	0.0563	0.0618	0.0081	0.0087	−0.1187
0.60		0.00453	0.00472	0.0539	0.0589	0.0104	0.0111	−0.1158
0.65		0.00432	0.00448	0.0513	0.0559	0.0126	0.0133	−0.1124
0.70		0.00410	0.00422	0.0485	0.0529	0.0148	0.0154	−0.1087
0.75		0.00388	0.00399	0.0457	0.0496	0.0168	0.0174	−0.1048
0.80		0.00365	0.00376	0.0428	0.0463	0.0187	0.0193	−0.1007
0.85		0.00343	0.00352	0.0400	0.0431	0.0204	0.0211	−0.0965
0.90		0.00321	0.00329	0.0372	0.0400	0.0219	0.0226	−0.0922
0.95		0.00299	0.00306	0.0345	0.0369	0.0232	0.0239	−0.0880
1.00	1.00	0.00279	0.00285	0.0319	0.0340	0.0243	0.0249	−0.0839
	0.95	0.00316	0.00324	0.0324	0.0345	0.0280	0.0287	−0.0882
	0.90	0.00360	0.00368	0.0328	0.0347	0.0322	0.0330	−0.0926
	0.85	0.00409	0.00417	0.0329	0.0347	0.0370	0.0378	−0.0970
	0.80	0.00464	0.00473	0.0326	0.0343	0.0424	0.0433	−0.1014
	0.75	0.00526	0.00536	0.0319	0.0335	0.0485	0.0494	−0.1056
	0.70	0.00595	0.00605	0.0308	0.0323	0.0553	0.0562	−0.1096
	0.65	0.00670	0.00680	0.0291	0.0306	0.0627	0.0637	−0.1133
	0.60	0.00752	0.00762	0.0268	0.0289	0.0707	0.0717	−0.1166
	0.55	0.00838	0.00848	0.0239	0.0271	0.0792	0.0801	−0.1193
	0.50	0.00927	0.00935	0.0205	0.0249	0.0880	0.0888	−0.1215

附表 17-3　第三种边界条件

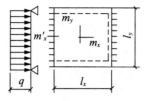

$$挠度 = 表中系数 \times \frac{ql^4}{B_l}$$

$\nu = 0$，弯矩 = 表中系数 $\times ql^2$

式中 l 取用 l_x 和 l_y 中较小者

l_x/l_y	l_y/l_x	f	m_x	m_y	m'_x
0.50		0.00261	0.0416	0.0017	-0.0843
0.55		0.00259	0.0410	0.0028	-0.0840
0.60		0.00255	0.0402	0.0042	-0.0834
0.65		0.00250	0.0392	0.0057	-0.0826
0.70		0.00243	0.0379	0.0072	-0.0814
0.75		0.00236	0.0366	0.0088	-0.0799
0.80		0.00228	0.0351	0.0103	-0.0782
0.85		0.00220	0.0335	0.0118	-0.0763
0.90		0.00211	0.0319	0.0133	-0.0743
0.95		0.00201	0.0302	0.0146	-0.0721
1.00	1.00	0.00192	0.0285	0.0158	-0.0698
	0.95	0.00223	0.0296	0.0189	-0.0746
	0.90	0.00260	0.0306	0.0224	-0.0797
	0.85	0.00303	0.0314	0.0266	-0.0850
	0.80	0.00354	0.0319	0.0316	-0.0904
	0.75	0.00413	0.0321	0.0374	-0.0959
	0.70	0.00482	0.0318	0.0441	-0.1013
	0.65	0.00560	0.0308	0.0518	-0.1066
	0.60	0.00647	0.0292	0.0604	-0.1114
	0.55	0.00743	0.0267	0.0698	-0.1156
	0.50	0.00844	0.0234	0.0798	-0.1191

附表 17-4　第四种边界条件

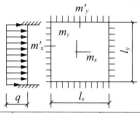

挠度＝表中系数$\times\dfrac{ql^4}{B_l}$

$\nu=0$,弯矩＝表中系数$\times ql^2$

式中 l 取用 l_x 和 l_y 中较小者

l_x/l_y	f	m_x	m_y	m'_x	m'_y
0.50	0.00253	0.0400	0.0038	-0.0829	-0.0570
0.55	0.00246	0.0385	0.0056	-0.0814	-0.0571
0.60	0.00236	0.0367	0.0076	-0.0793	-0.0571
0.65	0.00224	0.0345	0.0095	-0.0766	-0.0571
0.70	0.00211	0.0321	0.0113	-0.0735	-0.0569
0.75	0.00197	0.0296	0.0130	-0.0701	-0.0565
0.80	0.00182	0.0271	0.0144	-0.0664	-0.0559
0.85	0.00168	0.0246	0.0156	-0.0626	-0.0551
0.90	0.00153	0.0221	0.0165	-0.0588	-0.0541
0.95	0.00140	0.0198	0.0172	-0.0550	-0.0528
1.00	0.00127	0.0176	0.0176	-0.0513	-0.0513

附表 17-5　第五种边界条件

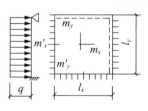

挠度＝表中系数$\times\dfrac{ql^4}{B_l}$

$\nu=0$,弯矩＝表中系数$\times ql^2$

式中 l 取用 l_x 和 l_y 中较小者

l_x/l_y	f	f_{max}	m_x	$m_{x,max}$	m_y	$m_{y,max}$	m'_x	m'_y
0.50	0.00468	0.00471	0.0559	0.0562	0.0079	0.0135	-0.1179	-0.0786
0.55	0.00445	0.00454	0.0529	0.0530	0.0104	0.0153	-0.1140	-0.0785
0.60	0.00419	0.00429	0.0496	0.0498	0.0129	0.0169	-0.1095	-0.0782
0.65	0.00391	0.00399	0.0461	0.0465	0.0151	0.0183	-0.1045	-0.0777
0.70	0.00363	0.00368	0.0426	0.0432	0.0172	0.0195	-0.0992	-0.0770
0.75	0.00335	0.00340	0.0390	0.0396	0.0189	0.0206	-0.0938	-0.0760
0.80	0.00308	0.00313	0.0356	0.0361	0.0204	0.0218	-0.0883	-0.0748
0.85	0.00281	0.00286	0.0322	0.0328	0.0215	0.0229	-0.0829	-0.0733
0.90	0.00256	0.00261	0.0291	0.0297	0.0224	0.0238	-0.0776	-0.0716
0.95	0.00232	0.00237	0.0261	0.0267	0.0230	0.0244	-0.0726	-0.0698
1.00	0.00210	0.00215	0.0234	0.0240	0.0234	0.249	-0.0677	-0.0677

附表 17-6 第六种边界条件

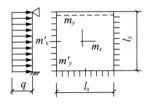

$$挠度＝表中系数×\frac{ql^4}{B_l}$$

$\nu＝0$，弯矩＝表中系数$×ql^2$

式中 l 取用 l_x 和 l_y 中较小者

l_x/l_y	l_y/l_x	f	f_{max}	m_x	$m_{x,max}$	m_y	$m_{y,max}$	m'_x	m'_y
0.50		0.00257	0.00258	0.0408	0.0409	0.0028	0.0089	−0.0836	−0.0569
0.55		0.00252	0.00255	0.0398	0.0399	0.0042	0.0093	−0.0827	−0.0570
0.60		0.00245	0.00249	0.0384	0.0386	0.0059	0.0105	−0.0814	−0.0571
0.65		0.00237	0.00240	0.0368	0.0371	0.0076	0.0116	−0.0796	−0.0572
0.70		0.00227	0.00229	0.0350	0.0354	0.0093	0.0127	−0.0774	−0.0572
0.75		0.00216	0.00219	0.0331	0.0335	0.0109	0.0137	−0.0750	−0.0572
0.80		0.00205	0.00208	0.0310	0.0314	0.0124	0.0147	−0.0722	−0.0570
0.85		0.00193	0.00196	0.0289	0.0293	0.0138	0.0155	−0.0693	−0.0567
0.90		0.00181	0.00184	0.0268	0.0273	0.0159	0.0163	−0.0663	−0.0563
0.95		0.00169	0.00172	0.0247	0.0252	0.0160	0.0172	−0.0631	−0.0558
1.00	1.00	0.00157	0.00160	0.0227	0.0231	0.0168	0.0180	−0.0600	−0.0550
	0.95	0.00178	0.00182	0.0229	0.0234	0.0194	0.0207	−0.0629	−0.0599
	0.90	0.00201	0.00206	0.0228	0.0234	0.0223	0.0238	−0.0656	−0.0653
	0.85	0.00227	0.00233	0.0225	0.0231	0.0255	0.0273	−0.0683	−0.0711
	0.80	0.00256	0.00262	0.0219	0.0224	0.0290	0.0311	−0.0707	−0.0772
	0.75	0.00286	0.00294	0.0208	0.0214	0.0329	0.0354	−0.0729	−0.0837
	0.70	0.00319	0.00327	0.0194	0.0200	0.0370	0.0400	−0.0748	−0.0903
	0.65	0.00352	0.00365	0.0175	0.0182	0.0412	0.0446	−0.0762	−0.0970
	0.60	0.00386	0.00403	0.0153	0.0160	0.0454	0.0493	−0.0773	−0.1033
	0.55	0.00419	0.00437	0.0127	0.0133	0.0496	0.0541	−0.0780	−0.1093
	0.50	0.00449	0.00463	0.0099	0.0103	0.0534	0.0588	−0.0784	−0.1146

附录十八

简支梁及等截面等跨连续梁在梯形荷载作用下的内力系数

符号说明:表中 $V_左$ 及 $V_右$ 表示中间支座左、右边的剪力;A、B 及 C 表示支座反力。

附表 18-1　简支梁

弯　矩								
n	m							乘以
	0.00	0.25	0.30	0.35	0.40	0.45	0.50	
0.00	0.000	0.000	0.000	0.000	0.000	0.000	0.000	ql^2
0.10	0.045	0.037	0.034	0.032	0.030	0.027	0.025	ql^2
0.15	0.064	0.054	0.051	0.047	0.044	0.040	0.036	ql^2
0.20	0.080	0.070	0.066	0.061	0.057	0.052	0.047	ql^2
0.25	0.094	0.083	0.079	0.074	0.068	0.063	0.057	ql^2
0.30	0.105	0.095	0.090	0.085	0.079	0.073	0.066	ql^2
0.35	0.114	0.103	0.099	0.093	0.087	0.080	0.073	ql^2
0.40	0.120	0.110	0.105	0.100	0.093	0.085	0.079	ql^2
0.45	0.124	0.113	0.109	0.103	0.097	0.090	0.082	ql^2
0.50	0.125	0.116	0.110	0.105	0.098	0.091	0.083	ql^2

$m=\dfrac{a}{l}\qquad n=\dfrac{x}{l}$

剪　力								
n	m							乘以
	0.00	0.25	0.30	0.35	0.40	0.45	0.50	
0.00	0.500	0.375	0.350	0.325	0.300	0.275	0.250	ql
0.10	0.400	0.355	0.333	0.311	0.287	0.264	0.240	ql
0.15	0.350	0.330	0.312	0.293	0.272	0.250	0.227	ql
0.20	0.300	0.295	0.283	0.268	0.250	0.231	0.210	ql
0.25	0.250	0.250	0.246	0.236	0.222	0.206	0.187	ql
0.30	0.200	0.200	0.200	0.196	0.187	0.175	0.160	ql
0.35	0.150	0.150	0.150	0.150	0.147	0.139	0.127	ql
0.40	0.100	0.100	0.100	0.100	0.100	0.098	0.090	ql
0.45	0.050	0.050	0.050	0.050	0.050	0.050	0.047	ql
0.50	0.000	0.000	0.000	0.000	0.000	0.000	0.000	ql

$m=\dfrac{a}{l}\qquad n=\dfrac{x}{l}$

附表 18-2　两跨梁

静荷载

$m = \dfrac{a}{l}$	0.00	0.25	0.30	0.35	0.40	0.45	0.50	乘以
M_1	0.070	0.065	0.063	0.060	0.056	0.062	0.048	$g'l^2$
M_B	-0.125	-0.111	-0.106	-0.100	-0.093	-0.086	-0.078	$g'l^2$
V_A	0.357	0.264	0.244	0.225	0.207	0.189	0.172	$g'l$
$V_B^{左}$	-0.625	-0.486	-0.456	-0.425	-0.393	-0.361	-0.328	$g'l$
B	1.250	0.912	0.912	0.850	0.786	0.722	0.656	$g'l$

活荷载

$m = \dfrac{a}{l}$	0.00	0.25	0.30	0.35	0.40	0.45	0.50	乘以
M_{1max}	0.096	0.088	0.085	0.081	0.076	0.071	0.068	$p'l^2$
M_{1min}	-0.025	-0.022	-0.021	-0.020	-0.019	-0.018	-0.016	$p'l^2$
M_{Bmin}	-0.125	-0.111	-0.106	-0.100	-0.093	-0.086	-0.078	$p'l^2$
V_{Amax}	0.437	0.320	0.297	0.275	0.254	0.232	0.211	$p'l$
$V_{Bmax}^{左}$	-0.625	-0.486	-0.456	-0.425	-0.393	-0.361	-0.328	$p'l$
B_{max}	1.250	0.972	0.912	0.850	0.786	0.722	0.656	$p'l$

附表 18-3　三跨梁

静荷载

$m = \dfrac{a}{l}$	0.00	0.25	0.30	0.35	0.40	0.45	0.50	乘以
M_1	0.080	0.074	0.071	0.068	0.064	0.059	0.054	$g'l^2$
M_2	0.025	0.025	0.025	0.025	0.024	0.023	0.021	$g'l^2$
M_B	-0.100	-0.088	-0.085	-0.080	-0.074	-0.069	-0.063	$g'l^2$
V_A	0.400	0.286	0.265	0.245	0.226	0.206	0.188	$g'l$
$V_B^{左}$	-0.600	-0.464	-0.435	-0.405	-0.374	-0.344	-0.313	$g'l$
$V_B^{右}$	0.500	0.375	0.350	0.325	0.300	0.275	0.250	$g'l$
B	1.100	0.839	0.785	0.730	0.674	0.619	0.563	$g'l$

活荷载

$m = \dfrac{a}{l}$	0.00	0.25	0.30	0.35	0.40	0.45	0.50	乘以
M_{1max}	0.101	0.093	0.090	0.086	0.080	0.075	0.068	$p'l^2$
M_{1min}	-0.025	-0.018	-0.018	-0.017	-0.016	-0.015	-0.014	$p'l^2$
M_{2max}	0.075	0.072	0.068	0.065	0.061	0.057	0.052	$p'l^2$
M_{2min}	-0.050	-0.044	-0.042	-0.040	-0.037	-0.034	-0.031	$p'l^2$
M_{Bmin}	-0.117	-0.104	-0.099	-0.093	-0.087	-0.083	-0.073	$p'l^2$
V_{Amax}	0.450	0.331	0.308	0.285	0.263	0.241	0.219	$p'l$
$V_{Bmax}^{左}$	-0.617	-0.479	-0.449	-0.418	-0.387	-0.355	-0.323	$p'l$
$V_{Bmax}^{右}$	0.583	0.449	0.421	0.392	0.362	0.332	0.302	$p'l$
B_{max}	1.200	0.928	0.870	0.810	0.749	0.687	0.625	$p'l$

附表 18-4　四跨梁

静荷载	$m=\dfrac{a}{l}$	0.00	0.25	0.30	0.35	0.40	0.45	0.50	乘以
	M_1	0.077	0.072	0.069	0.066	0.062	0.057	0.052	$g'l^2$
	M_2	0.036	0.036	0.035	0.034	0.032	0.030	0.028	$g'l^2$
	M_B	-0.107	-0.095	-0.091	-0.085	-0.080	-0.074	-0.067	$g'l^2$
	M_C	-0.071	-0.063	-0.061	-0.057	-0.053	-0.049	-0.045	$g'l^2$
	V_A	0.393	0.280	0.259	0.240	0.220	0.201	0.183	$g'l$
	$V_B^{左}$	-0.607	-0.470	-0.441	-0.410	-0.380	-0.349	-0.317	$g'l$
	$V_B^{右}$	0.536	0.407	0.380	0.354	0.327	0.300	0.272	$g'l$
	B	1.143	0.877	0.821	0.764	0.706	0.648	0.589	$g'l$
	$V_C^{左}$	-0.464	-0.343	-0.320	-0.297	-0.273	-0.250	-0.228	$g'l$
	C	0.928	0.687	0.639	0.593	0.547	0.501	0.456	$g'l$

活荷载	$m=\dfrac{a}{l}$	0.00	0.25	0.30	0.35	0.40	0.45	0.50	乘以
	M_{1max}	0.100	0.092	0.088	0.084	0.079	0.074	0.067	$p'l^2$
	M_{1min}	-0.023	-0.019	-0.019	-0.018	-0.017	-0.016	-0.014	$p'l^2$
	M_{2max}	0.081	0.075	0.072	0.069	0.065	0.061	0.056	$p'l^2$
	M_{2min}	-0.045	-0.040	-0.038	-0.036	-0.033	-0.031	-0.028	$p'l^2$
	M_{Bmax}	-0.121	-0.107	-0.102	-0.096	-0.090	-0.083	-0.075	$p'l^2$
	M_{Cmax}	-0.107	0.095	-0.091	-0.086	-0.080	-0.074	-0.067	$p'l^2$
	V_{Amax}	0.466	0.327	0.305	0.282	0.262	0.238	0.217	$p'l$
	$V_{Bmax}^{左}$	-0.620	-0.466	-0.437	-0.407	-0.376	-0.346	-0.314	$p'l$
	$V_B^{右}$	0.603	0.482	0.452	0.421	0.390	0.358	0.326	$p'l$
	B_{max}	1.223	0.948	0.889	0.828	0.766	0.704	0.640	$p'l$
	$V_{Cmax}^{左}$	-0.571	-0.438	-0.411	-0.382	-0.353	-0.324	-0.298	$p'l$
	C_{max}	1.142	0.876	0.822	0.764	0.706	0.648	0.596	$p'l$

附表 18-5　五跨梁

$m=\dfrac{a}{l}$	0.00	0.25	0.30	0.35	0.40	0.45	0.50	乘以
M_1	0.078	0.072	0.069	0.066	0.062	0.058	0.053	$g'l^2$
M_2	0.033	0.033	0.032	0.031	0.030	0.028	0.026	$g'l^2$
M_3	0.046	0.045	0.043	0.042	0.040	0.037	0.034	$g'l^2$
M_B	-0.105	-0.094	-0.089	-0.084	-0.078	-0.072	-0.066	$g'l^2$
M_C	-0.079	-0.070	-0.067	-0.063	-0.059	-0.054	-0.049	$g'l^2$
V_A	0.395	0.282	0.261	0.241	0.222	0.203	0.184	$g'l$
$V_B^{左}$	-0.606	-0.469	-0.439	-0.409	-0.378	-0.347	-0.316	$g'l$
$V_B^{右}$	0.526	0.398	0.372	0.346	0.320	0.293	0.266	$g'l$
B	1.132	0.867	0.812	0.755	0.698	0.640	0.582	$g'l$
$V_C^{左}$	-0.474	-0.352	-0.328	-0.304	-0.280	-0.257	-0.234	$g'l$
$V_C^{右}$	0.500	0.375	0.350	0.325	0.300	0.275	0.250	$g'l$
C	0.974	0.727	0.678	0.629	0.580	0.532	0.484	$g'l$
$m=\dfrac{a}{l}$	0.00	0.25	0.30	0.35	0.40	0.45	0.50	乘以
M_{1max}	0.100	0.092	0.089	0.085	0.080	0.074	0.067	$p'l^2$
M_{1min}	-0.026	-0.019	-0.018	-0.017	-0.017	-0.016	-0.014	$p'l^2$
M_{2max}	0.079	0.073	0.071	0.068	0.064	0.060	0.055	$p'l^2$
M_{2min}	-0.046	-0.041	-0.039	-0.037	-0.034	-0.032	-0.029	$p'l^2$
M_{3min}	0.086	0.080	0.077	0.073	0.069	0.064	0.059	$p'l^2$
M_{3min}	-0.040	-0.035	-0.034	-0.032	-0.029	-0.027	-0.025	$p'l^2$
M_{Bmax}	-0.119	-0.106	-0.101	-0.095	-0.089	-0.082	-0.075	$p'l^2$
M_{Cmax}	-0.111	-0.097	-0.094	-0.089	-0.083	-0.077	-0.070	$p'l^2$
V_{Amax}	0.447	0.328	0.305	0.283	0.261	0.239	0.217	$p'l$
$V_{Bmax}^{左}$	-0.620	-0.481	-0.451	-0.420	-0.389	-0.357	-0.325	$p'l$
$V_B^{右}$	0.589	0.462	0.433	0.403	0.373	0.342	0.316	$p'l$
B_{max}	1.218	0.943	0.885	0.824	0.762	0.699	0.636	$p'l$
$V_{Cmax}^{左}$	-0.576	-0.443	-0.415	-0.386	-0.357	-0.328	-0.301	$p'l$
$V_C^{右}$	0.591	0.456	0.427	0.398	0.368	0.338	0.310	$p'l$
C_{max}	1.167	0.899	0.842	0.784	0.725	0.666	0.605	$p'l$

静荷载

活荷载

附录十九

D 值法计算用表

附表 19-1　规则框架承受均布水平力作用时标准反弯点的高度比 y_0 值

m	r	$\overline{K}$													
		0.1	0.2	0.3	0.4	0.5	0.6	0.7	0.8	0.9	1.0	2.0	3.0	4.0	5.0
1	1	0.80	0.75	0.70	0.65	0.65	0.60	0.60	0.60	0.60	0.55	0.55	0.55	0.55	0.55
2	2	0.45	0.40	0.35	0.35	0.35	0.35	0.40	0.40	0.40	0.40	0.45	0.45	0.45	0.45
	1	0.95	0.80	0.75	0.70	0.65	0.65	0.65	0.60	0.60	0.60	0.55	0.55	0.55	0.50
3	3	0.15	0.20	0.20	0.25	0.30	0.30	0.30	0.35	0.35	0.35	0.40	0.45	0.45	0.45
	2	0.55	0.50	0.45	0.45	0.45	0.45	0.45	0.45	0.45	0.45	0.45	0.50	0.50	0.50
	1	1.00	0.85	0.80	0.75	0.70	0.70	0.65	0.65	0.65	0.60	0.55	0.55	0.55	0.55
4	4	−0.05	0.05	0.15	0.20	0.25	0.30	0.30	0.35	0.35	0.35	0.40	0.45	0.45	0.45
	3	0.25	0.30	0.30	0.35	0.35	0.40	0.40	0.40	0.40	0.45	0.45	0.50	0.50	0.50
	2	0.65	0.55	0.50	0.50	0.45	0.45	0.45	0.45	0.45	0.45	0.50	0.50	0.50	0.50
	1	1.10	0.90	0.80	0.75	0.70	0.70	0.65	0.65	0.65	0.60	0.55	0.55	0.55	0.55
5	5	−0.20	0.00	0.15	0.20	0.25	0.30	0.30	0.30	0.35	0.35	0.40	0.45	0.45	0.45
	4	0.10	0.20	0.25	0.30	0.35	0.35	0.40	0.40	0.40	0.40	0.45	0.45	0.50	0.50
	3	0.40	0.40	0.40	0.40	0.40	0.45	0.45	0.45	0.45	0.45	0.50	0.50	0.50	0.50
	2	0.65	0.55	0.50	0.50	0.50	0.50	0.50	0.50	0.50	0.50	0.50	0.50	0.50	0.50
	1	1.20	0.95	0.80	0.75	0.75	0.70	0.70	0.65	0.65	0.65	0.55	0.55	0.55	0.55
6	6	−0.03	0.00	0.10	0.20	0.25	0.25	0.30	0.30	0.35	0.35	0.40	0.45	0.45	0.45
	5	0.00	0.20	0.25	0.30	0.35	0.35	0.40	0.40	0.40	0.40	0.45	0.45	0.50	0.50
	4	0.20	0.30	0.35	0.35	0.40	0.40	0.40	0.40	0.40	0.45	0.45	0.50	0.50	0.50
	3	0.40	0.40	0.40	0.45	0.45	0.45	0.45	0.45	0.45	0.45	0.50	0.50	0.50	0.50
	2	0.70	0.60	0.55	0.50	0.50	0.50	0.50	0.50	0.50	0.50	0.50	0.50	0.50	0.50
	1	1.20	0.95	0.85	0.80	0.75	0.70	0.70	0.65	0.65	0.65	0.55	0.55	0.55	0.55
7	7	−0.35	−0.05	0.10	0.20	0.20	0.25	0.30	0.30	0.35	0.35	0.40	0.45	0.45	0.45
	6	−0.10	0.15	0.25	0.30	0.35	0.35	0.35	0.40	0.40	0.40	0.45	0.45	0.50	0.50
	5	0.10	0.25	0.30	0.35	0.40	0.40	0.40	0.45	0.45	0.45	0.45	0.50	0.50	0.50
	4	0.30	0.35	0.40	0.40	0.40	0.45	0.45	0.45	0.45	0.45	0.50	0.50	0.50	0.50
	3	0.50	0.45	0.45	0.45	0.45	0.45	0.45	0.45	0.45	0.45	0.50	0.50	0.50	0.50
	2	0.75	0.60	0.55	0.50	0.50	0.50	0.50	0.50	0.50	0.50	0.50	0.50	0.50	0.50
	1	1.20	0.95	0.85	0.80	0.75	0.70	0.70	0.65	0.65	0.65	0.55	0.55	0.55	0.55

续表

m	r	$\overline{K}$													
		0.1	0.2	0.3	0.4	0.5	0.6	0.7	0.8	0.9	1.0	2.0	3.0	4.0	5.0
8	8	−0.35	−0.15	0.10	0.15	0.25	0.25	0.30	0.30	0.35	0.35	0.40	0.45	0.45	0.45
	7	−0.10	−0.15	0.25	0.30	0.35	0.35	0.40	0.40	0.40	0.40	0.45	0.50	0.50	0.50
	6	0.05	0.25	0.30	0.35	0.40	0.40	0.40	0.45	0.45	0.45	0.45	0.50	0.50	0.50
	5	0.20	0.30	0.35	0.40	0.40	0.45	0.45	0.45	0.45	0.45	0.50	0.50	0.50	0.50
	4	0.35	0.40	0.40	0.45	0.45	0.45	0.45	0.45	0.45	0.45	0.50	0.50	0.50	0.50
	3	0.50	0.45	0.45	0.45	0.45	0.45	0.45	0.45	0.50	0.50	0.50	0.50	0.50	0.50
	2	0.75	0.60	0.55	0.55	0.50	0.50	0.50	0.50	0.50	0.50	0.50	0.50	0.50	0.50
	1	1.20	1.00	0.85	0.80	0.75	0.70	0.70	0.65	0.65	0.65	0.55	0.55	0.55	0.55
9	9	−0.40	−0.05	0.10	0.20	0.25	0.25	0.30	0.30	0.35	0.35	0.45	0.45	0.45	0.45
	8	−0.15	0.15	0.25	0.30	0.35	0.35	0.35	0.40	0.40	0.40	0.45	0.45	0.50	0.50
	7	0.50	0.25	0.30	0.35	0.40	0.40	0.40	0.45	0.45	0.45	0.45	0.50	0.50	0.50
	6	0.15	0.30	0.35	0.40	0.40	0.45	0.45	0.45	0.45	0.45	0.50	0.50	0.50	0.50
	5	0.25	0.35	0.40	0.40	0.45	0.45	0.45	0.45	0.45	0.45	0.50	0.50	0.50	0.50
	4	0.40	0.40	0.40	0.45	0.45	0.45	0.45	0.45	0.45	0.45	0.50	0.50	0.50	0.50
	3	0.55	0.45	0.45	0.45	0.45	0.45	0.45	0.45	0.50	0.50	0.50	0.50	0.50	0.50
	2	0.80	0.65	0.55	0.55	0.50	0.50	0.50	0.50	0.50	0.50	0.50	0.50	0.50	0.50
	1	1.20	1.00	0.85	0.80	0.75	0.70	0.70	0.65	0.65	0.65	0.55	0.55	0.55	0.55
10	10	−0.40	−0.05	0.10	0.20	0.25	0.30	0.30	0.30	0.35	0.35	0.40	0.45	0.45	0.45
	9	−0.15	0.15	0.25	0.30	0.35	0.35	0.40	0.40	0.40	0.40	0.45	0.45	0.50	0.50
	8	0.00	0.25	0.30	0.35	0.40	0.40	0.40	0.45	0.45	0.45	0.45	0.50	0.50	0.50
	7	0.10	0.30	0.35	0.40	0.40	0.45	0.45	0.45	0.45	0.45	0.50	0.50	0.50	0.50
	6	0.20	0.35	0.40	0.40	0.45	0.45	0.45	0.45	0.45	0.45	0.50	0.50	0.50	0.50
	5	0.30	0.40	0.40	0.45	0.45	0.45	0.45	0.45	0.45	0.45	0.50	0.50	0.50	0.50
	4	0.40	0.40	0.45	0.45	0.45	0.45	0.45	0.45	0.45	0.50	0.50	0.50	0.50	0.50
	3	0.55	0.50	0.45	0.45	0.45	0.50	0.50	0.50	0.50	0.50	0.50	0.50	0.50	0.50
	2	0.80	0.65	0.55	0.55	0.55	0.50	0.50	0.50	0.50	0.50	0.50	0.50	0.50	0.50
	1	1.30	1.00	0.85	0.80	0.75	0.70	0.70	0.65	0.65	0.65	0.60	0.55	0.55	0.55

m	r	$\overline{K}$													
		0.1	0.2	0.3	0.4	0.5	0.6	0.7	0.8	0.9	1.0	2.0	3.0	4.0	5.0
11	11	−0.40	0.05	0.10	0.20	0.25	0.30	0.30	0.30	0.35	0.35	0.40	0.45	0.45	0.45
	10	−0.15	0.15	0.25	0.30	0.35	0.35	0.40	0.40	0.40	0.40	0.45	0.45	0.50	0.50
	9	0.00	0.25	0.30	0.35	0.40	0.40	0.40	0.45	0.45	0.45	0.45	0.50	0.50	0.50
	8	0.10	0.30	0.35	0.40	0.40	0.45	0.45	0.45	0.45	0.45	0.50	0.50	0.50	0.50
	7	0.20	0.35	0.40	0.45	0.45	0.45	0.45	0.45	0.45	0.45	0.50	0.50	0.50	0.50
	6	0.25	0.35	0.40	0.45	0.45	0.45	0.45	0.45	0.45	0.45	0.50	0.50	0.50	0.50
	5	0.35	0.40	0.40	0.45	0.45	0.45	0.45	0.45	0.45	0.50	0.50	0.50	0.50	0.50
	4	0.40	0.45	0.45	0.45	0.45	0.45	0.45	0.50	0.50	0.50	0.50	0.50	0.50	0.50
	3	0.55	0.50	0.50	0.50	0.50	0.50	0.50	0.50	0.50	0.50	0.50	0.50	0.50	0.50
	2	0.80	0.65	0.60	0.55	0.55	0.50	0.50	0.50	0.50	0.50	0.50	0.50	0.50	0.50
	1	1.30	1.00	0.85	0.80	0.75	0.70	0.70	0.65	0.65	0.65	0.60	0.55	0.55	0.55
12及以上	↓1	−0.40	−0.05	0.10	0.20	0.25	0.30	0.30	0.30	0.35	0.35	0.40	0.45	0.45	0.45
	2	−0.15	0.15	0.25	0.30	0.35	0.35	0.40	0.40	0.40	0.40	0.45	0.45	0.50	0.50
	3	0.00	0.25	0.30	0.35	0.40	0.40	0.40	0.45	0.45	0.45	0.50	0.50	0.50	0.50
	4	0.10	0.30	0.35	0.40	0.40	0.45	0.45	0.45	0.45	0.45	0.50	0.50	0.50	0.50
	5	0.20	0.35	0.40	0.40	0.45	0.45	0.45	0.45	0.45	0.45	0.50	0.50	0.50	0.50
	6	0.25	0.35	0.40	0.45	0.45	0.45	0.45	0.45	0.45	0.45	0.50	0.50	0.50	0.50
	7	0.30	0.40	0.40	0.45	0.45	0.45	0.45	0.45	0.50	0.50	0.50	0.50	0.50	0.50
	8	0.35	0.40	0.45	0.45	0.45	0.45	0.45	0.50	0.50	0.50	0.50	0.50	0.50	0.50
	中间	0.40	0.40	0.45	0.45	0.45	0.45	0.50	0.50	0.50	0.50	0.50	0.50	0.50	0.50
	4	0.50	0.45	0.45	0.45	0.45	0.50	0.50	0.50	0.50	0.50	0.50	0.50	0.50	0.50
	3	0.60	0.50	0.50	0.50	0.50	0.50	0.50	0.50	0.50	0.50	0.50	0.50	0.50	0.50
	2	0.80	0.65	0.60	0.55	0.55	0.50	0.50	0.50	0.50	0.50	0.50	0.50	0.50	0.50
	↑1	1.30	1.00	0.85	0.80	0.75	0.70	0.70	0.65	0.65	0.65	0.55	0.55	0.55	0.55

注：$\overline{K} = \dfrac{i_1 + i_2 + i_3 + i_4}{2i}$

i_1	i_2
	i
i_3	i_4

附表 19-2　规则框架承受倒三角形分布水平力作用时标准反弯点的高度比 y_0 值

m	r	$\overline{K}$													
		0.1	0.2	0.3	0.4	0.5	0.6	0.7	0.8	0.9	1.0	2.0	3.0	4.0	5.0
1	1	0.80	0.75	0.70	0.65	0.65	0.60	0.60	0.60	0.60	0.55	0.55	0.55	0.55	0.55
2	2	0.50	0.45	0.40	0.40	0.40	0.40	0.40	0.40	0.40	0.45	0.45	0.45	0.45	0.50
	1	1.00	0.85	0.75	0.70	0.70	0.65	0.65	0.65	0.60	0.60	0.55	0.55	0.55	0.55
3	3	0.25	0.25	0.25	0.30	0.30	0.35	0.35	0.35	0.40	0.40	0.45	0.45	0.45	0.50
	2	0.60	0.50	0.50	0.50	0.50	0.45	0.45	0.45	0.45	0.45	0.50	0.50	0.50	0.50
	1	1.15	0.90	0.80	0.75	0.75	0.70	0.70	0.65	0.65	0.65	0.60	0.55	0.55	0.55
4	4	0.10	0.15	0.20	0.25	0.30	0.30	0.35	0.35	0.35	0.40	0.45	0.45	0.45	0.45
	3	0.35	0.35	0.35	0.40	0.40	0.40	0.40	0.45	0.45	0.45	0.45	0.50	0.50	0.50
	2	0.70	0.60	0.55	0.50	0.50	0.50	0.50	0.50	0.50	0.50	0.50	0.50	0.50	0.50
	1	1.20	0.95	0.85	0.80	0.75	0.70	0.70	0.70	0.65	0.65	0.55	0.55	0.55	0.55
5	5	−0.05	0.10	0.20	0.25	0.30	0.30	0.35	0.35	0.35	0.35	0.40	0.45	0.45	0.45
	4	0.20	0.25	0.35	0.35	0.40	0.40	0.40	0.40	0.40	0.45	0.45	0.50	0.50	0.50
	3	0.45	0.40	0.45	0.45	0.45	0.45	0.45	0.45	0.45	0.45	0.50	0.50	0.50	0.50
	2	0.75	0.60	0.55	0.55	0.50	0.50	0.50	0.50	0.50	0.50	0.50	0.50	0.50	0.50
	1	1.30	1.00	0.85	0.80	0.75	0.70	0.70	0.65	0.55	0.65	0.65	0.55	0.55	0.55
6	6	−0.15	0.05	0.15	0.20	0.25	0.30	0.30	0.35	0.35	0.35	0.40	0.45	0.45	0.45
	5	0.10	0.25	0.30	0.35	0.35	0.40	0.40	0.40	0.45	0.45	0.45	0.50	0.50	0.50
	4	0.30	0.35	0.40	0.40	0.45	0.45	0.45	0.45	0.45	0.45	0.50	0.50	0.50	0.50
	3	0.50	0.45	0.45	0.45	0.45	0.45	0.45	0.45	0.45	0.50	0.50	0.50	0.50	0.50
	2	0.80	0.65	0.55	0.55	0.55	0.55	0.50	0.50	0.50	0.50	0.50	0.50	0.50	0.50
	1	1.30	1.00	0.85	0.80	0.75	0.70	0.70	0.65	0.65	0.65	0.60	0.55	0.55	0.55
7	7	−0.20	0.05	0.15	0.20	0.25	0.30	0.30	0.35	0.35	0.35	0.45	0.45	0.45	0.45
	6	0.05	0.20	0.30	0.35	0.35	0.40	0.40	0.40	0.40	0.45	0.45	0.50	0.50	0.50
	5	0.20	0.30	0.35	0.40	0.40	0.45	0.45	0.45	0.45	0.45	0.50	0.50	0.50	0.50
	4	0.35	0.40	0.40	0.45	0.45	0.45	0.45	0.45	0.45	0.45	0.50	0.50	0.50	0.50
	3	0.55	0.50	0.50	0.50	0.50	0.50	0.50	0.50	0.50	0.50	0.50	0.50	0.50	0.50
	2	0.80	0.65	0.60	0.55	0.55	0.55	0.50	0.50	0.50	0.50	0.50	0.50	0.50	0.50
	1	1.30	1.00	0.90	0.80	0.75	0.70	0.70	0.70	0.65	0.65	0.60	0.55	0.55	0.55

续表

m	r	$\overline{K}$													
		0.1	0.2	0.3	0.4	0.5	0.6	0.7	0.8	0.9	1.0	2.0	3.0	4.0	5.0
8	8	−0.20	0.05	0.15	0.20	0.25	0.30	0.30	0.35	0.35	0.35	0.45	0.45	0.45	0.45
	7	0.00	0.20	0.30	0.35	0.35	0.40	0.40	0.40	0.40	0.45	0.45	0.50	0.50	0.50
	6	0.15	0.30	0.35	0.40	0.40	0.45	0.45	0.45	0.45	0.45	0.50	0.50	0.50	0.50
	5	0.30	0.45	0.40	0.45	0.45	0.45	0.45	0.45	0.45	0.45	0.50	0.50	0.50	0.50
	4	0.40	0.45	0.45	0.45	0.45	0.45	0.45	0.50	0.50	0.50	0.50	0.50	0.50	0.50
	3	0.60	0.50	0.50	0.50	0.50	0.50	0.50	0.50	0.50	0.50	0.50	0.50	0.50	0.50
	2	0.85	0.65	0.60	0.55	0.55	0.55	0.50	0.50	0.50	0.50	0.50	0.50	0.50	0.50
	1	1.30	1.00	0.90	0.80	0.75	0.70	0.70	0.70	0.65	0.65	0.60	0.55	0.55	0.55
9	9	−0.25	0.00	0.15	0.20	0.25	0.30	0.30	0.35	0.35	0.40	0.45	0.45	0.45	0.45
	8	−0.00	0.20	0.30	0.35	0.35	0.40	0.40	0.40	0.40	0.45	0.45	0.50	0.50	0.50
	7	0.15	0.30	0.35	0.40	0.40	0.45	0.45	0.45	0.45	0.45	0.50	0.50	0.50	0.50
	6	0.25	0.35	0.40	0.40	0.45	0.45	0.45	0.45	0.45	0.50	0.50	0.50	0.50	0.50
	5	0.35	0.40	0.45	0.45	0.45	0.45	0.45	0.45	0.50	0.50	0.50	0.50	0.50	0.50
	4	0.45	0.45	0.45	0.45	0.45	0.50	0.50	0.50	0.50	0.50	0.50	0.50	0.50	0.50
	3	0.60	0.50	0.50	0.50	0.50	0.50	0.50	0.50	0.50	0.50	0.50	0.50	0.50	0.50
	2	0.85	0.65	0.60	0.55	0.55	0.55	0.55	0.50	0.50	0.50	0.50	0.50	0.50	0.50
	1	1.35	1.00	0.90	0.80	0.75	0.75	0.70	0.70	0.65	0.65	0.60	0.55	0.55	0.55
10	10	−0.25	0.00	0.15	0.20	0.25	0.30	0.30	0.35	0.35	0.40	0.45	0.45	0.45	0.45
	9	−0.05	0.20	0.30	0.35	0.35	0.40	0.40	0.40	0.40	0.45	0.45	0.50	0.50	0.50
	8	0.10	0.30	0.35	0.40	0.40	0.40	0.45	0.45	0.45	0.45	0.50	0.50	0.50	0.50
	7	0.20	0.35	0.40	0.40	0.45	0.45	0.45	0.45	0.45	0.50	0.45	0.45	0.45	0.45
	6	0.30	0.40	0.40	0.45	0.45	0.45	0.45	0.45	0.45	0.50	0.50	0.50	0.50	0.50
	5	0.40	0.45	0.45	0.45	0.45	0.45	0.45	0.50	0.50	0.50	0.50	0.50	0.50	0.50
	4	0.50	0.45	0.45	0.45	0.50	0.50	0.50	0.50	0.50	0.50	0.50	0.50	0.50	0.50
	3	0.60	0.55	0.50	0.50	0.50	0.50	0.50	0.50	0.50	0.50	0.50	0.50	0.50	0.50
	2	0.85	0.65	0.60	0.55	0.55	0.55	0.55	0.50	0.50	0.50	0.50	0.50	0.50	0.50
	1	1.35	1.00	0.90	0.80	0.75	0.75	0.70	0.70	0.65	0.65	0.60	0.55	0.55	0.55

续表

m	r	$\overline{K}$													
		0.1	0.2	0.3	0.4	0.5	0.6	0.7	0.8	0.9	1.0	2.0	3.0	4.0	5.0
11	11	−0.25	0.00	0.15	0.20	0.25	0.30	0.30	0.30	0.35	0.35	0.45	0.45	0.45	0.45
	10	−0.05	0.20	0.25	0.30	0.35	0.40	0.40	0.40	0.40	0.45	0.45	0.50	0.50	0.50
	9	0.10	0.30	0.35	0.40	0.40	0.40	0.45	0.45	0.45	0.45	0.50	0.50	0.50	0.50
	8	0.20	0.35	0.40	0.40	0.45	0.45	0.45	0.45	0.45	0.45	0.50	0.50	0.50	0.50
	7	0.25	0.40	0.40	0.45	0.45	0.45	0.45	0.45	0.45	0.50	0.50	0.50	0.50	0.50
	6	0.35	0.40	0.45	0.45	0.45	0.45	0.45	0.50	0.50	0.50	0.50	0.50	0.50	0.50
	5	0.40	0.45	0.45	0.45	0.45	0.50	0.50	0.50	0.50	0.50	0.50	0.50	0.50	0.50
	4	0.50	0.50	0.50	0.50	0.50	0.50	0.50	0.50	0.50	0.50	0.50	0.50	0.50	0.50
	3	0.65	0.55	0.50	0.50	0.50	0.50	0.50	0.50	0.50	0.50	0.50	0.50	0.50	0.50
	2	0.85	0.65	0.60	0.55	0.55	0.55	0.55	0.55	0.55	0.55	0.55	0.55	0.55	0.55
	1	1.35	1.05	0.90	0.80	0.75	0.75	0.70	0.70	0.65	0.65	0.60	0.55	0.55	0.55
12 及 以 上	↓1	−0.30	0.00	0.15	0.20	0.25	0.30	0.30	0.30	0.35	0.35	0.40	0.45	0.45	0.45
	2	−0.10	0.20	0.25	0.30	0.35	0.40	0.40	0.40	0.40	0.40	0.45	0.45	0.45	0.50
	3	0.05	0.25	0.35	0.40	0.40	0.40	0.45	0.45	0.45	0.45	0.45	0.50	0.50	0.50
	4	0.15	0.30	0.40	0.40	0.45	0.45	0.45	0.45	0.45	0.45	0.45	0.50	0.50	0.50
	5	0.25	0.35	0.50	0.45	0.45	0.45	0.45	0.45	0.45	0.50	0.50	0.50	0.50	0.50
	6	0.30	0.40	0.50	0.45	0.45	0.45	0.45	0.50	0.50	0.50	0.50	0.50	0.50	0.50
	7	0.35	0.40	0.55	0.45	0.45	0.45	0.50	0.50	0.50	0.50	0.50	0.50	0.50	0.50
	8	0.35	0.45	0.55	0.45	0.50	0.50	0.50	0.50	0.50	0.50	0.50	0.50	0.50	0.50
	中间	0.45	0.45	0.55	0.45	0.50	0.50	0.50	0.50	0.50	0.50	0.50	0.50	0.50	0.50
	4	0.55	0.50	0.50	0.50	0.50	0.50	0.50	0.50	0.50	0.50	0.50	0.50	0.50	0.50
	3	0.65	0.55	0.50	0.50	0.50	0.50	0.50	0.50	0.0	0.50	0.50	0.50	0.50	0.50
	2	0.70	0.70	0.60	0.55	0.55	0.55	0.55	0.50	0.50	0.50	0.50	0.50	0.50	0.50
	↑1	1.35	1.05	0.90	0.80	0.75	0.70	0.70	0.70	0.65	0.65	0.60	0.55	0.55	0.55

附表 19-3　上下层横梁线刚度比对 y_0 的修正值 y_1 的影响

α_1	$\overline{K}$													
	0.1	0.2	0.3	0.4	0.5	0.6	0.7	0.8	0.9	1.0	2.0	3.0	4.0	5.0
0.4	0.55	0.40	0.30	0.25	0.20	0.20	0.20	0.15	0.15	0.15	0.05	0.05	0.05	0.05
0.5	0.45	0.30	0.20	0.20	0.15	0.15	0.15	0.10	0.10	0.10	0.05	0.05	0.05	0.05
0.6	0.30	0.20	0.15	0.15	0.10	0.10	0.10	0.10	0.05	0.05	0.05	0.05	0	0
0.7	0.20	0.15	0.10	0.10	0.10	0.05	0.05	0.05	0.05	0.05	0	0	0	0
0.8	0.15	0.10	0.05	0.05	0.05	0.05	0.05	0.05	0.05	0	0	0	0	0
0.9	0.05	0.05	0.05	0.05	0	0	0	0	0	0	0	0	0	0

注：

$$\alpha_1 = \frac{i_1 + i_2}{i_3 + i_4}, \text{当 } i_1 + i_2 > i_3 + i_4 \text{ 时，} \alpha_1 \text{ 取倒数，即 } \alpha_1 = \frac{i_3 + i_4}{i_1 + i_2}, \text{并且 } y_1 \text{ 取负值；}$$

$$\overline{K} = \frac{i_1 + i_2 + i_3 + i_4}{2 i_c}。$$

附表 19-4　上下层高变化对 y_0 的修正值 y_2 和 y_3 的影响

α_2	α_3	$\overline{K}$													
		0.1	0.2	0.3	0.4	0.5	0.6	0.7	0.8	0.9	1.0	2.0	3.0	4.0	5.0
2.0		0.25	0.15	0.15	0.10	0.10	0.10	0.10	0.10	0.05	0.05	0.05	0.05	0.0	0.0
1.8		0.20	0.15	0.10	0.10	0.10	0.05	0.05	0.05	0.05	0.05	0.05	0.0	0.0	0.0
1.6	0.4	0.15	0.10	0.10	0.05	0.05	0.05	0.05	0.05	0.05	0.05	0.0	0.0	0.0	0.0
1.4	0.6	0.10	0.05	0.05	0.05	0.05	0.05	0.05	0.05	0.05	0.05	0.0	0.0	0.0	0.0
1.2	0.8	0.05	0.05	0.05	0.0	0.0	0.0	0.0	0.0	0.0	0.0	0.0	0.0	0.0	0.0
1.0	1.0	0.0	0.0	0.0	0.0	0.0	0.0	0.0	0.0	0.0	0.0	0.0	0.0	0.0	0.0
0.8	1.2	−0.05	−0.05	−0.05	0.0	0.0	0.0	0.0	0.0	0.0	0.0	0.0	0.0	0.0	0.0
0.6	1.4	−0.10	−0.05	−0.05	−0.05	−0.05	−0.05	−0.05	−0.05	−0.05	0.0	0.0	0.0	0.0	0.0
0.4	1.6	−0.15	−0.10	−0.10	−0.05	−0.05	−0.05	−0.05	−0.05	−0.05	−0.05	0.0	0.0	0.0	0.0
	1.8	−0.20	−0.15	−0.10	−0.10	−0.10	−0.05	−0.05	−0.05	−0.05	0.05	0.05	0.0	0.0	0.0
	2.0	−0.25	−0.15	−0.15	−0.10	−0.10	−0.10	−0.10	−0.10	−0.05	−0.05	−0.05	0.0	0.0	0.0

注：

y_2——根据 $\overline{K}$ 及 α_2 求得，上层较高时为正值。

y_3——根据 $\overline{K}$ 及 α_3 求得。

$$\alpha_2 = \frac{h_{\text{上}}}{h}, \quad \alpha_3 = \frac{h_{\text{下}}}{h}。$$